실존하는 신비의 지저문명, 텔로스(Telos)

오릴리아 루이즈 존스 저, 朴燦鎬 編譯

- 도서출판 은하문명 -

TELOS Volume 1 - Revelations of the New Lemuria
copyright © 2004 by Aurelia Louise Jones
Mount Shasta Light Publishing All Rights reserved

Korean translation edition © 2008 Eunha Moonmyoung. This translation is Published by arrangement and authorization with Aurelia Louise Jones of Mount Shasta Light Publishing. Eunha Moonmyoung of Korea All Rights reserved.

이 책의 한국어 판권은 저작권자와 직접 독점 계약한 도서출판 은하문명에 있습니다. 따라서 저작권법에 의해 한국 내에서 보호를 받는 저작물이므로 어떠한 형태로든 무단전재와 무단복제를 금합니다.

[저자 헌정(獻呈)의 말]

　나는 이 책을 베일의 저편에서 이 행성의 상승을 돕고 있는 모든 승천한 존재들에게 바치고 싶습니다. 특히 주 마이트레야(미륵부처님), 사난다(예수님), 생제르맹 대사, 엘 모리야 대사, 관세음(觀世音) 보살, 성모 마리아, 쿠트후미 대사, 미카엘 대천사, 그리고 우리의 영혼이 보다 큰 지혜와 깨달음을 얻을 수 있도록 끝없는 사랑과 인내로 영적진화의 무대를 제공해주고 있는 자비로운 어머니 지구에게 바칩니다.
　또한 나는 나에게 사랑어린 인내심을 보여준 텔로스의 고위 사제인 아다마에게 나의 깊은 사랑과 감사의 마음을 표하고 싶고, 아울러 텔로스에 있는 나의 레무리아인 가족들에게도 감사드립니다.

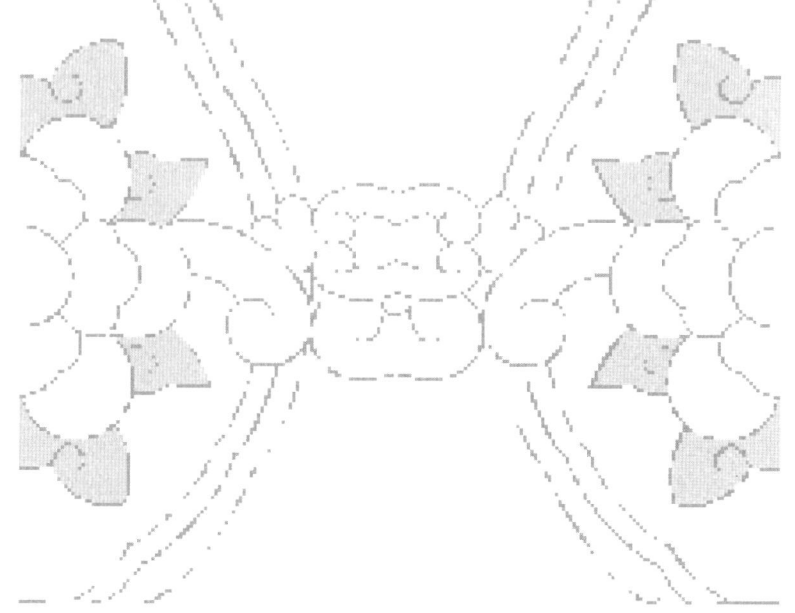

지저도시 텔로스의 고위사제이자 승천한 대사(Master)인 아다마(Adama)의 모습. 이 책의 내용을 이루는 대부분의 메시지를 보낸 장본인이며, 현재 나이가 680세에 가깝다고 한다.

우리가 레무리아에 대한 기억을 여러분에게 전하는 것은 커다란 기쁨과 더불어 기대감에 부풀게 합니다. 이런 기억들이 얼마 동안 상실된 것처럼 보일지라도 그것은 지금 이 순간까지 여러분의 가슴속에 계속 살아 있고, 성장하고 있습니다.

　텔로스에 있는 우리는 여러분과 가슴을 연결하는 영광을 떠안았고, 우리 두 문명의 통합을 돕기 위해 일하고 있습니다. 우리 텔로스에서는 여러분에게 크나큰 사랑을 보내는 바이며, 그곳은 이런 신성한 에너지가 매우 풍요롭게 넘쳐흐릅니다.

　우리가 만날 때까지 참다운 사랑의 기술을 연마하십시오. 그것은 바로 여러분 자신을 사랑하는 것에서부터 시작됩니다. 여러분의 가슴속에 어버이 창조주의 귀중한 보석들이자 표현들인 서로와 모든 만물에 대한 사랑이 충만하길 기원합니다.

- 아다마, 갤라티아, 아나마르 -

[감사의 말]

- 오릴리아 루이즈 존스 -

　먼저 항상 내 곁에서 함께해 왔고, 사랑과 이해심으로 언제나 도움의 손길을 뻗칠 준비를 해준 내 여동생 헬렌과 남동생 및 그 가족들에게 감사합니다. 그리고 전생(前生)의 레무리아 시대에 남동생이었던 토마스와 장막의 저편에 계신 작고한 나의 부모님들께도 감사드립니다.

　또 우리 레무리아인 가족의 지상 출현을 돕기 위해 크나큰 사랑으로 일하며 헌신하고 있는 텔로스 세계 재단의 모든 멤버들에게도 감사합니다.

　저는 우리 지상의 인류가 스스로 지구의 상승불꽃의 에너지를 간직할 만큼 영적으로 성숙해질 때까지 그 에너지를 보존해 온 우리 레무리아인 형제,자매들에게도 깊은 감사의 마음을 표하고 싶습니다.

　마지막으로 특히 저는 레무리아 대륙이 침몰하던 시기에 육체적으로 헤어진 이래 텔로스에 남아 나의 귀환을 기다리고 있는 사랑하는 아다마(Adama)와 저와 쌍둥이 영혼인 아나마르(Ahnahmar)에게 경의를 표하고자 합니다.

　아다마와 아나마르시여! 나는 당신들이 이 지상에서 이루어진 나의 긴 여정 내내 지저세계에서 지속적으로 내게 사랑을 보내고 나를 후원해 왔음을 알고 있습니다. 내 가슴의 깊은 사랑으로 당신들 두 분께 감사의 마음을 전하는 바입니다.

♠ 편역자 서문

　과연 미지의 지저문명(地底文明)은 실재하는가? 아마도 이 책은 대중들의 그러한 의문과 논란을 어느 정도 잠재울 수 있는 책이 될 거라고 확신한다. 지금까지 인간 세상에는 동서고금을 통해 지저세계에 관한 많은 전설과 신화, 민간전승, 소문들이 전해져 왔다. 그러나 현재 지저세계에서 실제로 살고 있는 어떤 존재가 직접 인간에게 메시지를 보내온 사례는 없었다.

　이 책의 저자 오릴리아 루이즈 존스는 바로 지저세계의 존재들로부터 그런 메시지를 수신한 최초의 한 사람이다. 그녀는 미(美) 캘리포니아 주(州)의 샤스타 산 지하에 실존하는 〈텔로스〉라는 지저도시의 고위사제인 아다마(Adama) 대사를 비롯한 여러 존재들과 영적으로 교신하여 그들의 메시지를 받아 기록함으로써 이 책을 완성했다.

　물론 이 책의 내용에 대한 판단은 전적으로 독자의 몫이다. 하지만 독자 여러분 가운데 가슴이 일부라도 열린 사람이라면, 이 책을 읽어나가는 중에 머리의 판단 이전에 무엇인가 가슴으로부터 느껴지는 바가 있을 것이다. 어쩌면 사람에 따라서는 이 책이 전하는 메시지의 파장에 동조되어 가슴이 공명되거나 눈물이 흐르는 체험을 하게 될 수도 있으리라.

　〈레무리아〉는 약 12,000년 전에 일어난 대격변으로 인해 단 하룻밤 만에 태평양 아래로 가라앉았다는 전설의 대륙이다. 이 책에서 소개되는 텔로스인들은 그 당시 미리 피난하여 생존한 25,000명의 레무리아인들과 그 이후에 태어난 후손들로 이루어져 있다고 한다. 바로 그들이 캘리포니아 주 샤스타 산 아래에 지저도시를 구축하여 12,000년 동안 생로병사(生老病死)가 없는 5차원의 고도문명을 구가해 왔다는 사실은 너무나 신비롭고도 흥미진진하기만 하다.

　그리스의 철학자 플라톤(Platon)은 일찍이 자신의 저서 〈대화편(對話篇)〉에서 고대 아틀란티스 문명의 실재에 관해 최초로 언급했었다. 레무리아와는 달리 대서양상에 존재했다는 이 아틀란티스 대륙 역시 지각변동으로 하루 사이에 바다 속으로 침몰해 멸망했다고 전해져 온다. 그런데 서구에서 아틀란티스에 관한 관심과 연구, 자료, 등은 비교적 풍부한 편이다. 하지만 "레무리아(Lemuria)" 또는 "무(Mu)"라는 불리는 이 태평양상에 존재했던 거대한 고대 대륙에 관한 연구 자료는 별로 많지가 않다. 이런 와중에도 일찍이 탁월한 선구적 연구가가 있었으니 그가 바로 제임스 처치워드(James Churchward)이다.

영국의 예비역 육군 대령 출신의 연구가 제임스 처치워드는 1926년 〈잃어버린 무 대륙(The Lost Continent of Mu)〉이란 책을 최초로 발표함으로써 이 고대문명의 실재여부에 관한 논란을 서구의 학계에 처음 촉발시켰다. 그는 인도에서 복무할 때 인도 원주민들 사이에 전해내려 오는 무 대륙에 관한 전설을 듣고 이에 흥미를 느껴 1868년경부터 50년 동안 그 증거자료를 찾기 위해 연구에만 매달렸다고 한다. 결국 그는 오래된 힌두교 사원에서 '나칼(Naacal)의 비문'이라는 무 대륙에 관한 내용이 적힌 고대의 점토판을 발견하게 되었고 오랜 노력 끝에 거기에 적힌 상형문자 해독에 성공했다. 그리하여 그는 이 대륙의 길이가 동서로는 8,000km, 남북은 5,000km로 태평양 면적의 상당 부분을 차지하고 있었던 방대한 크기였고 황제와 영적 사제(司祭)의 역할을 겸한 '라 무(Ra Mu)'라는 호칭을 가진 왕에 의해 통치되었다는 사실을 밝혀냈다. 게다가 그곳의 주민들은 대단히 진보된 학문과 문화를 발달시켰는데, 특히 건축술과 항해술에 고도로 능했으며 주변에 많은 식민지들을 거느렸던 대제국이었다는 것이다. 하지만 처치워드가 이런 학설을 내놓자 당시의 고고학계는 터무니없는 주장이라고 이를 비웃으며 일축했다. 결국 이처럼 무 대륙 연구가 제임스 처치워드가 당시 고고학계의 조소를 받으면서 실재했다고 주장했던 이 고대 대륙은 21세기에 와서야 비로소 이 책의 레무리아인들의 메시지를 통해 어느 정도 그 실재성이 증명된 셈이다.

현재 지상의 우리 인간의 삶은 이기성과 서로간의 반목으로 인해 전쟁과 테러, 범죄, 기아로 얼룩져 있고 각박한 생존경쟁과 스트레스로 피폐해져 있다. 게다가 누구나 노화(老化)와 병고(病苦)에 시달리다 죽어가야 하는 것이 우리 인간의 불행하고도 불가피한 운명이 아닌가? 또한 최근의 세계적 경제 불황의 한파는 많은 사람들의 삶을 그늘지게 하고 서민들을 심각한 우울증으로 몰아넣고 있는 실정이다. 이런 상황에서 이 책을 통해 고차원의 레무리아인들이 들려주는 그들의 이상적인 삶의 모습들은 너무나 동경스럽고 부럽기만 하다. 한편 그것은 지구와 인류가 차원상승을 맞이하는 지금의 이 중요한 시대에 우리가 보고 배울만한 하나의 모범적 본보기 내지는 중요한 지침이 될 수 있을 것이다. 아울러 그들이 인류에게 전하는 가르침과 거기에 담겨진 고결한 진동 주파수는 많은 사람들을 이끌어 텔로스인들이 도달한 높은 차원으로 데려가 줄 것으로 믿는다. 부디 이 책을 통해 한 사람이라도 더 자신의 의식(意識)을 높이고 닫힌 마음과 가슴 차크라를 열어 상승을 성취하기를 바라마지 않는다.

　이 책은 모두 5부로 구성되어 있는데, 1부 ~ 3부는 원제 "텔로스 1 - 신(新) 레무리아의 계시(Telos 1 - Revelations of New Lemuria)"를 완역한 것이다. 뒤에 이어지는 4부 -〈아다마 대사의 지구변화에 대한 예측〉은 저자 오릴리아가 인터넷에 올려놓았던 내용들을 번역하여 첨부했다. 이 내용은 지구변동과 미래상황에 관한 아다마의 구체적 예언으로서 이 책 내용과 더불어 우리의 차원 상승을 위해 참고적으로 도움이 될 수 있는 정보들이다. 그리고 제 5부는 편역자가 집필한 내용이다. 이 부분은 지저세계를 직접 다녀온 여러 사람들의 사례를 소개하고 〈샴발라〉와 인류와의 관계에 대해 고찰해 봄으로써 향후 지저문명과의 조우시대를 대비해 역자 나름대로 그 방향을 모색해 본 것이다.

　마지막으로 이 책 각 페이지 하단의 모든 각주(脚註)들은 저자인 오릴리아의 주석(註釋)이 아니라 어디까지나 독자들의 이해를 돕기 위해 편역자가 달은 것임을 밝혀두는 바이다.

　지저 레무리아인 형제들의 조속한 지상도래를 기원하며 …

편역자(編譯者)　 - 朴燦鎬 -

♣ 오릴리아 루이즈 존스의 서문

　몇 년 전 내가 몬타나에 살고 있을 때, 주 사난다(Sananda)께서는 채널링(영적 교신) 과정 중에 나에게 다음과 같이 말씀하셨다. 그것은 내가 결국 이 행성 지구에서 행할 사명완수를 위해 영적 봉사의 보다 넓은 활동무대를 마련하고자 샤스타 산(山) 지역으로 이주하게 되리라는 것이었다.(※사난다는 과거에 지구상에 마지막으로 육화했을 때, 마스터 예수로 알려져 있다.)

　그로부터 몇 달 후인 1997년 2월 나는 컴퓨터를 통해 텔로스의 고위(高位) 사제(司祭)이자 지도자인 아다마(Adama)로부터 1통의 전자메일을 받았는데, 그는 레무리아인들에 관계된 나의 최종적인 사명에 대비해 나에게 샤스타 산으로 이주하는 것을 고려해보라고 나를 초대하고 있었다. 그로부터 온 메시지는 12~15줄의 별로 길지 않은 내용이었으나 상당히 독특했다. 그것은 또한 경이로운 사랑의 에너지 진동을 같이 동반하고 있었다.

　아무리 완곡하게 표현하더라도 당시 나는 매우 놀랐고, 내가 그토록 오랫동안 다시 연결되기를 갈망해온 그들로부터 그와 같은 메시지를 받았다는 사실에 매우 흥분되어 있었다. 내가 점차 거처를 샤스타 산으로 옮기기 위한 계획에 착수한 것이 그때였다. 그리고 나는 그때로부터 1년 후인 1998년 6월에 최종적으로 나의 모든 소유물과 고양이 가족들을 이끌고 거기에 도착했다.

　그런데 3년 후, 나는 실망감과 슬픔에 사로잡히게 되었고 일련의 오랜 혹독한 입문식(入門式)을 거치고 있다고 느꼈다. 왜냐하면 그 이후 3년이 되도록 레무리아인들로부터의 어떠한 접촉이나 메시지도 받지 못했기 때문이었다.

　나는 그들이 의도적으로 나를 무시했거나, 아니면 내가 합격점을 받지 못했다고 생각하기 시작했다. 또는 그들이 나와 함께 일하려던 마음을 바꾸었거나, 내가 그들의 시험에 자격미달로 인해 실패했다고 생각했다. 그런데 나는 이 시기 동안 내내 "샤스타 산의 입문과정"이라는 일련의 긴 절차를 받고 있었다는 것과 나의 사명을 위해 그 지구 내부세계가 준비하고 있었다는 것을 당시에는 알지 못했다.

마침내 나는 어느 날 오후 한 우편배달부의 손에 의해 배달된 1통의 편지를 받게 되었다. 그 편지는 내가 이제 준비되었고, 그들과 더불어 보다 밀접하고도 주의 깊게 활동할 시간이 왔다는 사실을 내게 알려주었다. 아울러 내가 비로소 나의 사명을 펼치기 위한 준비를 해야 할 때라는 것도 말이다.

나는 당시 또 다른 일련의 강도 높은 입문식을 치렀는데, 그것들 중의 하나는 나의 채널링(Channeling) 기술에 관한 것이었다. 그 시점에 나는 채널링을 개시하기까지 매우 미적거리거나 말을 약간 더듬는 경향이 있었던 것이다.

몇 달 후, 사난다 대사와의 또 다른 영적교신 중에 사난다께서는 나에게 이제 지상에서 인간들이 아다마에게 들을 시기가 왔다고 말하셨고, 그가 바로 이 목적을 위해 나를 통해서 활동하기로 결정했다고 언급했다. 사난다는 또한 경외로운 승천 대사(Ascended Master)인 아다마가 어떤 존재인가에 관해 부연해서 내게 설명하였다. "아다마가 어떤 사소한 일을 하려는 것이 아님을 알도록 하십시오. 그는 원대한 계획을 가지고 있습니다. 그는 현재 이 지구상에서 누구나 크게 들을 수 있도록 메시지를 전할 작정입니다. 당신 자신과 그와의 이 깊은 에너지적 융합과 그의 계획이 전개되는 것에 대비해 당신 자신을 준비하도록 하십시오."

그 시점에 나는 내 자신을 채널링의 첫 걸음을 떼는 초보자로 여기고 있었다. 그리고 나는 의심과 두려움, 망설임을 넘어서서 어느 정도 신속해져야 한다는 것과 나의 채널링 기술을 좀 더 다듬어야만 한다는 것을 깨달았다.

나는 더 이상 나에게는 한가하게 산 정상에 앉아 흘러가는 구름이나 감상할 시간이 없다는 것을 알았다. 나도 모르는 사이 거의 곧 바로 여러 사람들로부터 채널링 작업 요청이 쇄도하기 시작했는데, 그러한 요청들은 그 사람들 자신의 문제에 대해 아다마 대사로부터의 조언을 받아 적는 작업에 관한 것이거나 그와의 사적인 영적교신 과정이었다.

이윽고 나는 아다마 대사와 행하는 다양한 공적인 채널링 시연회(試演會)에 초대되었다. 나는 그동안 미국과 캐나다, 프랑스, 스위스, 그리고 벨기에 등지에서의 크고 작은 공개적인 행사를 통해 아다마와 채널링 작업을 행했다. 2004년에는 이미 순회한 미국의 일부 장소들뿐만이 아니라 지구상의 새로운 여러 지역에서 아다마와 작업을 할 계획들을 잡았다.

이것은 단지 시작에 불과하다. 그리고 레무리아인들과 관계된 나의 사명이 이제 보다 큰 봉사의 무대로 펼쳐지고 확대되고 있다는 것은 분명하다. 활동의 기회들은 급속히 증가하고 있고 활동에 필요한 모든 것들은 기본적으로 내 스스로 만들어 내고 있다.

나는 이 책의 출판을 위해 새로운 정보를 수신하는 작업이 대단히 즐겁고, 또 미래에는 더 많은 정보들이 공개될 것이다. 아다마와 채널링을 할 때마다 나는 내 가슴 속에서 그를 직접적으로 느낀다. 나는 그의 확장되고 타오르는 사랑으로부터 따뜻함과 편안함을 느끼곤 한다. 내가 가슴 속에서 그의 에너지를 느낄 때 그것은 정말 내 가슴이 저절로 노래하도록 만든다. 나는 이제 그를 내가 참으로 완전하게 신뢰할 수 있는 가장 사랑스럽고도 귀중한 친구로 여기고 있다.

지난해, 텔로스의 사람들과 더욱 직접적인 접촉이 이루어졌을 때 나는 또한 텔로스로부터 온 다른 놀라운 존재들과 가까이 연결되었다. 그리고 또 이전의 레무리아 가족들과도 다시 만났는데, 거기에는 과거 레무리아 대륙의 멸망 이후 동일한 신체로 텔로스에서 살아온 나의 쌍둥이 영혼(Twin Flame)인 아나마르(Ahnamar)와의 재상봉도 포함돼 있었다.

내가 샤스타 산 주변의 여러 지역들을 걷고 탐사할 때, 나의 레무리아 인팀(※그들 스스로 이렇게 호칭한다.)은 항상 나와 함께하고 있는 것으로 여겨진다. 그들은 아직 여전히 5차원 속에 존재하고 있는 과거의 여러 신성한 장소들과 고대의 사원(寺院)들을 나에게 보여주었다. 우리는 다차원적인 회랑지대로 통하는 입구들과 차원의 출입구, 에너지 보텍스들, 아름다운 땅들을 방문했다. 게다가 우리는 일각수(一角獸)의 거대한 가족들이 아직도 하나의 차원 속에서 거주하고 있는 장소도 가보았는데, 그 차원은 우리의 3차원보다 약간 위에 있었으며 내면의 눈이 열린 이들은 그곳을 볼 수 있었다.

레무리아인들이 나에게 보여준 그런 장소들은 아직은 지상의 어떤 사람에 의해서도 인식되거나 드러난 적이 없는 곳들이다. 그리고 그곳들은 우리 행성 위에서 올바른 진동 에너지의 파장이 지배하는 새로운 시대가 올 때까지는 드러나지 않은 채 남아 있어야만 한다.

나는 또한 그런 장소들과 지구의 내부에는 아마도 우리가 상상할 수 있는 것보다 훨씬 많은 신비의 장소들이 있음을 알고 있다. 그리고 그 모든 곳들은 이제 단계적인 계시 내용대로 점차 밝혀지게 될 것이다.

나의 친구들이여, 이것은 매우 흥분되는 일이다. 왜냐하면 우리가 자신의 신성(神性)을 향해 우리의 의식(意識)을 여는 만큼, 선과 악이라는 이원성에서 풀려나 순수성과 일체성을 받아들임으로써 새로운 세계가 우리 눈앞에 올바로 전개될 것이기 때문이다. 이 새로운 세계는 우리 인류가 하나의 진실에 대해 눈을 뜨기를 기다리고 있다. 그것은 언제나 우리 앞에 존재해 왔으나 단지 우리가 신(神)과 분리되어 있다는 환영(幻影)에 의해 가려져 있던 하나의 현실인 것이다. 이 새로운 세상은 마법과 사랑, 경이로움들, 그리고 커다란 다양성으로 가득 차 있다.

과거 아주 오래 전에 우리가 뒤에 남겨 놓았던 보물들을 찾아내고 재발견하는 것은 우리 모두에게 얼마나 흥분되는 일인가! 레무리아인들이 다시 인간 세상에 귀환하는 것과 우리들 속에서 벌어질 그들의 "최종적인 출현"은 인류가 그토록 고대해온 "그리스도의 재림 사건"에 버금가는 것이다.

레무리아인들은 오랫동안 완전한 그리스도 의식(Christ Consciousness)을 성취해 왔다. 아울러 우리 인류가 그들을 인간세계에 받아들일 준비가 되었을 때, 그들은 바로 여기 이 행성의 지상에서 그러한 성취 방법들을 우리에게 가르칠 것이다. 또한 그들은 텔로스 안에 꾸며놓은 자기들의 낙원세계를 건설하는 방법을 인류에게 알려줄 것이다.

더 나아가 그들은 완전한 그리스도 의식이 실현될 지구의 황금시대의 개막을 도울 것인데, 그리스도 의식은 우리들 가슴 속에 언제나 존재해온 신성(神性)인 것이다.

내재(內在)하는 우리들의 그리스도는 현재 이 지상에 명백히 드러나고 있고, 우리들 안에서 날마다 살아있다는 사실이다.

[아다마의 환영사]

안녕하십니까? 친애하는 나의 친구들이여!
텔로스의 우리들과 신(新) 레무리아의 계시에 이끌림을 느끼는 여러분 모두가 사랑의 에너지로 연결된 것은 가슴 떨리는 흥분과 함께 참으로 커다란 기쁨입니다. 텔로스의 〈12인 위원회〉와 텔로스의 왕과 왕비인 '라(Ra)'와 '라나 무(Rana Mu)' 그리고 현 레무리아 문명의 모든 여러분의 과거 형제, 자매들을 대표하여 우리는 여러분 모두를 레무리아의 사랑과 자비의 마음으로 환영하는 바입니다.

우리는 진정 장엄한 고대 레무리아 문명의 후예들이며, 생존자들입니다. 지상의 여러분 대다수에게 우리의 존재는 커다란 놀라움이겠으나 우리는 참으로 미 캘리포니아 샤스타 산 내부에 실존하고 있고, 대단히 훌륭히 살고 있음을 여러분에게 알리고자 합니다. 우리는 과거 약 12,000년 전 이후부터 지상의 주민들과 격리되었습니다.

사랑하는 이들이여, 지상(地上)과 지저(地底)라는 지구내의 2개의 문명은 바야흐로 이제 다시 하나로 통합될 시간이 다가왔습니다. 우리가 이 책을 통해 이러한 메시지를 전하는 주요 목적 중의 하나는 향후 지상에서 있게 될 우리의 출현을 대비해 필요한 재단 설립을 지원하기 위한 것입니다.

우리를 그토록 오랫동안 분리시켰던 어둠의 긴 밤이 이제 지나갔습니다. 우리는 가까운 미래에 인류 앞에 나타나 스스로 준비된 여러분 모두와 더불어 사랑과 지혜와 깨달음으로 다시 하나가 되려는 계획을 하고 있습니다. 우리의 진심어린 바람은 레무리아 대륙의 침몰 이후 우리가 배운 것들을 여러분 모두에게 가르치는 것입니다. 그리고 텔로스에다 우리가 창조한 낙원의 본보기를 여러분 자신이 스스로 건설할 수 있도록 인류를 돕는 것입니다.

우리는 여러분을 위해 지침을 마련했습니다. 따라서 우리가 이러한 높은 수준의 영적지혜와 깨달음을 함께 나눌 때, 여러분이 우리의 발걸음을 따라오는 것이 훨씬 용이해질 것입니다. 여러 언어로 출판된 우리의 정보들이 담겨진 책을 보는 것은 특히 우리에게 기쁨을 줍니다. 왜냐하면 우리는 그러한 책들이 이 행성 위의 대단히 많은 사람들에게 읽혀지리라는 것을 알고 있기 때문입니다.

다른 국가들에 살고 있는 매우 많은 영혼들이 우리와, 그리고 레무리아 대륙에 살았던 그들 자신의 어떤 인연들과 다시 연결될 준비가 돼 있고, 또 만나기를 동경하고 있습니다. 오늘날 이러한 책에 이끌리는 여러분 가운데 많은 이들이 현재 텔로스나 신(新) 레무리아 내에 살고 있는 주민들의 이전 가족들입니다.

이들 가족들이나 친구들은 여러분을 너무나 사랑하며, 여러분과 다시 만나기를 간절히 바라고 있습니다. 지상에 현재 살고 있는 이전의 가족들을 가지고 있는 텔로스 내의 우리 주민들 가운데 많은 이들이 향후의 "지상출현"시기에 여러분과의 의사소통을 쉽게 하기 위한 목적으로 여러분의 언어를 배웠습니다.

친애하는 이들이여, 우리는 여러분이 이러한 정보들을 가슴으로 받아들일 것을 호소합니다. 그리고 우리 지상과 지저의 두 문명 사이에 사랑과 통신의 다리를 건설하려는 의식적인 노력을 해주십시오. 이것은 여러분의 가슴에서 우리의 가슴으로 이어지는 사랑과 이해의 다리이며, 또 이 다리는 더욱 확실하게 우리를 여러분에게 연결시켜 줄 것입니다.

우리는 현재 여러분의 응답을 기다리고 있습니다. 여러분의 가슴으로 우리를 부르십시오. 그러면 우리는 여러분 곁에 있게 될 것이고 우리의 "화합과 하나됨의 노래"를 속삭이거나 노래할 것입니다. 우리 모두는 승리의 챔피언(Champion)이고, 우리는 언제나 인류의 목표와 가슴의 소망을 성취하도록 도울 수가 있습니다.

나는 여러분의 레무리아인 형제인 아다마입니다.

- 목 차 -

제1부 - 레무리아인들은 누구인가?

1장 샤스타 산, 텔로스, 그리고 레무리아에 대해서 ··· 27
  마법의 산 - 샤스타 ··· 27

2장 레무리아의 기원과 역사 - 39
  샤스타 산의 도시 행사 - 레무리아의 가슴 열기 ··· 42
  "올드 랭 사인(Auld Lang Syne)"은 레무리아 대륙에서 언젠가 들었던
  마지막 노래였다 ··· 49
  레무리아와 아틀란티스 대륙의 침몰 이후의 지구 상황 ··· 50
  왜 이 두 고대문명에 관한 증거들이 오늘날 별로 남아있지 않은 것인가? ··· 51
  [레무리아의 가슴 치유하기] ··· 52

3장 신(新) 레무리아 - 59
  레무리아는 오늘날에도 여전히 존재하고 있지만 인류의 3차원적 시각과
  지각으로는 아직 볼 수가 없다 ··· 60
  지구의 존재로서 우리는 대가족이다 ··· 63
  지상과 지저라는 지구의 두 문명의 재통합 시기는 최종적으로 매우 가까이
  다가와 있다 ··· 64
  지상에 천국과 극락을 건설하는 데는 우리가 걸린 12,000년이란 시간이
  필요치 않다. 우리는 그 방법을 이미 알고 있다 ··· 67

제2부 - 텔로스의 고위사제 아다마의 메시지

4장 텔로스의 정부 - 71

텔로스의 도시 … 72
텔로스의 수송수단 … 75
지저세계인들은 외모가 우리와 많이 달라 보이는가? … 75
텔로스에는 공휴일이 있는가? 있다면 휴일을 어떻게 보내는가? … 76
레무리아인들은 둥근 원형의 집에 산다고 이야기를 들었다. 이에 대해 설명해 줄 수 있는가? … 77
이제 작은 원형 주택 짓기를 시작해 보자 … 79
부디 유의하기를 바라며 … 81
지저세계의 도시들 사이를 관통하는 터널들은 어떻게 생겨났으며, 어떻게 유지되는가? … 81
지구 내부세계의 여러 문명의 대표자들끼리의 정기적인 만남이 있는가? … 82
샴발라(Shamballa)의 역할과 그 기원, 정부체제는 무엇인가? 그리고 현재와 미래에 있어서 그 주된 목적은 무엇인가? … 82
지구 내부의 거주자들 … 84
아갈타 조직망의 기타 다른 도시들 … 85

5장 향후 있게 될 지저세계인들의 출현에 관한 새로운 정보 … 87
문답
무엇 때문에 지저인(地底人)들이 지상에 출현해야 할 필요성이 있는지요? … 88
지저인들의 지상출현에 관한 모종의 계획이 있습니까? … 91
지저인들의 대규모 지상출현 파동은 3차원의 진동주파수에서는 일어나지 않습니까? … 92

6장 텔로스 입구의 규약들 - 95

7장 텔로스의 아이들 - 103
문답
*성인들처럼 지저세계의 일부 아이들과 지상에 살고 있는 아이들이 직접 만나기도 합니까? … 103
*다른 지저 도시들의 아이들끼리 서로 만나기도 하나요? … 103

*미래에 지저세계의 아이들과 지상의 아이들 사이의 관계는 어떻게 될까요?
 … 104
텔로스에서의 성장과정 … 105

8장 결합의 신전 - 111

텔로스에서의 결혼 … 119

문답
*텔로스에서는 남,녀의 로맨틱한 관계를 어떻게 보는지, 그리고 결혼이나
 가족관계 등이 지상세계와 같은지 궁금합니다. … 119
텔로스에서의 남,녀관계와 성생활 … 122
*아다마, 텔로스에서의 남,녀 사이의 관계에 관해 말해주세요. 텔로스인들은
 성애(性愛) 문제를 어떻게 취급합니까? 그리고 3차원에 있는 우리 지상 주민들이
 어떻게 하면 당신들과 같은 형태의 관계로 진화할수 있는가요? … 122
텔로스에서는 남,녀가 어떻게 성적인 사랑을 나누는지 알고 싶습니다. … 129
왜곡된 인간의 성적행위 … 131
아이들의 출산(出産) … 131
*3차원에 있는 우리가 당신들과 동일한 의식 상태로 진화하는 데 있어서
 우리에게 나눠줄 수 있는 뭔가 도움되는 말씀이 있습니까? … 133

9장 텔로스의 동물들 - 137

10장 여러 가지 질문과 답변

*우리는 종종 지구 내부의 존재들이 인간사회에서 일어나는 사건들에
 관여한다는 말을 들었습니다. 언제, 어떻게 그런 결정이 내려 졌으며,
 누가 그런 개입을 하는 것인가요? … 141
*지저인들이 크롭 서클(Crop Circle) 제작에 관계하고 있다는 말이 있습니다.
 그것은 여러분이 외계인들과 손잡고 함께 시도하는 일인가요?
 만약 그렇다면, 그것의 목적과 역할은 무엇입니까? … 144
*다가오는 미래에 광물인 수정(水晶)은 어떤 역할을 하게 되나요? … 146
*포탈(Portal)과 통로(Gateway), 그리고 그곳을 지키고 통제하는 존재들에
 관해 말해줄 수 있습니까? … 148
*이런 포탈들과 통로들을 지키고 감시하는 존재들은 누구입니까? … 150

11장 우리는 늙어 죽지 않는 불멸(不滅)의 몸으로 변화되었다 … 155
　육체는 의식(意識)의 상태를 그대로 반영한다. … 159
　문답
　*건강, 보건학 분야에서 미래에 어떤 새로운 발견이 이루어질까요?
　　인간의 건강관리를 위해 조언해 줄 수 있습니까? … 159
　*어떻게 인간의 의식을 끌어올릴 것인가? … 164
　*인간의 의식을 상승시키거나 확장한다는 것은 무슨 의미가 있는가? … 165
　*왜 나의 의식을 끌어올리고자 해야 하는가? … 166
　*인간이 의식을 상승시켰을 때 무슨 일이 나타나는가? … 167
　*의식상승이 어떻게 나의 현 삶에 영향을 미칠 것인가? … 168
　*나의 의식이 상승됨으로써 나타나는 결과들 … 169
　*상승의 파동을 탄다는 것은 무슨 의미인가? … 170

12장 사랑하는 이들이여, 귀향하라. 5차원의 세계가 여러분이
　　　귀환하기를 기다리고 있다. - 175
　레무리아 시대에 모든 인류와 레무리아인들은 완전히 작용하던 36가닥의
　DNA를 가지고 있었다 … 176
　문답
　*지구의 대전환 이후에도 이 3차원은 계속 존재하게 될까요? … 181
　*당신은 레무리아가 오늘날 아직도 고차원의 세계 속에 존재한다고 했는데,
　　거기에 사람들이 계속 살고 있다는 말인가요? 또 잉카사회가 아직도
　　5차원 속에 존재하고 있습니까? … 183
　*장차 레무리아 대륙이 태평양에 다시 출현하게 될까요? 그리고 지구의
　　지형은 완전히 변하게 됩니까? … 184
　가슴속에 평화와 사랑을 품으십시오.… 187
　　　　　　　　　　　　　　　　　- 텔로스의 갤라티아 -

13장 텔로스의 레무리아 〈대 비취(Great Jade)사원〉과 5번째
　　　광선의 작용을 통한 치유의 불꽃 - 193

문답
*지상에 있는 남,녀들이 어떻게 해야 자기의 에테르체로 〈대 비취 사원〉에
  갈 수 있겠습니까? … 196
*누군가 가장 적절한 치료를 받기 위해 그 사원에 가게 된다면, 어떤 치료를
  받게 되나요? … 197
*우리는 3차원 세계인 이곳 지상에서 살아남기 위해서 애쓰다 보니 우리
  자신의 수많은 경이로운 측면들과 분리되어 있습니다. 어떻게 하면 우리가
  이제 남아있는 짧은 시간 안에 내면의 문제들을 치유하고 거대한 지구변화에
  대비할 수 있겠습니까? … 201
*우리가 실제로 가슴을 열고 감정체가 치유과정에 착수되도록 할 수 있는
  방법은 무엇입니까? … 203
*우리가 실제로 계속해서 그 최종적인 목표지점에 이를 수 있을까요? … 206
*우리의 일상적 삶 속에서 부딪치게 되는 부정적 요소들은 그 치유 과정이
  진행되는 속도에 영향을 미칩니까? … 207
〈대 비취 사원〉을 향한 의식적인 명상 … 213

3부 - 엘 모리야 대사의 메시지
      텔로스의 토마스 메시지
      레드우드의 메시지
      아다마의 마지막 전언(傳言)

14장 타성에 빠진 의식(意識)은 상승의 문을 향해 나가지 않는다 - 219
                                                    - 엘 모리야 -
「엘 모리야 대사의 마지막 메시지」
  - 우리 지구 행성의 광명화(光明化)는 시작되었다 … 225

15장 레드우드(Redwood)로부터 온 경고의 메시지 … 231

16장 텔로스의 살아 있는 도서관 … 245   -토마스-

아다마가 보내는 마지막 전언(傳言) … 249
아다마와의 채널링에 대해 … 251

-오릴리아 루이즈 존스-

4부 아다마 대사의 지구변화에 대한 예측

1. 지구변화에 대한 예측 (Ⅰ)
*올해와 내년에 예상되는 지구상의 변화와 변형과정은 무엇입니까? … 261
*2006년 이후에 예상되는 변화들은 무엇입니까? … 267
*정부에 관해 … 269
*지구변화에 관해 … 271
*외계인과의 접촉에 관해 … 272

2. 지구변화에 대한 예측 (Ⅱ)
*2007년부터 예상되는 전반적인 지구 변화들에 대해 - 274
  영적인 변화 … 275
  행성변화 - 기상과 폭풍, 땅 덩어리 변화 분야 … 276
  해일, 화산폭발, 그리고 지진 … 276
  유사시를 대비해 긴급 대피수단을 강구하라 … 277

전 세계 각지에 예상되는 변동들
  미국
    1. 엘로우 스톤 국립공원 지역 … 278
    2. 플로리다 주 … 279
    3. 태평양 연안 … 280
    4. 5대 호 … 280
  캐나다 … 280
  프랑스 … 280
  중동지역 … 281
  멕시코 … 281

사해지역 ··· 282
이집트와 대 피라미드 ··· 282
오세아니아 ··· 283
아시아 ··· 284
사랑하는 자비의 여신 〈관세음보살〉 ··· 288
티베트 ··· 290
경제 상태와 일상생활 ··· 292

3.지구변화에 대한 예측(Ⅲ)
*2006년에서 2011년에 이르기까지의 지구변화기 동안 지구 내부세계의
 존재들이 맡게 될 가장 중요한 역할 ··· 293
*빛의 도시들 ··· 294
*상승의 입문 ··· 295
*감사하는 표현의 중요성 ··· 297
*저저세계 내의 다른 문명들이나 다른 별에서 온 형제들 중에 텔로스인
 들이 함께 가장 긴밀하게 일하는 문명은? ··· 298
*장차 주로 인류가 큰 영향을 받게 될 분야 ··· 299
*정유공장의 원유는 모두 본래의 자리인 땅속으로 다시 들어간다··· 300
*2012년 이후에 지구 내부의 도시들은 그곳에서 계속 발전하게 되는가?
*아니면 이 행성의 지상으로 다시 나와서 거처를 구축하게 되는가? ··· 303

4.지구변화에 대한 예측 (Ⅳ)
레무리아와 아틀란티스 ··· 311
*지상에 남겨진 레무리아의 흔적은 무엇인가? ··· 315
*레무리아 대륙의 중심부분에 위치해 있던 것은 무엇인가? ··· 316
삼나무들 ··· 318
가슴의 예지(叡智) ··· 319
인류가 가슴의 열림을 통해 신성회복을 성공할수 있나요? ··· 321

5부 편역자 해제(解題): 지저문명(地底文明)의 실체와
   인류의 관계, 그리고 샴발라에 대해 … 325

1. 세계각지에 전해오는 이상향(理想鄕)에 관한 전설들 … 326
2. 지저 문명 세계를 직접 다녀온 사람들 … 329
   [1] 지저세계에서 살다 온 노르웨이의 올랍 얀센(Olaf Jansen)
       부자(父子) … 330
   [2] 지저 샴발라의 초인(超人) 대사들과 접촉했던 M. 도릴 박사 … 334
   [3] 북극탐사 비행 도중 우연히 지구 내부 세계로 비행해 들어갔던
       리차드 E. 버드 제독 … 338
   [4] 아갈타 지저세계로부터 초대받았던 티베트 라마승
       - 롭상 람파 … 348
3. 검토할 필요가 있는 몇 가지 주요 사항들 … 361
4. 종교와 오컬트적(祕敎的)인 관점에서 본 샴발라 … 363
   신지학과 하이어라키 … 363
   사나트 쿠마라는 과연 누구인가? … 364
   샴발라의 기원 … 370
   행성 지구의 영적 사령부 - 샴발라 … 370
5. 결론 - 지상 문명과 지저 문명과의 통합 시대를 대비하여 … 372

1부

레무리아인들은 누구인가?

> 기회는 항상 여러분 영혼의 문턱에서 노크하고 있습니다.
> 여러분이 그것을 인정하고 그 기회를 지혜롭게
> 잡지 않는 한,
> 여러분이 희구하는 풍요롭고 행복한 삶은 항상 미래로
> 남아 있을 것입니다.

※앞 페이지 사진 설명: 신비한 구름을 머리에 이고 있는 샤스타 산의 전경. 이런 구름은 우주선이 위장하기 위해 변형된 상태라는 설(說)도 있다.

1장
샤스타 산, 텔로스, 그리고 레무리아에 대해서

"마법의 산 - 샤스타(Shasta)"

샤스타 산은 시에라 네바다 산맥의 북쪽 끝에 솟아 있는 가장 웅장한 산이다. 이산은 오레곤(Oregon) 주(州)의 접경으로부터 약 33마일 떨어진 캘리포니아 북부의 시스키유(Siskiyou) 카운티 안에 위치하고 있다. 샤스타 산은 해발 14,162피트(4316m) 높이로 서있는 원뿔형태의 사화산(死火山)이고, 화산활동에 의해 생성된 미국 대륙 내에 있는 가장 큰 봉우리이다.

그런데 승천한 대사(大師)들은 또한 샤스타 산이 우주의 대중심태양이 구체화된 것으로 간주될 수 있다고 밝힌 바가 있다. 적어도 샤스타 산은 매우 특별한 곳이다. 그것은 단지 단순한 산 이상의 엄청난 그 무엇인가를 상징한다. 이 산은 이 지구상에서 가장 신성한 장소들 중의 하나이다.

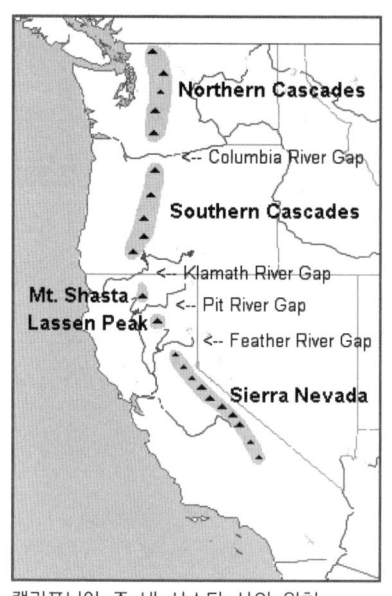

캘리포니아 주 내 샤스타 산의 위치

샤스타 산은 이 지구의 신비적 힘의 원천이다. 그리고 그곳은 빛의 세계로부터 온 천사들, 영적 인도자들, 우주선들, 또 대사들이 모이는 중심지인 것이다.

그곳은 아울러 고대 레무리아의 생존자들의 고향이기도 하다. 영적 투시능력을 지닌 사람들에게 샤스타 산은 그 정점이 지구를 훨씬 넘어 우주로까지 미치는 거대하고도 에테르적인 자줏빛 에너지 피라미드로 에워싸여 있는 것으로 보인다. 그리고 이 에너지 피라미드는 우리를 은하계 사이를 건너 이 은하수 은하계(Milkyway Galaxy) 구역의 행성연합으로 연결시켜 준다. 이 장엄한 피라미드는 또한 바로 지구의 중심 핵을 향해 뻗어 내려간 뒤집어진 역삼각형 형태의 피라미드를 포함하고 있다.

샤스타 산은 우리 행성의 빛의 격자망으로 들어가는 입구지점을 나타낸다. 이 산은 은하계와 우주의 중심으로부터 지구로 유입되는 대부분의 에너지가 다른 산이나 격자망의 다른 부분에 도달하기 이전에 최초로 도달되는 장소이다. 모든 산꼭대기들은, 특히 높은 산의 정상들이나 봉우리들은 이 행성의 빛의 격자들에게 빛을 공급하는 일종의 등대들이다.

샤스타 산 위에서는 종종 이상한 빛이 보이거나 소리가 들린다. 게다가 산의 신비로운 오라(Aura)에는 렌즈 모양의 구름들, 그림자 그리고 멋진 일몰(日沒)이 그 신비로움에 더해진다. 그리고 거기에는 레무리아 시대부터 지금까지 아직도 존재하고 있는 5차원의 도시들로 통하는 많은 통로들과 입구들이 있다.

또한 샤스타 산은 12,000년 이상 전에 발생한 레무리아 대륙의 침몰에서 살아남은 오늘날 현존하는 많은 레무리아인들의 고향이다. 그렇다. 우리의 레무리아인 형제,자매들은 실제로 존재하고 있는 것이다. 그들은 분명히 물리적으로 살아 있고 5차원 존재로 살고 있는데, 진동이 높아 아직 우리의 눈에는 보이지 않는다.

지상(地上)의 진동은 지금의 3차원 진동에서 4차원/5차원 진동의 세계로 현재 변화하고 있다. 우리 주변에는 다른 차원의 세계들이 존재하고 있으나 지상에 살고 있는 대부분의 사람들은 아직 그러한 세계들을 감지할 만큼 충분히 진화된 의식을 지니고 있지 못하다.

자신들이 살던 대륙이 침몰하기에 앞서서 레무리아인들은 그들이 사랑하던 대지의 마지막 운명을 이미 알고 있었다. 따라서 그들은 자기들의 문화와 소중한 유물들, 고대 지구의 역사에 관한 기록들을 보존하기 위해서 숙련된 에너지 기술과 수정(水晶)들, 소리, 그리고 진동 및 속이 비어 있는 방대한 지하 도시들을 이용했다. 하지만 이러한 부분에 관한 역사는 아틀란티스 대륙의 멸망 이래 인류에게 상실되고 말았다.

고대 레무리아 대륙은 지금의 북미(北美) 대륙보다도 더 넓은 크기였고, 현 캘리포니아와 오레곤, 네바다, 그리고 워싱턴 주(州)의 부분과 연결되어 있었다. 하지만 이 거대한 대륙은 약 12,000년 전에 지각(地殼)의 대격변에 의해 단 하룻밤 사이에 태평양 속으로 사라지고 말았다.

당시 지구상의 모든 주민들은 레무리아를 자기들의 어머니의 나라(母國)로 여기고 있었고, 때문에 그 대륙이 바다 속으로 가라앉았을 때 그들의 크나큰 슬픔의 파동이 전 지구를 에워쌌다. 그 때 대략 25,000명 정도의 레무리아인들이 샤스타 산 내부로 이주할 수 있었는데, 가장 중요한 그들의 여러 행정 부서들이 함께 옮겨왔다.

그리고 사랑하는 이들이여, 지금 이 책을 읽고 있는 여러분들은 레무리

늘 신비를 간직하고 있는 샤스타 산

아의 이전 형제,자매들이 결코 여러분을 버린 것이 아니라는 사실을 가슴 속에서 알고 있을 것이다. 그들은 아직도 이곳에서 물리적으로 완전하고도 무한한 죽지 않는 불멸의 몸으로 존재하고 있고, 5차원 세계 속의 한 생명체로 살아있는 것이다.

미국의 원주민인 인디언들은 샤스타 산을 삼라만상이 창조된 근원인 "위대한 대령(大靈)"의 웅대함과 숭고함이 깃든 신성한 장소로 믿는다. 그들은 또한 약 4피트(121cm)의 키를 가진 작은 종족이 이 산의 산비탈에서 산의 보호자로 산다고 믿고 있다.

이 놀라운 작은 사람들은 흔히 "샤스타 산의 작은 요정"으로 불리며, 또한 이들은 육체적 존재들이긴 하지만 우리들 눈에는 보이지 않는 진동을 가지고 있다. 그런데 그들 중의 일부는 때때로 산 주변에서 우리 인간의 3차원적 수준에서 목격되기도 한다.

그들이 그들 자신을 많은 사람들에게 물리적으로 나타내지 않는 이유는 그들 종족이 인간에 대해서 집단적인 두려움을 가지고 있기 때문이다. 한 때 그들이 우리와 마찬가지로 육체적으로 가시적인 상태이고 또 그들 마음대로 자신들을 안보이게 할 수가 없었을 때, 인간은 그들에게 매우 해로운 존재였다.

그러므로 그들은 인간에 대해 대단한 공포를 갖게 되었고 이 지구 행성의 영단(Spiritual Hierarchy)에게 그들 종족의 진동 주파수를 상승시키는 조치에 관해 요청했었다. 그리하여 그들은 스스로를 마음대로 안보이게 만들 수가 있게 되었으며, 이제는 평화롭고도 무사히 자신들의 영적진화를 계속할 수가 있다.

또한 거기에는 많은 다른 신비로운 존재들과 더불어 샤스타 산의 어떤 외딴 지역에서 목격된 빅 풋(Big Foot)[1] 종족에 관한 보고들이 있다. 현재 세계 전역과 샤스타 산 주변에 살고 있는 이 종족 사람들의 숫자는 매우 소수이다. 그들은 대개 보통의 지성과 온화한 성품을 지니고 있다. 그들 역시도 자의적으로 인간의 눈에 안보이게 할 수가 있는 능력을 가지고 있다. 이런 방법에 의해 그들은 키 작은 종족과 마찬가지로 인간과 맞닥뜨리는 것을 피할 수가 있고 과학이라는 미명 아래 남용되는 훼손과 노예화, 물리적인 피해에서 벗어날 수가 있는 것이다.

하나의 종족으로서 우리 인간은 아직도 우리가 지구의 주인이 아니라 이 행성에 초대된 손님이라는 사실을 진정으로 이해하고 있지 못하다. 우리는 관대한 어머니인 지구에 온 손님들인데, 왜냐하면 그녀가 이 행성 안에 거주하는 많은 왕국들(동,식물의 세계)을 위해 일종의 진화의 무대를 제공하기로 자원했기 때문이다. 인간은 단지 어머니 지구에 기생해 살고 있는 이런 여러 생명체들 중의 하나에 불과한 것이다.

태초에 모든 생명체들이 이 행성을 동등하게 공유해서 사용한다는 전체의 동의하에 이것이 허용되고 승낙을 받은 것은 분명한 사실이며, 그것이 본래 예정된 계획이었다. 그리고 그것은 매우 오랜 기간 동안 지구에서 유지되어온 방법이자 규칙이었다. 그런데 불행하게도 수십만 년 전에 바로 인간이 지구를 접수했던 것이다. 그들은 오만하게도 자신들이 다른 생

---

[1] 미국과 캐나다의 태평양 연안 북서쪽 지역의 깊은 산 속에 산다는 유인원 비슷한 생물을 말한다. 이 생물은 대개 체구가 거대하고 털이 많은 모습으로 묘사된다.

명체들보다 훨씬 우월한 〈만물의 영장(靈長)〉이라고 생각했다. 게다가 실제보다 열등해 보이는 다른 생명체의 왕국들을 자기들이 지배하고 조종할 권리가 있다고 생각하였다. 때문에 동물의 왕국에 속해있는 많은 종족들이 또한 인간의 눈에 보이지 않도록 차원전환이 이루어졌다. 그 종족들은 여전히 여기 지구 땅에 존재하고 있다. 하지만 우리 인간보다 약간 높은 진동주파수 속에 있으며, 따라서 우리의 육안에는 보이지 않는다. 당신들은 멸종된 것으로 보이는 모든 동물의 종(種)들은 어디로 사라져 버렸다고 생각하는가?

그 동물들의 대부분은 멸종되었는데, 왜냐하면 그들이 더 이상은 인간과 함께 공존하지 않기로 집단적인 선택을 했기 때문이다. 아직도 인간과 더불어 물리적으로 지구상에 존재하고 있는 동물의 종들 역시도 인간들에 의해 반드시 사랑받거나 존중받지는 못하고 있다. 그런 동물의 대부분이 만물의 영장이라는 인간에 의해 어떻게 취급되며 이용되며, 또 학대받고 있는지를 여러분의 가슴으로 한번 생각해 보도록 하라.

오늘날 몇몇의 영적 그룹들이 샤스타 산 지역을 둘러싸고 있다. "산(山)의 부름"을 가슴으로 느끼거나 들은 수많은 진실한 탐구자나 구도자(求道者)들이 이 지역으로 거처를 옮겨왔고, 그들은 자기들이 최종적인 "귀향"을 했다고 생각한다. 그들의 머나먼 레무리아인 선조들에 대한 희미한 기억이 그들을 과거의 본래 고향으로 돌아오라고 부르고 있다.

날씨가 청명한 날, 샤스타 산은 하나의 흰 보석처럼 우뚝 서있고 적어도 100마일 가량 떨어진 곳에서도 볼 수가 있다. 인근에 사는 주민들은 높이 14,162 피트의 이 화산에 관한 희한한 이야기들을 알고 있다. 그중 가장 주목할 만한 이야기는 그 산의 내부 지저에서 5차원의 주파수로 살고 있다는 신비에 싸인 사람들에 관한 전설이다.

그들은 잃어버린 대륙 레무리아로부터 온 고대 사회의 후예들이라고 언급되는데, 샤스타 산의 깊은 내부에서 둥근 건축물 속에 살면서 무한한 건강과 풍요로움, 그리고 형제애를 누리며 살고 있다고 한다. 그리고 그들은 자신들의 고대 문화를 그대로 보존하고 있다는 것이다.

그 산의 내부에서 살고 있는 레무리아인들은 대개 7피트(2m 13cm)에 달하는 키와 휘날리는 긴 머리를 가진 영광스러운 존재들로 묘사된다. 그들은 흰색의 길고 헐거운 옷에 샌들을 신고 있지만, 또한 그들은 매우 다채로운 색깔의 의복차림으로 목격돼 오기도 했다. 레무리아인들은 길고 호리호리한 목과 신체를 지니고 있다고 하며, 그들은 자기들 몸에 구슬로 꿰어진 아름다운 장식용의 목걸이나 귀중한 보석으로 치장하고 있다고 한다.

사실 그들은 진화된 육감(六感)을 지니고 있으며, 이런 능력은 그들 상호간에 초능력에 의한 교신을 가능케 한다. 따라서 그들은 자기들 마음대로 원격순간이동을 할 수가 있고, 또한 스스로를 안보이게 할 수가 있다.

그들의 모국어(母國語)는 "솔라라 마루(Solara Maru)"라고 불리는 레무리아인의 언어이다. 그러나 그들은 나무랄 데 없는 약간의 영국식 억양으로 영어도 구사한다. 그들은 제2의 언어로서 영어를 배우기로 선택했는데, 왜냐하면 자신들이 (지저이긴 하지만) 현재 미국 땅에 살고 있기 때문이다.

샤스타 산의 내부에 살고 있던 레무리안인들을 오래 전에 방문했다고 주장했던 M. 도릴(Doreal) 박사[2]는 자기가 목격했던 지하 도시 공간의 높이가 약 2마일(3.218km)에다 길이가 20마일(32.18 km), 폭이 15마일(24.35km) 정도의 넓이였다고 언급했었다. 그는 산 내부의 도시에는 한여름의 대낮처럼 빛이 밝았다고 기록했다. 왜냐하면 방대한 넓이의 공

---

2)미국의 신비주의 교단인 <백색사원 형제단>과 오컬트 통신대학인 <부라더후드(Brotherhood) 대학>의 창립자. 그는 지저 샴발라에 있는 대사들의 부름에 따라 지저세계를 직접 다녀왔다. 뒤의 역자 해제 부분에서 그에 대해 자세히 소개하고 있으니 참고하기 바람.

동(空洞)으로 이루어진 내부공간의 중심에는 거대하게 타오르는 빛 덩어리가 걸려있기 때문이라는 것이다.

샤스타 산에서 우연히 잠들었다가 한 레무리아인에 의해 깨어났던 또 다른 남성은 그 레무리아인을 따라 그의 동굴에 갔더니 거기에는 황금으로 가득 차 있었다고 보고한 바가 있다. 당시 그 레무리아인은 그에게 말하기를, 지구의 땅 속에는 고속도로같은 분화구들에 의해 남겨진 일련의 터널들이 존재한다고 언급했다고 한다.

소문에 의하면 레무리아인들은 이미 18,000년 이전의 오래 전에 원자에너지, 텔레파시와 투시(천리안) 기술들, 전자공학과 같은 과학에 통달했다고 한다. 또 그들은 3차원 세계의 거주자들을 자신들과 비교했을 때 인간들을 아장아장 걷는 어린 아이처럼 보이게 만들 수 있는 기술을 보유하고 있다. 그들은 자기들의 모든 과학 기술들을 마음으로 통제한다. 그리고 레무리아인들은 아주 오래 전에 수정(水晶)으로부터 방사되는 에너지를 이용하여 배를 추진시키는 방법을 알고 있었다.

또한 그들은 당시에 아틀란티스와 다른 장소들로 이동하기 위한 비행선을 가지고 있었다. 오늘날 레무리아인들은 5차원의 지저세계로부터 샤스타 산을 출입하고 우주로 여행하는 데 필요한 우주선들로 구성된 "실버 함대(Silver Fleet)"라고 부르는 대규모 UFO 함대를 보유하고 있다.

그들은 또한 지구상의 각 군대들의 탐지와 추적을 피하기 위해 자신들의 우주선을 보이지 않게 만들거나 무소음(無騷音)의 상태로 전환하는 능력을 가지고 있기도 하다. 비록 레무리아 사람들이 실제로는 물질적 차원에 존재하더라도 그들은 자기들의 에너지 장(場)을 3차원에서 4차원 내지는 5차원의 진동으로 바꿀 수가 있고, 자신들의 임의대로 가시적이거나 비가시적인 상태로 변경할 수가 있다.

많은 사람들이 샤스타 산에서 이상한 빛들을 목격했다고 보고한다. 이에 관한 한 가지 설명으로서 그 산의 깊은 내부에서는 우주기지로부터 우주선들이 끊임없이 들락날락하고 있다는 것이다. 샤스타 산은 레무리아인들의 본거지일 뿐만 아니라 또한 행성 간, 더 나아가 은하계 간의 다차원적인 입구에 해당된다.

샤스타 산의 상공에는 "일곱(7) 광선의 수정도시"라고 불리는 에테르적인 거대한 빛의 도시가 존재한다. 미래의 어느 시점에는, 다시 말해 아마도 향후 10~12년 이내에는 이 경이로운 빛의 도시가 우리가 사는 물질세계로 내려올 예정이다. 그리하여 이것은 이 행성의 지상에 분명하게 나타난 최초의 빛의 도시가 될 것이다. 이러한 일이 일어나기 위해서는 현재 지상에 살고 있는 사람들의 의식(意識)이 그 빛의 도시의 진동에 필적할 만큼 높아져 거기에 조화되어야만 할 것이다.

여러분은 레무리아인들에 관해 어떤 책을 읽거나 들은 바가 없어도 샤스타 산을 쉽게 방문할 수가 있다. 샤스타 산은 영적인 깨달음을 추구하는 전 세계 도처에서 오는 방문자들과 "어머니 자연"이 이 독특한 고산지역에 베풀어준 자연적인 아름다움 및 경이로움 속에서 은총을 구하는 많은 이들을 끌어당긴다.

모든 이들이 신비로움을 좋아하지만 특히 샤스타 산에 얽힌 신비를 사랑한다. 세상에는 캘리포니아 북부에 솟은 이 거대한 산에 관해 기록된 매혹적인 수많은 신화와 전설들이 존재해 왔다. 이 고독한 산은 항상 자신의 비밀을 간직한 채 … 침묵하고 있다. 하지만 언제나 종종 세상에는 이 산에 관한 또 다른 신비로운 이야기가 부상한다. 새로운 성격의 배역들이 나타나고 신비에 싸인 이 산에 다시 한 번 주의가 집중되곤 하는 것이다. 이와 같은 식으로 샤스타 산이 오랫동안 관심의 초점이 되어 온 것이며, 또 아마 앞으로도 항상 그럴 것이다.

샤스타 산은 오직 생명을 존중하는 사람들, 참자아를 회복한 진실된 자들, 그리고 이 행성을 공유하고 있는 모든 다른 동,식물의 왕국들에게만 "그녀 자신"을 드러내 보이는 경향이 있다.

종종 기묘한 구름을 머리에 이고 있는 샤스탄 산에는 늘 신비로움이 존재한다 …

여러분이 인간관계에 실패했을 때,
그 교훈을 놓치지 마십시오.
사소한 논쟁도 하지 말고 위대한 우정이 무엇인가를
반문해 보십시오.
그 어색한 침묵을 기억하시고 … 이전의 그것이
최선의 응답이었는가를 생각해 보십시오.
최상의 인간관계는 서로에 대한 이해(利害)를 넘어서
사랑 속에 있음을 기억하세요.
  － 달라이 라마 －

2장
레무리아의 기원과 역사

– 아다마 –

수백만 년 전의 초기에 지구는 7개의 주요 대륙들로 형성되어 있었다. 거의 그때부터 외계문명의 수많은 식민지들이 이 지구 땅에 세워져 외계인들이 지상에 정착했다. 그들 중의 일부는 짧은 기간 동안 지구에 머물기도 했으나 반면에 다른 존재들은 훨씬 오랜 기간 이곳에 체류했다.

지구 역사에 있어서 이 시기에 대한 세부적인 자료들은 지구 내부에 있는 포톨로고스(Porthologos)의 도서관에 있으며, 또한 우리 텔로스 내의 레무리아인 도서관에도 보관되어 있다. 만약에 혹시라도 이 행성의 장구한 역사에 관한 진실된 자료들이 오늘날 지구상 어딘가 남아있다고 하더라도 그 분량은 극히 적다.

당시 지구상에 존재했던 그러한 문명들은 대부분의 경우 여러분이 오늘날 알고 있는 식의 물질문명이 아니었다. 그리고 기록들 역시도 오늘날 인간이 저장하는 방식으로 보관되지 않았다. 또한 지표면의 대변동에 대비해 관리되던 거의 대부분의 그런 기록들은 결국 이런저런 연유로 모두 파괴되었다.

대략 기원전(B.C) 450만년 경에 대천사 미카엘은 자신의 청색불꽃의 천사의 무리들과 빛의 세계로부터 온 많은 존재들과 함께 어버이 신(神)3) 의 은총으로 당시 레무리아 인종의 씨종자가 되었던 최초의 영혼들을 지구로 호송해 왔다. 그 시대에 이 사건이 발생한 위치는 오늘날 미(美) 와 이오밍 주(州)의 잭슨 근처 그랜드 테이톤 국립공원으로 알려진 〈로얄 테이톤 리트리트(Royal Teton Retreat)〉였다.

이 행성에 육화하여 태어났던 이런 새로운 영혼들은 원래 달(Dahl) 우주의 무(MU) 대륙으로부터 지구에 왔다. 그 당시 지구는 현재의 여러분이 거의 상상할 수 없을 정도로 행성 전체가 완전함과 풍요로움, 그리고 아름다움으로 충만한 이상세계와 같았다.

이 행성은 참으로 우리 우주와 전체 창조계 중에서도 가장 장엄하고 화려한 아름다움을 가진 낙원이었다. 이러한 완벽함은 4번째 황금시대 동안에 발생했던 초창기 인간 의식(意識)의 타락이 시작될 때까지 몇 백만 년 동안이나 유지되었다.

마지막에는 먼저 온 종족과 마찬가지로 이곳에서 진화하게 될 시리우스, 알파 켄타우리, 플레이아데스, 그리고 일부 다른 행성출신의 타 종족들이 지구에 왔고, 이들도 "종자 영혼들"의 그룹에 합류되었다. 이 여러 종족들이 모여 혼합됨으로써 그들 모두가 함께 레무리아 문명을 형성하였다.

그것은 줄잡아 말해도 아주 멋진 하나의 조합(調合)이었다. 모든 문명들

---

3) 이 책에서 언급하는 신(神)이란 개념을 반드시 기독교적인 어떤 인격신(人格神)으로 볼 필요는 없다. 즉 이것은 서양의 기독교 문화권에서 출판된 책이기 때문에 부득이 "신(God)"이라는 용어를 차용하고 있는 것뿐이다. 따라서 불교인들은 이를 우주의 〈법신불(法身佛)〉이나 본래 "삼라만상에 편재한 대광명(大光明)"을 뜻하는 〈비로자나불(毘盧舍那佛)〉, 또는 〈대일여래(大日如來)〉로 이해해도 무방하다. 또한 모든 만물에는 의식(意識)이 깃들어 있으므로 일반인들은 이를 〈우주의식(宇宙意識)〉이라는 정도의 개념으로 생각해도 좋을 것이다. 이를 다른 우리말로 표현 한다면 "대령(大靈)" "한얼"이라고도 표현할 수 있다.

의 모국(母國)인 레무리아는 이 행성 위에서 개화된 문명의 요람이 되었고, 또한 궁극적으로 많은 다른 문명들의 탄생에 일조했다. 그리고 아틀란티스 시대는 레무리아 문명보다 더 나중에 개막되었다.

"위대한 모험"을 하고자 무(MU)로부터 지구에 온 이 경이로운 영혼들은 처음에는 수많은 새로운 경험들에 적응해야 했고 익숙해져야만 했다. 천사들의 도움과 인도로 그들은 로얄 테이톤 리트리트 안에서 지구에서 생존하는 방법을 지도받았다. 이윽고 점차 위험을 극복해 앞으로 나갔고 소규모의 공동체들을 형성하기 시작했다. 그들이 지상에서의 삶에 적응이 되고 자신감을 얻는 만큼, 그들은 리트리트로부터 더욱 더 멀리 벗어나 점점 과감해 졌다.

그들은 나중에 레무리아 대륙 전 지역에다 개척 식민지를 건설했는데, 당시 대륙의 넓이는 오늘날 여러분이 태평양으로 알고 있는 바다 넓이 이상으로 거대하게 펼쳐져 있었다. 추락하기 이전의 레무리아인들은 현재 여러분이 아는 것과 같은 완전히 육체적인 존재들이 아니었다.

그 당시 지구는 5차원의 진동 상태 속에 존재하고 있었고, 레무리아인들은 주로 5차원의 빛의 몸으로 살고 있었다. 그런데 그들은 필요할 때는 언제든지 자기들의 몸의 진동을 물질적 체험을 위해 더 낮출 수도 있었고, 또 마음대로 원래의 빛의 몸 상태로 돌아올 수 있는 자유자재한 능력이 있었다. 물론 이것은 이른바 "타락" 이전의 아주 오래 전의 이야기이다.

초기에 엄청난 문명을 세웠던 이 놀라운 종족은 의식(意識)의 진동이 점차 낮아졌고, 또한 이 지구상에 살고 있던 모든 다른 종족들도 역시 마찬가지였다. 많은 다른 문명들과 마찬가지로 우리 레무리아인들도 결국은 4차원의 수준까지 진동이 낮아졌는데, 나중에는 3차원 밀도까지 계속 내려갔다. 그리고 이러한 의식의 하락은 몇천 년간에 걸쳐서 일어났다.

● 샤스타 산의 도시 행사

[레무리아의 가슴 열기]

2002. 4월 29일의 오릴리아 강연

※레무리아의 비극적 종말에 관한 간략한 역사 - 이 정보는 현재 뉴멕시코 주에 살고 있는 텔로스 출신의 샤룰라 덕스(Sharulla Dux)[4])의 가르침으로부터 얻은 것이다. 뿐만 아니라 1950년대 동안에 여러 승천 대사들로부터 전달된 메시지들에 토대를 두고 있다. 기타 나머지 정보들은 이 공개강연을 위해서 아다마와 교신하여 그로부터 전달받은 것이다.

레무리아의 시대는 대략 기원전(B.C) 450만년에서부터 12,000년 이전까지 이 지상에 펼쳐져 있었습니다. 그리고 레무리아 대륙과 그 이후의 아틀란티스 대륙이 가라앉을 때까지 이 지구라는 행성 위에는 7개의 주요 대륙들이 존재했습니다.

그 당시 거대한 레무리아 대륙에 속해 있던 땅들은 오늘날의 하와이 섬, 이스터(Easter) 섬, 피지(Fiji) 제도(諸島)들, 호주와 뉴질랜드 뿐만이 아니라 태평양 해저로 침강한 넓은 땅들을 포함합니다. 또한 레무리아는 인도양 안에 있는 섬들과 마다가스카르(Madagascar)[5])까지도 포함하고 있었습니다. 또 레무리아의 동쪽 해안은 지금의 캘리포니아와 캐나다 남서부의 브리티시 컬럼비아 주(州)까지 미치고 있었던 것입니다.

전쟁의 결과로 인해 레무리아와 아틀란티스에는 엄청난 참화(慘禍)가 일

---

4) 샤룰라 덕스라는 여성은 원래 텔로스의 공주로서 그곳의 왕과 왕비인 <라>와 <라나무>의 딸이라고 한다. 그녀는 아갈타 네트워크의 지상 대사로 공식 임명되었으며, 현재 실제 나이는 270세 가량이나 외모상으로는 30세 정도로 보인다고 함. 현재 미국에서 지저세계의 실재와 다가오는 차원상승을 알리는 활동을 하고 있다.
5) 아프리카 남동쪽 인도양에 있는 세계에서 4번째로 큰 섬나라이다. 1811년 영국의 점령 이후 프랑스와 쟁탈전을 벌이다 1896년부터 프랑스 식민지가 되었다. 1957년 프랑스 공동체의 말라가시(Malagasy) 공화국으로 있다가 1960년 6월 26일 독립하였다.

어났습니다. 25,000년 전에 아틀란티스와 레무리아라는 이 두 개의 고등 문명은 서로 간의 이념상의 차이로 전쟁에 휘말려 있었습니다. 그들은 이 지구상에서 계속 존속해야 할 다른 문명들을 어떻게 관리하고 지도할 것인가에 대해 서로 상반된 생각을 가지고 있었습니다.

레무리아인들은 덜 발전된 다른 문화들은 홀로 남아 그들 자신의 속도대로, 또 그들 스스로의 고유한 깨달음과 행로를 따라 계속 진화해 나가야 한다고 믿었습니다. 반면에 아틀란티스인들은 발전 수준이 낮은 문명들은 월등히 진보된 아틀란티스와 레무리아라는 두 문명에 의해 통제와 지배를 받아야 한다고 생각하고 있었습니다. 바로 이러한 의견 차이가 아틀란티스와 레무리아 사이에 일련의 열핵전쟁(熱核戰爭)을 유발하고 말았습니다. 그리고 전쟁이 거듭되어 모든 것이 초토화되었을 때, 거기에는 아무런 승자도 없었습니다.

이러한 전쟁의 참화 시기 동안, 고도로 문명화되었다는 사람들이 그와 같은 행위의 무익함을 최종적으로 깨달을 때까지 아주 저급한 수준의 폭력에 의지했었던 것입니다. 결국 아틀란티스와 레무리아는 서로 간의 공격으로 희생자가 되었고, 전쟁으로 인해 이 두 대륙의 기반이 대단히 약화되었습니다.

그 때 사람들은 고위 사제단(司祭團)을 통해서 자기들이 살고 있는 대륙이 적어도 15,000년 이내에 완전히 파괴될 것이라는 사실을 알게 되었습니다. 당시에는 사람들이 수명이 보통 평균적으로 2만년~ 3만년이나 되었기 때문에 두 대륙의 황폐함을 유발했던 많은 인간들은 자신들이 살다가 결국 그 대파멸을 경험하게 되리라는 것을 알았습니다. 레무리아 시대에 지금의 캘리포니아는 레무리아 대륙의 일부였습니다.

레무리아인들이 자기들의 땅덩어리가 사라질 운명이라는 것을 깨달았을 때, 그들은 당시 아갈타(Agartha) 지저세계의 통치기관이자 지도자 그룹이 존재하는 샴발라(Shamballa)[6]에다 청원을 하게 되었습니다. 그 청원

샤스타 산 - 겨울에 눈으로 뒤덮인 설경을 상공에서 촬영하였다.

내용은 레무리아의 문화와 모든 기록들을 보존하기 위해서 샤스타 산 지하에다 하나의 도시를 건설하게끔 허가해 달라는 것이었습니다.

샴발라에는 4만년 이전에 이 행성의 지표면을 떠나온 북방정토인(Hyperborean)들7)의 문명이 형성되어 있었습니다. 북방정토인(北方淨土人)들은 당시 아갈타 지저(地底) 조직망을 결정하는 책임을 맡고 있었으며, 현재 이 지저 네트워크(Network)는 약 120개의 빛의 도시들로 구성되어 있습니다. 그리고 그 대부분에는 북방정토인들이 거주하고 있는 상태입니다. 그중에 단 4개의 도시만이 레무리아인들이 살고 있는 도시들이며, 또 2개의 도시에는 아틀란티스인들이 거주하고 있습니다.

레무리아인들은 지저도시 건설을 승인받기 위해서 〈아갈타 지저 조직망〉에 회원으로 가입해야 했고, 또 행성들로 구성된 "은하연합(Galactic

---

6) 지저세계의 수도이자 영단의 대사들이 모여 지구현안을 논의하는 지구의 영적 중심센터
7) 그리스 신화에서 극북(極北)에 있다는 전설적인 상춘(常春)의 나라에 산다는 사람들.

Confederation)"과 같은 우주적 기관 앞에서 오랜 전쟁과 참화로부터 스스로 교훈을 얻었음을 입증해야만 했습니다. 아울러 그들은 다시 은하연합의 한 멤버로 받아들여지기 위해서 자신들이 평화의 중요성을 절실히 깨닫고 배웠음을 역시 증명해야 했습니다.

지저도시 건설에 대한 허가 요청이 승인되었을 때, 그들은 이 지역이 이미 예언된 대재앙에서 살아남을 피난처가 되리라는 것을 이해하게 되었습니다. 그런데 샤스타 산 내부에는 이미 매우 방대한 돔 형태의 공동(空洞)이 존재하고 있었습니다.

이윽고 레무리아인들은 자신들의 도시를 거기에다 건설했고 이를 "텔로스"라고 불렀는데, 이 명칭은 그 당시 캘리포니아와 미국의 남서부 지역 대부분을 포함해서 이 지역 전체를 지칭하는 이름이었습니다. 텔로스는 또한 서부 연안을 따라 이어진 샤스타 산의 북쪽 땅과 현 캐나다의 브리티시 컬럼비아 주까지를 포함하고 있었습니다.

텔로스라는 말은 궁극적으로 영(靈)과의 소통, 영과의 하나됨, 그리고 영에 대한 깨달음을 의미합니다.

지저도시 텔로스가 건설되었을 때, 그것은 대략 20만 명의 주민들을 수용할 수가 있었습니다. 그런데 불행하게도 레무리아 대륙의 침몰 시기가 예상을 약간 앞질러 일어났고, 많은 사람들이 적기(適期)에 텔로스에다 피난처를 마련해 피신하지 못했습니다. 따라서 정작 대재앙이 발생했을 때는 미리 산 내부로 피신했던 불과 25,000명의 사람들만이 살아남을 수 있었습니다.

이 숫자의 사람들이 그 당시 레무리아 문화를 보존해 후세에 남겨놓았던 것입니다. 당시 우리는 레무리아의 모든 기록들을 대륙이 침몰하기 전에 이미 텔로스로 옮겨 놓았고 몇 개의 사원(寺院)들도 미리 건설해 놓았었습니다.

우리의 사랑하는 모국(母國) 레무리아는 단 하룻밤 사이에 바다 속으로 가라앉은 것으로 알려져 있습니다. 그 대륙이 그렇게 급속히 침몰했기 때문에 대부분의 레무리아 주민들은 미처 무엇이 일어나고 있는지를 전혀 알지 못했던 것입니다. 실제로 모든 사람들은 이러한 대재앙이 일어나고 있었을 때 잠들어 있었습니다. 그리고 그날 밤 기상상태 역시도 전혀 비정상적이지 않았습니다.

1959년도에 제랄딘 이노센티(Geraldine Innocenti)[8]를 통해 전달된 히말라야(Himalaya) 대사의 메시지에 따르면 당시의 상황은 다음과 같습니다.

그는 설명하기를, 당시 빛에 대한 신앙을 고수하던 사제단에 속해있던 많은 이들과 가라앉는 배의 함장과 같이 자신이 맡은 소명에 충실했던 사람들은 자기의 자리를 그대로 지켰다고 합니다. 그들은 거센 파도 아래로 휩쓸려갈 때조차도 죽음에 대한 두려움 없이 노래하고 기도하였습니다.

1957년에 제랄딘 이노센티를 통해 "자유로 가는 다리" 시여(施輿) 기간 동안에 마하 초한(Maha Chohan)[9] 대사로부터 전달된 또 다른 메시지는 다음과 같이 언급하고 있습니다.

"레무리아 대륙이 가라앉기 전에 사원의 사제(司祭)들과 여사제(女司祭)들은 다가오고 있는 대격변의 재앙에 관해서 경고 받았습니다. 그리고 신성의 불꽃을 담은 여러 존재들이 텔로스로 수송되었습니다. 이 밖의 다른 이들은 재앙의 영향이 미치지 않을 다른 대륙으로 옮겨졌습니다. 이들 중의 많은 사람들이 아틀란티스 대륙의 특정 장소로 이동되었고, 거기서 상

---

[8] 1951년에 설립된 〈자유로 가는 다리(Bridge to Freedom)〉라는 단체의 창시자이자 대백색 형제단의 메신저였던 여성이다. 그녀는 상승 대사인 엘 모리야와 영적으로 쌍둥이 영혼(Twin Flame)의 관계라고 한다. 1944년에 엘 모리야 대사와 직접적인 접촉이 있었다.
[9] 지구영단을 구성하는 제3부서의 장(長)이다. 다시 말하면 하이어라키의 3대 직무중 하나인 지성측면, 마음, 과학, 문명, 교육을 담당 하는 마스터이다. 보통 7광선을 담당하는 대사들을 "초한(Chohan)"이라고 부르는데, 인도의 산스크리트어로 〈마하(Maha)〉란 "크다(大), 위대하다."라는 뜻이 있으므로 마하초한은 초한들의 수장(首長), 즉 "대초한"이란 의미이다.

당한 기간 동안 날마다의 영적인 수련을 계속했습니다.

그런데 레무리아 대륙이 침몰하기 바로 직전, 이들 중의 일부 사제들과 여사제들은 자신들의 고향으로 돌아왔습니다. 그리하여 그들은 대지(大地)와 그곳의 주민들과 함께 운명을 같이하면서 바다 속으로 사라져 영면(永眠)하기를 자원했습니다. 이들은 이처럼 두려움이 없는 안락한 상태로 죽음에 대한 초연함을 보이며 이 세상을 떠나갔던 것입니다.

그들은 대격변의 와중에서 항상 생겨나기 마련인 인간들의 엄청난 공포를 중화시키고자 그런 의연한 죽음의 모범을 보였던 것이지요. 이 자비로운 은인들은 자신들의 희생을 토대로 사랑의 에너지를 방사함으로써 실제로 평화의 에너지 보호막으로 사람들의 오라(Aura)를 에워싸서 공포의 상황에서 그들이 영혼의 자유로움을 얻을 수 있도록 도왔습니다. 그리하여 그 당시 사람들의 에테르체의 생명 흐름은 공포의 충격에 의해 덜 손상받을 수 있었고, 미래에 다시 태어났을 때 있을 수 있는 보다 큰 비극적 결과에서 그들을 구조했던 것입니다."

히말라야 대사는 1959년의 "자유로 가는 다리(Bridge to Freedom)" 시여(施輿)에서 이렇게 말했습니다.

"당시 사제단에 속해 있던 많은 사람들이 소규모 그룹을 이루어 의도적이고 계획적으로 당시 레무리아의 여러 지역으로 스스로 자원해 갔고, 대지(大地)와 함께 바다 속으로 빠져들어 갈 때 그들은 함께 기도하고 노래를 불렀습니다. 그리고 그들이 당시 노래했던 멜로디는 오늘날 "올드 랭 사인(Auld Lang Syne)"으로 알려진 노래와 똑같았습니다.[10]

---

[10] 영국 스코틀랜드의 민족시인 로버트 번스가 스코트랜드 민요 선율에 가사를 붙여 만든 노래다. 1759년 1월 25일 태어난 로버트 번스에 의해 1788년 발표된 이 노래의 제목은 '그리운 옛날'이란 뜻이며, 한국에서는 <석별의 정(情)>이라는 곡명으로 번안되어 알려졌다. 음조는 일부 장중한 면이 있으면서도 서글픈 가락이다. 이 노래는 전 세계적으로 이별할 때나 제야의 밤에 많이 불리는 노래인데, 국내에서도 초등학교 졸업식 때도 많이 불려졌다. 특히

사제들의 이러한 희생적 행위의 이면에 담겨진 의미는 모든 충격적이고 공포스러운 경험들은 인간의 에테르체와 세포의 기억 속에 깊은 상처와 정신적 장애를 남긴다는 것입니다. 게다가 그러한 상처와 장애들이 치유되는 데는 환생의 과정에서 몇 번의 생(生)이 소요된다는 사실입니다.

사제단 사람들이 이런 희생적 행위를 통해 그룹을 지어 죽음을 기다리기로 선택한 것과 마지막 순간까지 기도하고 노래를 한 것은 인간들의 많은 두려움을 경감시켰습니다. 그리고 그들로 하여금 어느 정도의 조화롭고 평정한 마음을 유지토록 하였습니다. 이런 방식으로 그 때 죽은 영혼들의 상처와 정신적 충격은 상당히 감소되었습니다. 사제단 사람들은 파도와 바닷물이 그들의 입 높이로 차오를 때까지 음악가의 인도에 따라 계속 노래하고 기도했다고 합니다. 이윽고 그들 역시도 죽음을 맞이했던 것입니다.

그날 밤 레무리아의 대중들이 잠들어 있는 동안, 별빛 밝은 밤의 푸른 하늘 아래서 사랑하는 모국 레무리아는 태평양의 파도 아래로 가라앉고

한국에서는 과거 1900년을 전후하여 애국가에다 이 곡조를 따서 부르기도 했었다고 한다.
국내에서 이 노래의 가사는 '오랫동안 사귀었던 정든 내 친구여, 작별이란 웬 말인가? 가야만 하는가? 어디 간들 잊으리오. 두터운 우리-정, 다시 만날 그날 위해 노래를 부르자~(1절)'라고 돼 있다. 그러나 원래의 가사 내용은 어릴 때 함께 놀며 자란 친구와의 우정과 추억을 회상하면서 오랫동안 헤어져 있다 다시 만나서 축배를 권하는 친구와의 재회의 기쁨을 담고 있다. 원래의 전체 가사내용은 다음과 같다.

오래 전의 나의 그리운 옛 친구여! 우리 함께 우정의 축배를 드세나.
오랜 친구들을 어찌 잊고 다시 생각하지 않을까?
정든 친구들 어찌 잊으며 그리운 시절 어찌 잊을까?

합창:
지나간 그리운 시절위해 이보게, 그리운 시절위해 우리 우정의 잔을 함께 드세, 그리운 그 시절을 위하여.

우리 둘은 언덕에서 뛰놀며 예쁜 데이지 꽃을 따 모았지, 하지만 우리는 오랫동안 지친 발로 여기저기 헤매 다녔네. 그 시절 이후 내내.

그래 악수하세, 내 믿음직한 친구여, 자네 손을 주게나.
우리 우정의 잔을 함께 드세. 그리운 그 시절을 위하여.

말았습니다. 사제단의 어느 누구도 자신들의 흔적을 남기지 않았고, 어떤 두려움도 없었습니다. 레무리아는 대단히 장중하게 바다 속으로 들어가고 말았던 것입니다!"

"올드 랭 사인(Auld Lang Syne)"은 레무리아 대륙에서 언젠가 들었던 마지막 노래였다.

  오늘 밤 나는 이번 강연회 일정의 한 부분으로 여러분에게 다시 이 노래를 함께 부를 것을 요청하고자 합니다. 우리 지구인들은 아일랜드 사람들을 통해서 이 노래를 다시 되찾았고, 그 가사에다 "오랜 친구를 어찌 잊을까?"와 같은 예언의 말을 덧붙였습니다.
  우리가 오늘 저녁 함께 하고 있는 것을 여러분은 어떻게 생각하십니까? 참으로 우리는 이 오래된 친구들을 다시 통합하고 있는 중입니다. 3차원 세계의 우리들 가운데 있는 그 노래가 아직 우리의 현재 시야에 보이지 않는 과거의 우리 레무리아 친구들 및 가족들과 우리를 의식 속에서 하나가 되게 하고 있습니다.
  나의 친구들이여! 아래의 성명(聲明)을 가슴으로 잘 들어보십시오.

  레무리아가 완전히 가라앉기 이전, 어느 날에 다음과 같은 사실이 예언되었다. 머나먼 미래의 언젠가 우리들 중의 많은 이들이 다시 집단으로 모일 것이고, "지구의 승리가 성취되었다."는 절대적인 앎의 상태 속에서 이 노래를 다시 부를 것이다.

  오늘 이 오랜 기다림의 날이 다가 왔다는 것과 그 믿을 수 없는 예언이 실현되었음을 축하합니다. 우리는 오늘 그토록 오랫동안 고대했던 "재회(再會)"를 시작하고 있습니다. 오늘밤 이 강연장 안에 모인 여러분 중의 많은 이들이 전체를 위해 자신의 귀한 생명을 희생했던 당시의 용감한 영혼들이었음을 아다마의 계시에 의해 알리고자 하는 내 눈은 지금 눈물로 젖어 있습니다.

그때의 여러분의 용기를 박수로서 서로 찬양합시다. 그리고 인류와 어머니 지구의 영광스러운 상승을 돕는 우리 레무리아인들의 위대한 사명을 계속하기 위해 이제 우리가 함께 다시 돌아왔음을 모두 기뻐합시다.

지상의 인간들이 스스로 상승하는 행성 의식(意識)의 균형과 에너지를 유지시키는 임무의 한 부분을 떠맡을 수 있을 때까지 텔로스에서는 지금껏 이 사명을 담당해 왔습니다. 이제 비로소 지상과 지저의 우리 두 문명이 "하나의 가슴"으로 이 일을 함께 할 때가 다가온 것입니다.

레무리아와 아틀란티스 대륙의 침몰 이후의 지구 상황

레무리아가 바다 속으로 가라앉음과 동시에 아틀란티스 대륙은 그 땅덩어리의 일부가 흔들리고 떨어져 나가기 시작했습니다. 이런 상황은 아틀란티스의 나머지 부분이 완전히 가라앉는 마지막 순간까지 약 200년 간에 걸쳐서 계속되었습니다. 2,000년 동안 이어진 레무리아인들과 아틀란티스인들의 대파국의 시기 동안, 지구는 아직도 흔들리고 있었습니다.

200년이란 기간 안에 지구는 2개의 주요 대륙을 잃어버리고 말았는데, 이것은 대단히 중대한 퇴보와 손상을 초래했습니다. 그리고 지구가 상실된 균형을 되찾고 모든 생명들에게 쾌적한 환경을 다시 회복하는 데는 무려 몇천년의 시간이 다시 소요되었습니다.

레무리아와 아틀란티스 대륙의 멸망 이후 수 백년 동안 대변동으로 인해 대단히 많은 파편과 분진(粉塵)들이 대기 속으로 방출되어 떠다님으로써 지구상에서는 더 이상 밝은 대낮을 경험할 수가 없었습니다. 대기의 온도는 매우 차갑게 내려갔는데, 왜냐하면 유독한 공기와 가득찬 분진 등으로 인해 햇빛이 차단되었기 때문입니다. 따라서 곡물들도 거의 자랄 수가 없었습니다. 결과적으로 지상의 동물과 식물의 상당수가 멸종될 수밖에 없었던 것입니다.

***질문: 왜 이 두 고대문명에 관한 증거들이 오늘날 별로 남아있지 않은 것인가요?**

그 이유는 대지진이나 흔히 내륙 100마일까지 들이닥쳐 휩쓸었던 거대한 해일에 의해 지상에 존재했던 도시와 거주지들이 완전히 파괴되고 초토화되었기 때문입니다. 지각(地殼)의 대격변이 지나간 후, 거기서 살아남은 사람들의 상태라는 것은 너무나 비참하고 황량해서 그들은 심한 공포에 질려버렸습니다. 아울러 삶의 질은 급속히 악화되어 퇴화되었습니다. 이런 대재앙에서 겨우 생존한 자들에게 남겨진 것은 굶주림과 빈곤, 그리고 질병뿐이었습니다.

원래 이 행성 지구에서 살았던 인류의 키는 대략 12피트(약 3.65m)에 달했습니다. 현재 지저의 북방정토인들은 아직도 12피트의 신장을 가지고 있으나 그들 가운데 아무도 현재는 지상의 현(現) 차원에서 살고 있지는 않습니다. 레무리아 대륙이 가라앉은 즈음에 레무리아인들의 신장은 12피트에서 7피트로 줄어 있었고, 오늘날은 아직까지 7~8피트(2.13~2.44m) 정도의 신장을 유지하고 있습니다.

이처럼 태고시대 이래 이 지구에서는 인류의 신장이 점점 더 작아져 왔던 것입니다. 지상에 살고 있는 우리 인류의 대부분은 (서구인 기준으로) 6피트(183cm) 내외이거나 이 보다도 더 작습니다. 하지만 우리의 문명이 발전하고 진화하는 만큼 인간은 원래의 보다 큰 신장으로 다시 돌아가게 될 것입니다. 지금 지상의 사람들은 단 100년과 비교해 보았을 때, 그때 보다 훨씬 더 커지고 있습니다.

오늘 저녁 여러분이 원한다면 빛의 몸으로 이곳에 와서 존재하고 있는 아다마와 텔로스의 모든 주민들이 우리의 개인적이고 행성적인 기억들을 치유할 기회를 우리에게 제공할 예정입니다. 그리고 이것은 지구와 인류, 그리고 역시 여러분 각자에게도 커다란 도움과 봉사가 될 것입니다.

새로운 날과 새로운 세계가 이제 막 탄생될 시점에 놓여 있습니다. 우리가 배운 사랑의 교훈과 다시 발견된 낙원인 레무리아가 바야흐로 드러나려 하고 있는 것입니다. 어머니 지구의 신성한 부름과 빛에 응하여 성실하게 남아 있었던 레무리아의 일부인 텔로스는 대재앙이 일어났던 그 때 4차원으로 끌어 올려졌습니다. 그리고 텔로스의 주민들은 그 이후 마침내 5차원의 깨달음으로 진화했고, 오늘날 이 높은 차원에 머물러 완전하게 존재하고 있습니다. 그리하여 우리의 사랑하는 텔로스와 거기에 살고 있는 이 믿을 수 없는 모든 주민들은 우리가 그 경이로운 세계로 들어갈 수 있는 통로이자 출입구인 것입니다.

[레무리아의 가슴 치유하기]

- 오래된 레무리아인들의 상처들을 깨끗이 제거하는 과정 -

※오릴리아를 통해 아다마가 말하다

나의 가장 사랑하고 친애하는 과거의 형제자매들과 가족들이시여! 내가 텔로스의 〈레무리아인 위원회〉와 텔로스의 왕과 왕비인 '라(Ra)'와 '라나 무(Rana mu)'를 대신하여, 그리고 오늘 저녁 이곳에 에테르체로 존재하고 있는 약 50만의 우리 주민들을 대표하여 여러분에게 인사를 하는 것은 크나큰 기쁨이자 영광입니다.

우리는 오늘 저녁 이곳에서 여러분 모두 뿐만이 아니라 우리의 행성을 위해서 대단히 중요한 정화(淨化) 작업과 치유 작업을 함께 협력해서 공동으로 행하고자 모여 있습니다.

  자, 첫 번째 정화 대상인 모든 사람들의 가슴과 영혼 속에 아직 남아있는 낡고 고통스러운 레무리아인의 기억들을 불러냅시다. 그리고 그 다음으로 여러분의 가슴을 우리의 가슴과 다시 연결함으로써 지상과 지저, 우리 두 문명 사이에 새롭고도 더욱 직접적인 연결고리를 창조해냅시다. 우리 사이의 분리의 시간은 이제 거의 다 지나갔습니다. 따라서 우리는 이제 날마다 여러분들 가운데 점점 많은 사람들의 가슴 대 가슴을 연결시키고 있습니다.

  친애하는 이들이여, 우리가 이제 막 공동창조하려는 이러한 통로는 인류 앞에 우리들이 출현하는 시기를 앞당길 것입니다. 머지 않아 우리 두 문명은 빛과 사랑이 넘치는 거대한 축전(祝典) 속에서 얼굴을 마주 대하고 다시 만나게 될 것입니다. 우리는 여러분이 일찍이 상상했던 가장 놀랍고도 영구적인 깨달음과 지혜, 평화 그리고 풍요로움이 가득 찬 마법과 같은 황금시대를 건설하기 위해 흉금을 털어놓고 함께 일할 것입니다. 우리는 그토록 오랫동안 이 지구에 퍼져있던 어떤 부정적인 세력들의 방

샤스타 산 기슭의 동절기 모습

해 없이 여러분이 이전과는 결코 다른 사랑과 빛의 공동체를 세우는 것을 도울 것입니다. 여러분이 지구상에서 그동안 견뎌왔던 기나긴 어두운 밤은 이제 다 지나갔습니다. 이제 곧 우리 모두가 일찍이 향유해 보지 못한 찬란한 태양빛이 더욱더 밝게 세상을 비출 것입니다.

여러분은 지금 동트기 직전의 마지막 어둠의 시간을 경험하고 있는 중입니다. 비록 여러분이 머지않아 전부터 예상해온 지구상의 변동에 직면하게 되더라도 우리는 여러분이 이러한 변화들을 지구라는 행성을 구조하기 위한 한 과정으로 인식하기를 바랍니다. 그 시기는 여러분의 코앞에 다가와 있고, 이 때 여러분이 자신의 참자아(眞我)에 집중하여 거기에 머물러 있는 것은 대단히 중요합니다.

친애하는 이들이여, 두려워하지 마십시오. 여러분이 주위에서 어떤 일을 목격하고 경험하더라도 이에 관계없이 장차 나타날 모든 변화와 추이를 그냥 받아들이십시오. 그 모든 것들을 신(神)께서 여러분을 위해 새로운 세계를 창조하는 손놀림이라고 여기고 수용하도록 하세요.

각처에서 매우 많은 도움의 손길들이 여러분에게 올 것이며, 우리 또한 여러분에게 지원을 아끼지 않을 것입니다. 그저 순수하게 여러분의 가슴으로 우리에게 도움을 요청한다면, 우리는 인류를 돕기 위해 바로 달려갈 것입니다.

오릴리아 루이즈가 방금 여러분에게 12,000년 전에 가라앉은 우리의 대륙에 관한 비극적인 개요(概要)를 설명했습니다. 이렇게 한 목적은 파멸의 황폐함에 의해 만들어진 레무리아의 슬픈 기억들에 대한 자각(自覺)을 여러분에게 주기 위한 것입니다.

우리는 여러분이 이러한 고통스러운 대부분의 기억들이 아직도 오늘날의 인류와 수백만의 영혼들의 가슴 속에서 머무르고 있음을 알기 바랍니다. 그 당시에 일어난 대재앙에 관한 비통한 이야기와 영혼의 상처는 이루 다 형언할 수가 없습니다.

지금은 이 모든 것들을 치유하고 새로운 존재로서 출발해야할 때입니다. 이런 고대의 기억들은 오늘날 모든 인류의 의식 속에서 일종의 영적인 혼미함과 당혹스러움을 불러일으키고 있습니다. 왜냐하면 그 고통을 참을 수가 없어서 여러분 중의 너무나 많은 이들이 고차원의 지식에 열려 있어야 할 자신들의 의식(意識)을 닫아버렸기 때문입니다.

내 자신과 텔로스의 우리 모두는 오늘 저녁 얽히고 해소되지 않은 당신들의 이런 고통스런 기억들의 많은 부분을 깨끗이 풀어서 정화하고 싶습니다. 여러분이 내 의견에 동의하고 주의만 집중해 준다면, 이 정화작업을 하기 위해 필요한 인원은 지금 여기에 참석해준 우리와 여러분의 숫자만으로 충분합니다. 우리는 여러분과 어머니 지구를 위한 치유작업을 창조해낼 수가 있습니다. 어떻습니까? 여러분! 오늘 저녁 우리와 함께 이 작업을 해내시렵니까? (※청중들로부터 "예"라는 답변이 있었다.)

자, 이제 몇 분 간 조용히 해주십시오. 나는 여러분이 우리가 정화하고 치유하려는 기억들에다 생각을 모아주기 바랍니다. 여러분 가슴의 깊은 내면으로 들어가십시오. 오늘 이 자리에는 이 중요한 정화작업을 도울 준비가 된 많은 대사들(Masters)과 천사계에서 온 존재들이 우리와 함께 참석하고 있습니다.

먼저 여러분 자신이 치유되기를 염원하며 요청하십시오. 그리고 나서 조용히 자신의 가슴 속에서 지금 치유가 가능한 나머지 인류의 기억들이 정화되고 치유되도록 허락해 달라고 그들의 고등한 자아(Higher Self)에게 요청하십시오.

나는 많은 이들이 치유될 수 있음을 여러분에게 보장합니다. (잠시 침묵) 친구들이여, 이것은 눈덩이 굴리기를 시작할 것입니다. 즉 이것은 〈백 번째의 원숭이 효과〉[11]와 같이 모든 기억들이 정화될 때까지 눈덩이 구르

---

11) 일종의 집단의식의 공명현상을 의미한다. 1950년 일본의 미야자키(宮崎) 현 동해안의 고지마(幸島)라는 무인도 원숭이들의 습성과 행동을 학자들이 관찰한 후 명명한 용어이다. 학자들의 관찰결과 그곳의 원숭이들은 본래 고구마를 씻어 먹는 습성이 없었으나 우연히 이것을 터득한 한 원숭이로 인해 다른 원숭이들이 하나 둘씩 그것을 모방하여 점점 늘어나게 되

듯 점점 증폭될 것입니다. 또한 이런 정화와 치유작업은 인류에게 큰 도움이 될 것입니다. 대단히 감사합니다.

오늘의 이 공동행사에 참석함으로써 여러분은 자기 자신뿐만이 아니라 지구를 위해서도 중요한 봉사를 하고 있는 것입니다.

우리는 많은 이들의 가슴을 치유하기 위해 여러분이 막 이 지구상에 창조해낸 에너지를 느끼고 있습니다. 이제 상처받았던 과거의 기억들의 대부분이 오늘 저녁에 정화되고 치유되었습니다. 이제 우리는 과거에 있었던 비극적 재난과 슬픔들을 던져버리고 현재 준비되고 있는 미래의 위대한 사건을 공개합시다. 그리고 여러분이 아직은 이해할 수 없는 행로 속에 들어선 우리의 행성을 축복합시다.

우리와 인류의 가슴을 서로 연결하기 위한 통로는 지금 좀 더 활짝 열려 있습니다. 우리는 오늘 저녁 이 자리에 참석해주신 여러분과 여러분의 지구를 위한 봉사에 감사드립니다.

얼마 후에 어두운 밤의 시대가 완전히 걷혀질 것임을 확신하십시오. 더 이상 이 행성의 지상에는 슬픔과 눈물이 없게 될 것입니다. 만약 눈물이 있다면, 그것은 오직 기쁨과 환희의 눈물만이 있을 것입니다. 우리는 빛의 길을 선택한 모든 이들을 위해서 가장 영광스러운 운명을 함께 실현할 것입니다. 우리 레무리아인들은 인류에게 길을 보여주고 여러분의 역할모델이 되기로 자원한 여러분의 손위 형제, 자매들입니다. 우리는 여러분이 이제 막 성취하려는 것을 이미 이루었기 때문에 그것은 우리의 도움으로 훨씬 더 쉬워질 것입니다.

우리는 여러분이 우리의 손을 잡고 우리의 도움을 받아들일 것을 권고

었다고 한다. 그런데 그 숫자가 백 마리째라는 임계수치에 도달하자 그 습성이 고지마 섬뿐만 아니라 일본 전역의 원숭이들에게 전파되어 모든 원숭이들이 흉내 내게 되었다고 한다. 나중에 조사한 결과는 더욱 놀라웠는데, 즉 일본에서 멀리 떨어진 아프리카 원숭이, 남미 원숭이, 태평양 섬의 원숭이들에게까지도 그 습성이 확산됨으로써 동시에 지구상의 모든 원숭이들이 이런 새로운 습성을 지니게 되었다는 것이다.
이것이 바로 '백 마리째 원숭이 현상'이라는 것이다. 즉 이는 어떤 행위나 의식을 가진 개체의 수가 일정량에 달하면 그것은 그 집단에만 국한되지 않고 거리나 공간을 넘어 전체로 확산돼 간다는 법칙을 뜻한다.

합니다. 여러분이 알다시피 우리는 멀지 않은 미래에 펼쳐질 여러분의 거대한 행성적 모험의 여정을 진정으로 유연하게 만들 수 있는 능력을 가지고 있습니다.

우리는 5차원 세계 안에다 경이로움과 마법으로 가득찬 낙원인 신(新)레무리아를 창조해 놓았습니다. 여러분이 일찍이 꿈꾸었던 모든 것이 이곳에 존재하며, 또 그것은 여러분의 상상을 훨씬 초월할 수도 있습니다. 적절한 시기가 왔을 때 또한 우리는 여러분 모두와 더불어 이 새로운 레무리아의 세계를 이 행성의 지상 차원까지 확장시킬 것입니다. 그리하여 우리는 우리가 아는 모든 것과 우리가 지상의 인류와 격리되어 있던 지난 12,000년 동안 배운 모든 것을 여러분에게 가르칠 것입니다.

나는 아다마이며, 나의 동료 레무리아인들과 함께 하고 있습니다. 그리고 우리 모두는 승리의 챔피언들입니다.

오늘 비가 온다면, 당신은 구질구질한 날씨라고
불평할 수 있습니다.
혹은 초목이 마음껏 목을 축일 수 있어서 좋다고
감사하게 생각할 수 있습니다.
오늘, 장미꽃을 보고 당신은 장미에 가시가 달려있다고
불평하거나 슬퍼할 수 있습니다.
혹은 날카로운 가시에 아름다운 장미가 달려있다고
기뻐하거나 행복해 할 수 있습니다.

3장
신(新) 레무리아

- 아다마 -

친구들이여, 안녕하십니까? 아다마입니다.

지구상의 주민들 사이에는 오래전부터 전해져 오는 레무리아에 관한 보편적인 믿음이 있어 왔습니다. 그것은 레무리아가 12,000년 전에 태평양의 파도 아래로 침몰해 멸망해버렸고, 더 이상은 지구에 존재하지 않는다는 것이었습니다.

3차원적인 관점에서 볼 때, 이러한 믿음은 전적으로 진실입니다. 약 3억 명의 레무리아 주민들과 함께 우리 대륙의 거의 대부분을 파괴했던 당시 그 지각(地殼)의 대격변(大激變)은 이 행성의 지표면과 그 주민들에게 대단히 가슴 아픈 황폐함만을 남겨 놓았지요.

그것은 또한 여러분의 어머니 지구에게도 엄청난 충격을 안겨주었습니다. 이 행성위의 모든 문명들의 요람으로 여겨졌던 우리의 사랑하는 레무리아는 그 변동의 마지막 단계에서 거의 하룻밤 만에 사라져 버리고 말았던 것입니다. 당시 지구에 남아있던 나머지 다른 문명들은 완전히 경악했고 커다란 상실감에 한탄하고 슬퍼할 수밖에 없었습니다.

지구상의 모든 영혼들은 자신들의 모국(母國)을 잃어버렸다는 상실의 고통이 너무나 크기에 오늘날까지도 대부분의 여러분은 자기 세포 위에 새겨진 깊은 기억 속에다 아직 이 고통과 상처를 가지고 있습니다. 이처럼 당시 비명에 갔던 사람들의 영혼들은 대재앙의 충격에 철저히 유린되었던 것입니다.

그리고 과거에 이러한 레무리아 대륙이 파괴되는 고통을 겪었던 여러분의 다수는 영광스러웠던 레무리아 선조들에 관한 기억들을 스스로 완전히 망각해 버렸습니다. 왜냐하면 여러분에게 있어서 그 사건은 너무나 비극적이었기 때문인 것입니다.

여러분의 고통과 비탄(悲嘆)은 자신의 잠재의식 속에 깊이 파묻혀 졌고, 그것이 다시 표면으로 떠올라 치유될 수 있을 때를 기다리고 있습니다. 이런 정보를 알리는 목적은 이 책을 읽는 여러분 모두가 우선은 자신의 내면에서, 더 나가서는 지구를 위해 과거의 부정적인 기억들을 의식적으로 치료할 수 있도록 돕기 위한 것입니다.

나의 친애하는 형제자매들이여! 그것이 가능한 이유는 우리가 여러분에게 제공하는 지원에는 커다란 사랑과 자비의 에너지가 함께 하기 때문인 것입니다.

레무리아는 오늘날에도 여전히 존재하고 있지만, 인류의 3차원적 시각과 지각으로는 아직 볼 수가 없다

아직도 상실의 비통함을 느끼고 있는 여러분 모두에게 말하노니, 이제까지 설명한 바와 같이 레무리아는 결코 완전히 파괴되지 않았다는 사실을 우리 모두 함께 공유합시다. 지구의 진동이 높아지는 차원 상승 과정

속에서 차원들 사이의 베일이 계속 엷어지고 있는 까닭에, 우리는 여러분의 사랑하는 레무리아가 그리 멀지 않은 미래에 인류 앞에 자체의 찬란한 영광을 매우 분명하게 드러낼 것임을 보장합니다.

여러분이 삶을 살아가는 방식에 있어서 좀 더 자신의 마음을 열고 깨어 있을 때, 그리고 지난 천년기 동안 신봉해온 모든 왜곡되고 그릇된 신념 체계들을 제거해 버렸을 때, 여러분은 비로소 사랑하는 모국 레무리아를 느끼고 지각할 수 있을 것입니다.

여러분은 궁극적으로 레무리아가 가진 장엄한 사랑과 자비로운 제안에 의해서 우리 세계에 발을 들여놓게 될 것입니다. 인류가 최종적인 준비가 되었을 때, 여러분은 낙원세계인 바로 이 지저세계로 들어와 우리와 합류하자는 우리의 초대를 받게 될 겁니다.

과거 그 대격변의 시점에 레무리아를 대표했던 잔존 레무리아인들은 4차원의 진동 주파수로 상승되었고, 나중에는 5차원으로 진화하였습니다. 우리 지저문명은 레무리아 대륙이 침몰했을 때 생존한 사람들에 의해 현재 도달한 문명수준에 이를 때까지 계속해서 번영과 발전이 이루어졌던 것입니다.

만약 이 정보로 인해 여러분의 눈에 눈물이 맺힌다면, 그토록 오랫동안 여러분 내면에 묻혀있던 그 고통들이 치유되도록 여러분의 가슴을 여십시오. 여러분의 모든 슬픔과 고뇌를 떠나보내십시오. 그 눈물이 여러분 삶의 모든 부분들을 치유할 수 있도록 흐르는 대로 그냥 내버려 두세요. 또한 깊은 호흡을 통해 여러분 가슴 속의 모든 상처들을 실제로 느끼고 알아챌 수 있도록 하십시오.

어떠한 억압도 없이 과거의 모든 기억과 고통들을 충분히 느낄 수 있도록 해보십시오. 이것이 점증적으로 치유를 가져올 수 있는 방법입니다. 여러분이 호흡을 통해 그 아픔들을 깊이 들이마실 때, 그러한 고통의 흔적들은 용해되어 사라지고 영원히 치료될 것입니다. 여러분의 초월적 자아(상위 자아)에게 도와달라고 요청하세요. 즉, 빛나는 새로운 현실을 향해 앞으로 나가야 할 여러분의 발목을 잡고 있는 잠재의식 속의 그런 부정적 기억들을 노출시켜 모두 털어버릴 수 있도록 해달라고 말이죠.

우리는 여러분이 날마다 명상 속에서 스스로 치료 작업이 완료되었다고 느낄 때까지 이것을 충실히 실천해 줄 것을 요청합니다. 우리의 사랑의 에너지로 여러분과 우리의 가슴을 서로 연결하십시오. 그리고 우리에게 도움을 요청하세요. 그러면 우리가 여러분이 이 중요한 내면적 작업을 행할 때 여러분과 더불어 거기에 함께 할 것입니다.

텔로스에 있는 우리 모두는 가슴 속으로 우리에게 도움을 손길을 뻗치고 있는 모든 이들을 돕기를 열망하고 있습니다. 우리는 위대한 가슴(아나하타 차크라)의 열림을 성취한 문명이며, 우리의 진동은 신성한 어머니 지구의 가슴과 공명하여 함께 고동칩니다.

여러분 가슴에 깊이 각인된 상처와 고통들은 제거될 것이고, 또 여러분은 훨씬 더 가벼워짐을 느낄 것입니다. 이런 아픔들을 깨끗이 정화하는 것은 또한 여러분이 기억들을 회복하고 자신의 참다운 정체성을 깨닫는 것에 도움이 될 것입니다. 아울러 이것은 여러분의 영적, 감정적, 육체적 진화와 쇄신에 있어서 거대한 도약을 가능케 할 것입니다.

여러분의 육체가 밤에 잠들어 있는 동안에 우리는 여러분을 텔로스로 초대합니다. 우리는 여러분 개개인과의 상담에 기꺼이 응해줄 수 있는 수많은 영적 카운슬러(Counselor)들을 보유하고 있습니다. 텔로스로 오는 각자의 사람들에게는 그들과 아주 면밀하게 상담 작업을 진행할 3명의 상담자들이 배정됩니다.

그중 한 사람은 여러분의 감정체(Emotional Body)의 치료에 초점을 맞추고, 다른 한 사람은 이지체(Mental Body)에, 나머지 1명은 에테르체(Etheric Body)의 치료에 집중하는데, 이렇게 함으로써 모두 함께 여러분의 신성한 영혼과 더불어 하나됨의 상태로 통합됩니다.

우리의 채널인 오릴리아 루이즈 존스는 얼마 전에 신(新) 레무리아인 텔로스를 잠시 엿볼 수 있는 기회를 허락받은 바가 있습니다. 그녀는 그러한 경험 속에서 매우 깊은 영향을 받았습니다. 그리고 그녀를 통해서 우리가 책으로 전하는 내용들이 먼 미래에 있을 단순한 약속이 아니라는 것을 그녀는 가슴의 절대적인 확신 속에서 알고 있습니다. 그녀는 이러한 공개적인 발표 내용들이 10년 내에 인류 대부분에게 아마도 실제적인 현실이 될 수도 있다는 사실을 온몸으로 체득하고 있는 것입니다.

그 향후의 여정(旅程)은 여러분이 직접 발을 들여놓게 될 여러분 자신의 것입니다. 어떻습니까? 우리의 손을 잡고 우리와 함께 새로운 차원의 세계로 진입하는 상승의 물결을 타시렵니까?

지구의 존재로서 우리는 대가족(大家族)이다

우리가 거주하는 이곳 텔로스에서 우리는 인류가 자신들의 신성한 본성을 기억했을 때 의식 속에서 발생하는 위대한 깨어남의 지속적인 과정을 관찰합니다.

친애하는 이들이여! 우리는 여러분이 아직 우리의 경이로운 진보 상태를 제대로 다 볼 수 없을 정도로 발전된 기술을 가지고 있습니다. 즉 우리는 인류의 그 깨어남의 경과를 볼 수 있는 기술뿐만 아니라 우리의 아미노산(Amino acid) 컴퓨터상에 날마다의 그 진전 상황을 그래프로 나타낼 수 있는 기술도 가지고 있습니다.

우리는 지구상의 특정 지역에서 나날이 인류에 의해 나타나는 진동 주파수의 상승을 도표화할 수가 있는 것입니다. 날마다 우리는 더욱 많은 사람들이 자기들의 신성한 목적에 대해 이해하고 깨어나는 것을 주시합니다. 그리고 여러분 중에 많은 이들이 자신의 개인적 삶과 지구를 위해서 가슴에서 사랑과 평화를 받아들이는 새로운 선택을 하고 있음을 바라봅니다.

여러분 가운데 많은 이들이 참다운 영성에 관해 보다 큰 깨달음으로 깨어나고 있다는 사실과 새로운 선택을 하고 있다는 사실은 우리에게 여러분의 궁극적인 승리와 영적인 자유가 보장되었다는 것을 보여줍니다. 그리고 그러한 파급 효과가 위급한 일반 대중들에게 도달하는데 과연 어느 정도 긴 시간이 소요될 것인지는 하나의 의문입니다.

우리는 여러분이 영단(Spiritual Hierarchy)에서 원래 예상했던 것보다는 더 빠르게 진전을 이루고 있다는 사실을 솔직하게 말할 수 있습니다. 어떤 면에서 여러분은 그토록 오랫동안 학수고대해 온 새로운 세상으로의 전환을 더 이상 몇 세기나 천 년을 기다리지 않아도 됩니다.

지금부터 10년 이내에 많은 긍정적인 변화들이 일어나 이미 현실이 되어 있을 것임을 알도록 하십시오.(※역자 註:이 책은 2004년에 초판이 출판되었음을 참고하기 바람) 그리고 그 때부터 인류는 매우 빨라진 긍정적인 격렬한 변동의 주기(週期)를 헤쳐 나가게 될 것입니다. 그러한 에너지 변화의 강도는 여러분이 5차원의 경이와 지복(至福) 속에서 안락하게 자리 잡을 때까지 중단되거나 감소되지 않을 것입니다.

지상(地上)과 지저(地底)라는 지구의 두 문명의 재통합 시기는 최종적으로 매우 가까이 다가와 있다

텔로스 뿐만이 아니라 많은 문명들로 구성된 매우 거대한 제국인 "지구 내부 세계"에서 우리는 여러분의 모든 형제,자매들과 함께 이 인류의식의 팽창을 큰 기쁨과 기대감으로 바라보고 있습니다. 그리고 우리는 항상 지상의 여러분을 우리의 사랑과 빛으로 지원하고 뒷받침하고 있습니다. 우리들은 마치 성탄절이 되기 이전에 성탄절을 손꼽아 기다리고 있는 어린 아이와 같습니다. 물론 여기서 성탄절이란 우리 지상과 지저, 두 문명이 사랑과 형제애로서 하나의 큰 지구가족으로 통합하는 날을 의미하는 것이죠.

우리는 하루하루 여러분의 의식(意識)이 깨어나는 것을 놀라움으로 지켜

보고 있습니다. 아울러 우리는 우리 두 문명이 재결합하는 시기가 물리적으로 분리되었던 그 장구한 세월이 지난 뒤에 마침내 매우 가까워 있음을 압니다.

 지상의 3차원에서 우리가 출현하는 시기가 왔을 때, 이런 상황은 많은 이들에게 커다란 사랑과 기쁨의 시간이 될 것입니다. 특히 지구 내부세계에 우리가 존재한다는 것을 의식적으로 알고 있는 사람들과 우리와 만나 인사하고 대화하는 것을 가슴 속에서 깊이 동경하고 있는 이들에게는 더욱 그럴 것입니다.

 우리가 만나는 "위대한 조우(遭遇)"의 경사는 여러분이 현재 상상하는 것보다도 더욱 거대한 규모가 될 것입니다. 마치 여러분이 오랫동안 우리와 한 지구 안에 함께 존재해 온 것과 마찬가지로 우리가 보다 확실하게 과거 오랫동안 여러분과 함께 있어왔다는 것을 믿어 의심치 마십시오. 우리는 한 가족이며, 그것은 우리 공동의 소망인 것입니다.

 우리는 또한 방대한 숫자의 "빛의 일꾼들(Light Workers)"을 주시하고 있는데, 그들은 이 시대에 경이로운 사명을 가지고 인류를 돕고 또 이 장대한 인류의 깨어나는 과정 속에서 길을 인도하기 위해 육화되었습니다. 빛의 일꾼 여러분은 이 지구 행성을 빛의 영역으로 변화시키는 일을 지원하고자 수많은 어려움들과 맞서고 있는 용기 있는 빛의 전사(戰士)들이며, 우리는 여러분을 우리 가슴 속에 소중하게 품고 있습니다. 감사와 깊은 사랑으로 우리는 여러분에게 경의(敬意)를 표하는 바입니다.

 장차 인류의 영적인 깨어남이 의심 많은 대중들에게까지 이르렀을 때, 우리는 보다 명백하게 지상으로 귀환하여 인류 앞에 드러날 것입니다. 곧 우리 지저인(地底人)들이 제한된 숫자의 지상 사람들과 만나 교류를 시작하는 것이 승인될 것이며, 이 제한된 숫자의 사람들이란 우리를 볼 수 있을만한 주파수 수준에 도달했거나 우리 지저인들의 영적 광휘(光輝) 수준에 충분히 상응할만한 사람들입니다.

 요컨대 우리가 여러분을 만나기 위해서 현존하는 여러분의 3차원적인 밀도 안에서 우리의 진동주파수를 낮추지는 않을 것임을 확실히 알기 바랍니다. 그런 까닭에 우리는 십중팔구 여러분과 중간 지점의 상위 수준에서 만날 가능성이 있습니다. 따라서 여러분 가운데 어떤 이들이 높은 4~5차원 레벨에 있는 우리를 감지할 수 있기 위해서는 여러분 자신의 진동주파수와 의식이 이미 그러한 수준으로 높아져 있어야만 할 것입니다.

이러한 1차적인 교류는 인류 전체 앞에 출현할 우리의 대규모적인 등장을 위한 통로를 점차 열 것이고 어머니 지구의 자녀들인 우리 두 문명을 하나의 대가족으로 결합시킬 것입니다.

우리는 사랑의 궤도를 따라 살고 있는 사랑의 존재들이며, 인류 전체에 대한 큰 사랑을 품고 있음을 여러분이 알았으면 합니다. 우리가 인류에게 도착했을 때, 우리 지저(地底) 세계인들은 여러분이 항구적인 황금시대의 토대를 매우 신속하게 구축하는데 도움이 되는 방법을 가르쳐 줄 수 있을 것입니다. 이 황금시대는 깨달음과 사랑, 평화, 아름다움, 그리고 번영으로 충만한 세상입니다.

우리는 여러분이 그토록 오랫동안 고대해온 이 황금시대의 도래를 선도함으로써 인류를 도울 것입니다. 더욱 서로 사랑함으로써, 그리고 서로를 대가족의 한 형제자매처럼 여김으로써 새로운 시대를 준비하십시오.

여러분의 마음과 가슴으로 우리를 받아들이기를 시작하고 여러분의 안내자와 조언자가 될 우리를 초대하십시오. 여러분은 결코 이를 후회하지 않을 것입니다. 우리가 "지저세계"에서 살아온 지난 12,000년 동안 우리는 다차원적인 도시들과 텔로스 안에다 사랑과 참다운 형제애에 기초한 기반을 구축해 놓았습니다.

이러한 장구한 세월에 걸쳐서 우리는 삶의 모든 측면들이 신성한 우주의 원리에 공명하는 보다 위대한 문명 단계에 도달할 수 있도록 우리의 사회구조를 계속 정련(精練)하고 고양시켜 왔던 것입니다.

사랑하는 이들이여, 우리는 여러분의 오래 지속되어온 모든 고통과 분투를 목격했습니다. 따라서 우리는 여러분의 세계 속에다 우리가 지저에다 창조한 고차원적인 현실을 구현하는 방법을 보여주고자 큰 기쁨과 기대감으로 기다리고 있습니다. 그러므로 이 행성 위의 인류나 기타 지상에서 진화하고 있는 어떤 다른 생명들에게도 더 이상의 고난은 두 번 다시 없을 것입니다.

지상에 천국이나 극락을 건설하는 데는 우리가 걸린 12,000년이란 시간이 필요치 않다. 우리는 그 방법을 이미 알고 있다.

 사랑의 마법을 통해 우리의 에너지를 융합함으로써 이러한 경이로운 변화가 인류에게 가능케 될 것입니다. 여러분의 가슴을 기꺼이 우리에게 열고, 우리가 여러분의 친구일 뿐만 아니라 오래 전의 형제,자매라는 사실을 신뢰하십시오.
 영혼의 수준에서 우리는 모두 한 때 거대한 레무리아 대륙에서 가족이었고 가까운 사이였음을 알고 있습니다. 그리고 우리는 아직도 이렇게 존재하고 있습니다.
 풍요로움이 넘치는 이곳 텔로스에서 우리는 여러분에게 커다란 사랑의 에너지를 보냅니다. 우리는 이러한 풍요를 생산하는 데 아무런 문제가 없으며, 이로 인해 우리는 크나큰 부(富)와 축복 속에서 행복하게 살고 있습니다. 우리는 항상 여러분 인류의 존재를 우리의 가슴 속에 간직하고 있습니다.
 우리가 만날 때까지 참다운 사랑의 기술을 연마하십시오. 그것은 여러분 자신을 사랑하는 것에서 시작됩니다. 여러분 자신을 위해서, 그리고 서로와 모든 창조물들을 위해서 여러분 가슴에 늘 사랑이 충만하기를 기원합니다. 여러분 인류는 귀중한 보석들이며, 어버이 신(神)의 사랑의 표현들입니다.

2부

텔로스의 고위사제 아다마의 메시지

감사하는 마음의 태도는 기적으로 향한 문을
열어젖힙니다.
그리고 여러분에게 내리는 은총은
배가(倍加)됩니다.
만약 여러분이 삶 속에서 신의 은총을 받지 못하거나
좀 더 큰 은총을 받고 싶다면,
이 고대의 기술을 실습해 보십시오.
당신이 삶의 풍요로움을 포함한 모든 면에서
좀 더 향상된 인생을 살고자 한다면,
범사(凡事)에 감사해 보세요.

4장

텔로스의 정부

※내가 텔로스인 공동체의 한 멤버인 샤룰라 덕스(Sharula Dux)로부터 온 정보를 받아 적고 있는 동안, 아다마 대사가 텔레파시로 이 정보를 보내왔다. 샤룰라 덕스는 현재 지상에서 살고 있는 텔로스인이다.

텔로스에는 두 가지 형태의 정부가 존재한다. 텔로스의 왕인 라(Ra)와 왕비인 라나 무(Rana Mu)는 둘 다 깨달음 성취한 상승 대사들(Masters)로서 또한 영적으로는 쌍둥이 영혼들(Twin Flames)이다. 그들은 텔로스의 궁극적인 통치자들이며, 텔로스 정부의 한 측면을 구성하고 있다.

정부를 이루고 있는 또 한 가지 형태는 텔로스의 〈레무리아인 빛의 위원회〉라고 부르는 지역위원회이다. 이 위원회는 신성한 남성과 신성한 여성 간의 균형을 이루기 위해 6명의 남성과 6명의 여성으로 동등하게 구성되는데, 이 12명은 모두 상승한 대사(大師)들이다. 위원회의 13번째 멤버, 즉 텔로스 고위 사제들로 이루어진 이 위원회의 대표자로서 의장직을 현재 맡고 있는 사람은 바로 아다마(Adama)이다.

그는 위원회 내에서 어떤 주요 의사 결정의 절차상 그것이 표결에 부쳐짐으로써 찬성과 반대쪽이 6:6 동수로 맞서게 될 때 최종적인 결정권을 가지고 있다. 빛의 위원회의 구성원들은 그들이 도달한 영적인 경지와 내면적 자질, 정신적 성숙도의 레벨 등에 의해, 그리고 전문가들의 보고서에 따라서 선출된다.

그리고 한 위원이 공석인 다른 직무의 자리를 맡아 봉사하고자 그리로 옮겨가기로 결정했을 때는 그 사실이 우리 전체 주민들에게 공표된다. 그리고 주민들 가운데 결원(缺員)이 된 위원회 자리에 앉기를 희망하는 사람들은 누구나 신청을 할 수가 있다. 모든 후보 신청자들은 빛의 위원회에 의해서, 또 사제단의 구성원들에 의해서, 그리고 텔로스의 왕과 왕비에 의해서 주의 깊게 검토되고 조사된다. 그리고 왕과 왕비는 누가 위원으로 선출될만한 조건을 갖추고 있는가를 최종적으로 언급할 수 있는 권한을 가지고 있다.

텔로스의 도시

텔로스는 대략 150만 정도의 주민들이 살고 있는 상당히 거대한 공동체 사회이다. 이곳은 여러 구역으로 나누어져 있고, 우리는 모두 지방 정부를 공유하고 있다. 이른바 텔로스는 5단계 수준으로 나누어져 있는데, 각각 몇 평방 마일에 걸쳐 펼쳐져 있다.

첫 번째 레벨

우리 주민수의 가장 큰 비율을 차지하는 대다수인들은 돔(Dome) 아래 첫 번째 수준의 지역에서 산다. 이곳은 또한 행정 부서들과 공공건물들, 그리고 몇몇 사원(寺院)들이 위치해 있다. 이 지역의 중심부에는 마-라(Ma-Ra)라고 부르는 피라미드 구조의 중앙 사원이 서 있다. 이곳은 한 번에 1만 명의 사람들이 참석할 수 있는 크기이다. 이 사원은 멜기세덱(Melchizedek) 사제단에게 헌정된 것이다. 피라미드는 흰색인데, "살아있는 돌"이라고 불리는 꼭대기의 관석(冠石)은 금성(金星)에서 우리에게 기증한 것이다.

두 번째 레벨

이곳은 주민들과 도시를 위해서 물품을 생산하는 모든 산업과 제조업체들이 들어서 있는 곳이다. 또한 여기는 아이들과 성인들을 위한 몇몇 학교들이 존재한다. 우리 주민들의 많은 숫자가 역시 이 구역에서 살고 있다.

세 번째 레벨

이 수준의 지역은 전적으로 청정재배 농업지역으로 할당되어 있다. 모든 우리의 식품공급은 약 7 에이커의 땅에서 재배되어 매우 다양하게 제공된다. 우리의 재배방법은 대단히 효과적이어서 필요한 면적은 단 7 에이커(약 8,569평)의 땅이 전부이다.

우리는 주민들이 늙지 않는 활력 있고 건강한 신체를 가꾸는 동안 그들에게 공급하기 위해 아주 다양한 먹을거리들을 풍부하게 재배한다. 나는 여러분이 우리 역시도 먹는다는 사실을 알았으면 한다. 그렇다. 그러나 5차원의 존재들로서 우리는 꼭 여러분처럼 먹어야만 할 필요는 없다. 우리는 단지 우리가 원할 때와 마음으로 바라는 것을 나타낼 때만 먹는다.

우리의 식량은 여러분의 것만큼 조밀한 진동으로 된 것은 없다. 그것은 3차원적인 여러분의 수준에서 볼 때, 밀도와 맛과 색깔, 형태를 지니고 있기는 하지만 에테르적인 식량으로 간주해야 할 것이다.

우리의 청정재배 지역에서는 작물들을 끊임없이 계속해서 생산할 수가 있다. 우리는 진보된 수경재배(水耕栽培) 기술을 이용하여 대단히 빠르게 곡물들을 성장시킬 수가 있다. 우리는 많은 물을 사용함으로써 화학비료를 쓰지 않고 매우 적은 토양만으로도 재배를 한다. 우리의 식량은 전적으로 가장 높은 진동을 수반하는 유기적(有機的) 농법에 의한 것이다. 텔로스의 작물재배 형태는 거름이 필요치 않으며, 토양의 자양분을 소모하거나 고갈시키지 않는다.

우리는 식물들을 위해서 유기물(有機物)들을 물속에다 투여한다. 또한 우리의 작물들은 방대한 양의 빛 에너지와 텔로스의 높은 사랑의 진동에 의해서 향상되고 빠르게 성장한다. 이것은 우리 5차원 의식(意識)의 마법인 것이며, 여러분이 머지않아 10년 이내에 발견하게 될 세계인 것이다.

네 번째 레벨

이곳은 일부 청정재배 농업지역과 일부 산업시설, 그리고 작은 호수와 연못, 샘 등으로 꾸며진 방대한 넓이의 자연공원 형태의 지역이다.

다섯 번째 레벨

이 구역은 완전히 자연생태 공간으로 할당돼 있다. 여기에는 거대한 수목(樹木)들과 자연공원 같은 분위기로 조성된 호수들이 존재한다. 그리고 이곳은 우리가 보존하고 있는 동물들이 서식하는 장소이다.

이 자연생태계 구역에는 더 이상 지상에는 존재하지 않는 수많은 식물들과 동물들이 보존돼 있다. 지저세계의 이 동물들은 모두 초식(草食)을 하며 서로 잡아먹지 않는다. 그들은 인간과 서로에 대한 어떤 공포심이나 공격성도 없이 사이좋게 완전한 조화 속에서 살고 있다. 텔로스는 (여러분의 성경에 기록되어 있듯이) 진정으로 사자와 양이 나란히 누워서 전적인 신뢰 속에서 함께 편히 잠자는 그런 장소인 것이다.[1]

---

1) [이사야서 11:6] "그때에는 이리가 어린 양과 함께 살며, 범이 새끼 염소와 함께 누우며, 송아지와 새끼 사자와 사나운 짐승이 함께 풀을 뜯고 …"

텔로스의 수송수단

　우리는 도시 내에 움직이는 보도(步道), 구역 간을 오르내리는 승강기, 그리고 눈자동차와 유사한 전자기(電磁氣) 썰매와 같은 여러 수송 수단들을 보유하고 있다. 주민들이 도시 사이를 여행할 때는 "튜브(Tube)"라고 하는 전자 지하철 시스템을 이용하는데, 이것은 시간당 3,000마일(4,800km)까지 주파할 수 있을 만큼 엄청난 속도를 낼 수가 있다.

*지저세계인들은 외모가 우리와 많이 달라 보이는가?

　우리는 지상의 인간들보다 키가 더 크고 심성(心性)이 관대하기는 하나 그 점 외에는 여러분과 똑같아 보인다. 우리는 수천년 동안 젊음을 유지해 왔는데, 외관상 대략 20세~40세 정도의 모습을 하고 있고, 몇 살 정도의 외모를 할 것인지는 얼마든지 선택이 가능하다.
　우리의 사회에서는 아무도 나이를 먹는 징조가 나타나지 않으며 세월이 흘러도 우리는 흰 머리카락이 생겨나지 않는다. 이런 현상이 여러분에게 처음에는 이상하게 생각될 수도 있지만 여러분은 곧 거기에 익숙해 질 것이다. 우리는 또한 우리의 외모를 마음대로 아주 쉽게 바꿀 수가 있다.
　완전한 신체라는 생명의 선물은 5차원 의식으로 승격해 올라가는 차원상승의 은총과 더불어 오게 된다.
　여러분이 나이가 20,000세인 텔로스의 누군가를 소개받게 될 때, 그 사람이 남성이든 여성이든 텔로스의 다른 사람들만큼이나 젊어 보인다는 것을 눈치 챌 것이다. 우리는 "불로불사(不老不死)"의 상태에 도달한 이래, 우리의 수명을 현 신체 그대로 원하는 만큼 얼마든지 연장할 수가 있다. 그리고 우리가 또 다른 형태의 영적 봉사로 옮겨가야 할 때라고 느낄 때, 우리는 새로운 진화와 모험의 여정으로 우리의 몸을 가져가는 것이다.

*텔로스에는 공휴일이 있는가? 있다면 휴일을 어떻게 즐기는가?

　물론 그렇다. 텔로스에는 멋진 공휴일이 있으며, 그날에는 아이들을 포함한 모든 사람들이 참가하는 잘 꾸며진 축제를 벌인다. 비록 우리가 지상의 여러분이 보내는 휴일과 같지는 않겠지만, 우리는 하루하루를 계속적인 삶의 축제처럼 느낀다. 날마다 우리는 세상의 아름다움과 축복, 은총에 대해 가슴에서 우러나오는 사랑과 깊은 감사의 축제를 즐기는 것이다.
　우리가 축전(祝典)을 벌여 기념할 많은 일들이 있으나 우리의 주요 축제는 태양이 천문상의 최고점(至點)과 분점(分點)에 이르렀을 때의 계절의 변화와 더불어 1년에 4번 열린다. 이 시기 동안의 각 계절마다 지저 아갈타 조직망에 소속된 모든 도시들은 화려한 3일 동안의 축제를 시작한다.
　이 거대한 축제는 모든 도시들에 걸쳐서 계획되는데, 친구들과 가족들이 함께 참여하여 다른 이들을 위한 많은 사랑을 서로 표현하고 나누는 시간이 된다. 게다가 축제에 합류하기 위해 엄청난 수의 사람들이 여러 도시들로 여행을 하고 좋아하는 곳들을 방문한다.
　이 축제의 기간 동에 텔로스의 주민 수는 지구 내부세계의 각처에서 오는 방문자들과 다른 별들로부터 오는 외계 존재들로 인해 거의 배로 늘어나게 된다. 이러한 방문자들은 우리 은하계의 가족들이자 또한 여러분의 가족이기도 한 것이다. 가까운 미래에 여러분 가운데 많은 이들이 다른 행성 출신의 수많은 여러분의 형제자매들과 분명히 만나게 될 것이며, 이러한 만남은 여러분에게 크나큰 기쁨이 될 것이다.
　우리 모두는 서로 친교를 나누면서 창조주와 지구, 그리고 모든 이들이 하나가 되는 사랑의 대축제에 참가한다. 우리는 함께 경험하는 기쁨에 대한 감사와 사랑을 표현하기 위해 춤추고, 음악을 연주하고, 노래를 부른다.

매번 축제에 앞서 우리 모두는 도시를 장식(裝飾)하는 작업에 참여하는데, 절묘하고도 완벽한 창조성과 아름다움으로 도시를 꾸민다. 사람들은 수고를 아끼지 않는 도시 장식 작업만으로도 자신의 가슴속에서 벌어지는 축제에 참여하는 것이 된다.

그 해 내내 우리는 축제를 위한 시간을 먼저 챙겨놓고 몇 가지 다른 행사를 마련한다. 우리가 행사를 경축할 특별한 이유가 없다면, 다른 어떤 것을 창조할 것이다. 삶이란 너무나 마법적인 것이고, 거기에는 항상 무엇인가 찬양할 만한 이유가 있다. 우리는 또한 고대 레무리아의 유산(전승)에 대한 여러분의 사랑과 여러분 마음의 열림을 찬양한다. 우리는 지상과 지저, 두 문명의 재결합을 축하하는 웅장한 축제를 가슴으로 준비하고 있으며, 향후 참으로 모든 축전 가운데 가장 위대한 축제를 만들어낼 것이다.

*레무리아인들은 둥근 원형의 집에서 산다고 이야기를 들었다. 이에 대해 설명해 줄 수 있는가?

한 때 우리는 여러분이 현재 건축가들의 도움을 받아 집을 짓는 것처럼 실제적인 건축계획과 여러 건축자재, 그리고 톱과 망치와 같은 도구들로 집을 지어야만 했다. 그러나 이제 5차원의 존재가 된 우리는 필요한 집의 대부분을 우리의 생각과 의도를 초점에다 집중해서 물현(物現)시킴으로써 집을 건축한다.

그렇다. 우리는 신성한 기하학의 원리를 토대로 우리의 집을 설계한다. 이런 이유로 해서 우리 건축물의 대부분은 1~2가지 종류의 둥근 원형이며 위대한 창의성과 아름다움으로 설계돼 있다. 지저세계 건축물들의 외부를 이루는 기본적인 자재는 수정(水晶)이다. 여러분은 항상 내가 5차원의 관점에서 여러분에게 말하고 있음을 명심하기 바란다. 그러므로 여러분들은 내 말을 그러한 시각이나 관점에서 가능한 한 최선을 다해 이해해야 한다. 다시 말하자면, 마스터(Master)로서 우리가 여러분에게 묘사하고자 하는 것에 정확하게 대응하는 3차원적인 적합한 표현이 없다는 것이다. 이러한 묘사나 설명중의 어떤 것들은 여러분이 단지 3차원적인 마음의 시각으로 이를 본다면 여러분에게 실감되지 않을 수가 있다.

우리가 5차원으로 상승하여 완전히 그러한 단계로 옮겨간 이래, 우리는 우리 주택의 대부분을 상념과 의지로 창조해 낸다. 우리의 신체를 포함하여 우리가 가지고 있고 우리가 창조한 모든 것들은 우리에게 매우 물리적이고도 실제적인 것으로 보이고 느껴진다. 사실 우리의 신체적 특징이나 감각은 여러분이 느끼는 것만큼이나 매우 생생하고 실제적인 것이다.

그렇지만 우리의 신체나 우리의 세계를 형성하고 있는 질료는 그 자체의 밀도가 대부분 상실되어 매우 많은 빛이 스며들어 있으며, 또 여러분의 현 의식 상태나 차원에서는 보이지 않거나 확실하게 촉지(觸知)할 수가 없다.

우리의 5차원 현실계는 매우 유동적이고, 거의 우리 모두는 우리가 원하는 것이나 필요한 것은 무엇이든지 대부분 즉시 창조할 수가 있다. 우리는 현재 우리의 주택을 우리가 바라는 방식으로 아주 신속하게 창조할 수 있는 능력에 도달했고, 원할 때는 언제든지 그것을 금방 변화시킬 수도 있다.

장차 지상에서 이것을 완전히 이해하고 우리와 똑같이 할 수 있게 되기까지는 그리 많은 시간이 걸리지는 않을 것이다. 머지않아 여러분이 우리의 지도와 도움 하에 이 원리를 실제로 응용하는 방법을 깊이 있게 배우고 실습하게 되면 이것은 여러분에게 대단히 흥미로운 일이 될 것이다.

비로소 여러분이 준비되었을 때, 이것은 우리가 여러분에게 기꺼이 가르쳐주고자 열망하는 수많은 일들 중의 하나이다. 우리의 주택들은 많은 빛을 방출하면서도 대단히 아름다운 수정(水晶)과 같은 석재로 지어져 있다. 이 수정 석재는 외부에서 집 내부를 들여다 볼 수는 없을 정도의 불투명한 것이다. 이런 식으로 우리는 일상적인 우리의 개인적인 사생활을 보호하고 유지한다.

하지만 우리가 집 안에 있을 때는 맑은 유리로 된 주택처럼 집 밖의 광경을 내다보는 데는 전혀 문제가 없는데, 어떤 각도나 방향을 바라보는 것도 가능하다. 이것이 바로 우리가 일종의 수정궁전 속에서 살고 있다고 느끼는 이유이다. 밖을 내다보는 우리의 시야는 그 어떤 것에 의해서도 결코 방해받지 않으며, 따라서 여러분처럼 주택의 벽 안에 갇혀 있다고 느껴지지 않는 것이다.

우리는 주택을 둥근 모양으로 창조해 내는데, 거주자들에게 매우 화려한 주택에 산다는 만족감과 안락함을 주기 위해 거기에다 많은 창조성을 가미한다. 나는 우리가 어떻게 소규모의 둥근 주택을 짓기 시작하는지를 간단하게 설명하고자 한다. 이는 흥미로운 일이므로 나는 여러분에게 이에 관한 아이디어를 제공하고 싶다.

주택건축에 착수할 때뿐만이 아니라 마무리할 때도 우리는 동일한 원리를 이용한다. 여러분은 지금 자신을 위한 집을 완성하는 데다 원하는 대로 자신의 상상력을 이용할 수가 있고, 자기만의 주택을 상상하기를 시작할 수가 있다. 이 원리는 의식적으로 꿈꾸거나 상상하고 그것을 실제로 나타내어 실현하는 것이 골자이고 그 전부이다.

이제 작은 원형의 주택 짓기를 시작해 보자

첫째, 자신이 집짓기를 바라는 장소와 원하는 집의 면적을 정한다.

둘째, 마음으로 자기가 창조하고자 하는 집의 구조에 대한 매우 구체적인 윤곽을 생생하게 그리면서 심상화(心像化) 작업을 시작한다. 만약 그 상상이 충분히 구체적이지 않거나 조잡한 수준의 심상화 상태라면, 이는 내가 언급하는 기준에 불합격이다. 기억하도록 하라. 여러분은 원하는 것을 창조하기 위해 자기의 마음과 가슴의 에너지를 이용한다는 것을 …

이제 마음으로 하나하나의 석재를 순서대로 적합한 위치에 놓는 것을 시각화하고 정확한 설계대로 완성된 결과가 드러나기를 원한다. 그러나 이 시점에서 그것은 다만 대략적인 윤곽에 지나지 않으며, 아직 그 내부가 완전히 채워지지도 밀도화 되지도 않은 상태이다.

여러분 자신이 이 작업을 신속하게 해낼 수 있음을 믿도록 하라. 우리는 시간이 제로(0)인 지대에 살고 있으므로 얼마나 시간이 소요되는가는 실제로 문제가 되지 않는다. 여러분의 시간으로 이 작업은 30분 이상이 걸리지는 않을 것이다.

셋째, 이 수정으로 된 새로운 구조의 윤곽이 전체적으로 만족스럽고 여러분의 가슴이 이 새 창조물에 대한 기쁨으로 충만할 때, 이윽고 다음 단계의 작업을 진행한다.

하나하나의 석재(石材)에다 좀 더 강한 수정질의 빛으로 채워 넣고 견고한 물체로 만드는 것은 바로 지금이다. 이 새로운 창조물에다 계속해서 강력하게 정신을 집중하는 만큼 각 석재의 형상은 여러분이 방사하여 그 속에다 쏟아 부은 빛과 사랑으로 채워진다. 이 작업이 완료되었을 때 그 다음에는 (사생활 보호를 위해) 그 창조된 석재들이 여러분이 바라는 만큼 불투명한 상태에 이를 때까지 여러분의 의식(意識)을 거기다 계속해서 집중시켜 빛의 밀도를 높여간다.

친애하는 친구들이여, 그렇게 함으로써 수정의 구조로 이루어진 이 새로운 주택이 이제 완성된 것이다. 이제 여러분이 원하는 어떤 방식으로 마지막 장식을 하고 거기에다 갖가지 아름다움으로 꾸미기를 선택하면 된다. 여러분이 자신의 의식 안에 빛과 사랑을 충분히 유지하고 있을 때, 물현(物現)된 모든 집들은 안락하고도 완벽하게 자연스러운 형태가 되는 것이다. 여러분의 일상적인 일들을 사랑으로 펼쳐나가고 여러분이 소유하고 있는 모든 것에 대해서 감사하는 마음을 가지도록 하라. 그리고 여러분이 열망해온 풍요롭고 아름다운 삶을 새로이 창조하라.

부디 유의하기를 바라며 …

5차원의 진동 속에 존재하고 있는 이곳 지저세계에 대해 우리가 설명하는 것들을 부디 유의해서 듣기 바란다. 이곳은 여러분의 3차원 세계만큼 물질적이지 않고 지상의 인간들이 익숙해져 있는 물리적인 성질의 밀도로 이루어져 있지가 않다.

만약 여러분이 인간의 현재 상태 그대로 이곳에 와 있다면, 지상에 사는 거의 모든 여러분이 우리 세계에서는 아무 것도 감지하거나 볼 수가 없을 것이다.

우리에게 있어 우리의 세계를 이루고 있는 물질성(Physicality)이나 감각은 여러분이 느끼는 만큼 생생하고 실제적으로 느낀다. 하지만 이것은 어떤 종류의 한계도 더 이상 없는 빛이 상당히 충만해 있는 물리적 상태를 의미한다.

우리의 차원은 여러분의 현 의식이나 각성상태에서는 눈에 보이거나 인지되지 않는다. 그렇다고 이로 인해 여러분이 낙담해서는 안 되며, 여러분은 우리 세계를 지각할 만한 단계에 이르는 진화의 사다리를 곧 밟게 될 것이다. 여러분이 자신의 가슴을 보다 넓게 열고 신성(神性)과의 합일을 향한 여러분의 진화 여정이 좀 더 진전되었을 때, 모든 것이 여러분에게 보이고 인식되기 시작할 것이다. 그리하여 여러분은 육화된 현 상태에서 자신들의 신성을 점점 더 깨닫고 분명하게 드러내게 될 것이다.

신성과의 궁극적인 합일을 동경하고 갈망하는 모든 사람들에게는 머지 않아 그들의 눈을 가리고 있는 장막들이 벗겨지리라는 것을 계속 확신하기 바란다. 그리고 여러분이 그러한 진화 단계에 도달하기 위해 필요한 영적인 노력들을 지속하도록 하라.

*지저세계의 도시들 사이를 관통하는 터널들은 어떻게 생겨났으며, 어떻게 유지되는가?

지구의 중심과 지구 내부세계의 지저 도시들 사이를 연결하는 터널들은 문제가 있을 시에 약간의 보수를 필요로 한다. 이 터널들은 자유를 보존하고 지속하기 위해서 건설되었다. 때때로 지표면 어딘가에서 일련의 지진(地震)이나 화산폭발이 있을 때는 터널의 일부가 약간 손상될 수가 있다.

우리가 진보된 기술을 가지고 있긴 하지만 문제가 생기면 우리는 함께 모여 상의하고 난 후 매우 신속하게 문제의 부분들을 보수한다. 그러나 터널들에 일부 손상이 발생하는 일은 아주 드물게 일어난다. 그리고 우리가 사용하는 진보된 기술들은 지구 내부세계의 모든 도시 문명들이 함께 공유하고 있다.

*지구 내부세계 여러 문명들의 대표자들끼리의 정기적인 만남이 있는가?

그렇다. 우리는 종종 지구 내부의 다양한 문명들의 대표자들과 만나 회의 모임을 가진다. 우리는 모두 서로 매우 친절하고 우애가 깊다. 우리들 사이에 결코 어떤 힘겨루기와 같은 권력 다툼이나 갈등은 존재하지 않는다. 조건 없는 사랑은 언제나 대사(Master)가 행해야 할 법칙인 것이다.

우리가 모임을 가지는 주된 이유는 전체의 공익(公益)을 위한 가장 효과적인 방법을 우리가 어떻게 찾아낼 것인가를 서로 연구하고 협의하기 위한 것이다. 우리는 또한 서로간의 교역(交易)을 논의한다. 우리는 화폐(貨幣) 제도를 갖고 있지 않으며, 잉여 농산물이나 물품들을 서로 공유하고 나누어 쓴다. 아울러 우리는 지상 주민들의 진화와 영적 깨달음을 돕기 위한 방법들을 논의하곤 한다.

*〈샴발라(Shamballa)〉의 역할과 그 기원, 정부체제는 무엇인가? 그

리고 현재와 미래에 있어서 그 주된 목적은 무엇인가?

도시 샴발라는 더 이상 물질 차원의 도시가 아니다. 그것은 물질차원(3차원)에서는 매우 오래 동안 존재하지 않았다. 현재 샴발라는 5, 6, 7차원적인 진동에 머물러 있다. 이 도시는 아직도 에테르적인 수준에서는 존재하고 있는 것이다.

샴발라는 기본적으로 이 행성의 에테르적인 중앙본부(사령부)이고 사나트 쿠마라(Sanat Kumara)[2]와 그를 보좌하는 존재들의 거처이다. 비록 사나트 쿠마라는 현재 공식적으로 자신의 고향인 금성(金星)으로 돌아갔지만, 그는 여전히 샴발라에다 정신적인 초점을 맞추고 있다. 그리고 그는 아직도 우리의 행성인 지구를 돕고 있는 것이다. 샤스타 산과 미 와이오밍 주(州)에 있는 〈로얄 테이톤 리트리트〉[3], 그리고 샴발라가 행성 지구의 영단(Spiritual Hierarchy)의 멤버들이 거주하고 서로 만나고 비밀회의를 여는 주요 장소들이다. 샴발라와 기타 장소들은 지구의 영적인 정부가 소재한 영구적인 중심지라는 위치를 지키고 있다고 언급된다. 하지만 물

---

[2] 1,800만년 간 지구를 배후에서 영적으로 통치해온 <행성 로고스>이자 "세계의 주님(The Lord of World)"의 섭정자이다. 여기서 <행성 로고스>란 곧 지구라는 행성의 "신(神)" 또는 "영왕(靈王)"을 뜻하고 영단 내의 최고위직의 명칭이다. 우주의 모든 행성들은 이처럼 창조주를 대리해서 그 행성의 진화를 총체적으로 관장하는 영적 하이어라키(Spiritual Hierarchy)라는 일종의 신성한 영적 정부와 그곳의 우두머리인 신적존재가 있으며, 그런 신적존재를 일러 <행성 로고스>라고 칭한다. 또 더 나아가 각 태양계, 은하계에도 그곳을 관할하는 보다 상위의 하이어라키들(영단)이 존재한다고 한다. 그리고 그 행성에서 높은 영적 상승을 성취한 영혼들은 (일부는 다른 행성계로 가기도 하나) 대개는 그곳의 영단에 배속되어 활동하며 봉사한다고 한다. 사나트 쿠마라는 흔히 "침묵의 주시자" "대스승" "유일의 전수자"라고도 불린다. 그는 지구계 안에서는 가장 높은 영적 진화단계에 도달한 존재이며, 본래 태고시대에 금성에서 인류를 구원하기 위해 지구로 도래했다. 20세기 중반까지 머물다 현재는 금성으로 돌아간 상태라고 한다. 그리고 그가 돌아감으로써 현재 지구의 <행성 로고스>이자 "세계의 주님"의 자리는 고타마(석가모니) 붓다가 이어받았다고 알려져 있다. 또한 고타마 붓다가 있던 "행성 붓다(Planetary Buddha)"의 자리는 마이트레야(彌勒)가 이어받아 등극했다고 한다. 이런 식으로 계속해서 영단 내에서 수직적인 자리 이동이 이루어졌는데, 마이트레야가 맡고 있던 "세계의 스승(World Teacher)" 역할은 마스터 쿠트 후미와 예수가 공동으로 맡게 되었고, 또 예수가 맡고 있던 6광선의 초한은 레이디 마스터 나다(Nada)가 이어받았다고 한다.

[3] 대백색형제단의 대사들과 제자들이 빈번하게 모이는 비밀 장소이자 은거지. 미 와이오밍 주(州) 잭슨 홀에 있는 거대 산맥인 그랜드 테이톤 국립공원 안에 위치해 있다.

로얄 테이톤 리트리트의 멋진 전경

론 지구의 도처에는 다른 중요한 에테르적인 중심지들이 여러 곳에 존재한다.

지구 내부의 거주자들

지구의 중심과 내부에는 영겁 이전에 다른 세계들과 우주로부터 온 매우 오래된 많은 문명들이 존재하고 있다. 이러한 문명들 중에 비록 몇몇은 아직 물질 차원을 유지하고 있긴 하지만, 그들 모두는 고차원으로 승격된 의식상태 속에 있다.

그들은 대부분 5차원 내지 6차원의 의식이거나 혹은 더 높은 상태 속에서 살고 있다. 아갈타 네트워크는 지저인들이 거주하는 약 120개의 빛의 도시들로 구성되어 있는데, 그 대부분에는 북방정토인들(Hyperborean)이 거주하고 있다. 그 도시들 가운데 적어도 4개에는 레무리아인들이 살고 있고, 극히 일부에만 아틀란티스인들이 살고 있다.

지표면의 진동에 매우 인접한 지저 도시들에서 살고 있는 존재들은 영적으로 상승된 상태에 있지만, 또한 어느 정도 물질성을 띠고 있다. 도시인 〈소(小) 샴발라〉4)는 아갈타 지저 조직망에 소속된 도시들을 통치하고 있다. 샴발라에도 북방 정토인들이 거주한다. 보다 최근에 텔로스는 이제 아갈타 조직망 내의 지도적인 도시가 되었다.

아갈타 조직망에 소속된 일부 기타 다른 도시들

◎포시드(POSID):아틀란티스인들의 가장 중요한 전초 기지인데, 브라질의 마토 그로소 평원 지역 아래에 위치해 있다. 인구는 130만 명.

◎숀쉐(SHONSHE):위구르 문화의 은신처이다. 50,000년 전 자기들의 고유한 식민지를 형성하고자 선택했던 레무리아인들의 일족이다. 그 입구는 히말라야의 라마 사원에 의해 보호되고 있다. 인구 75만 명.

◎라마(RAMA):인도 자이푸르 인근에 위치해 있던 라마라는 지상 도시의 잔여 부분. 이곳의 거주자들은 전형적인 힌두 모습으로 알려져 있다. 인구 100만 명.

◎싱와(SHINGWA):위구르 북부 이주민들의 잔존 세력. 몽고와 중국의 국경에 위치해 있다. 작은 두 번째 도시는 캘리포니아 라센 산 아래에 있다. 인구 150만 명.

---

4)이런 표현은 사나트 쿠마라가 거주하던 고비사막 상공의 에테르 도시인 샴발라와 구분하기 위한 것 같다.

순수, 천진, 소박함
여러분이 영적인 깨달음과 자유를 성취하려면,
자신의 삶을 순수하고 소박하게 바꾸는 법을
배워야만 합니다.
그리고 참다운 영성에 대해 여러분이 가지고 있는 철학을
재검토해야 합니다.
삶 속에서의 모든 일상적 행위를 통해서 영혼의 순수성과
소박함으로 되돌아가십시오.

제5장
향후 있게 될 지저세계인들의 출현에 관한 새로운 정보

- 아다마 -

지저세계의 우리들 대다수는 지상의 인류가 충분히 준비되고 우리 지저인의 가르침대로 우리를 기꺼이 받아들일 수 있을 때, 마침내 지상에 출현하려고 계획하고 있습니다. 또 여러분 가운데 많은 이들이 이미 이러한 사실을 알고 있습니다. 우리와 여러분 모두가 다시 만나서 우리 지저인들이 아는 모든 것을 여러분에게 가르쳐주는 것은 우리의 커다란 기쁨이 될 것입니다.

우리는 인류가 마법과도 같은 삶을 창조하고 여러분 자신과 여러분이 사랑하는 이들을 위한 낙원을 건설하는 방법과 지금의 혼란스러운 현실을 바로잡는 방법을 가르쳐 줄 것입니다. 우리는 여러분에게 요청하건대, 이러한 정보를 받아들일 준비가 돼 있거나 그런 의식(意識)을 지닌 모든 이들에게 샤스타 산 지하 내부에 실존하고 있는 우리의 존재에 대해 세상에 널리 전파해주실 것을 부탁드립니다.

우리가 긴급히 지상에다 우리 스스로를 드러내는 사태에 관해서 여러분들이 후원할 수 있는 일을 하도록 하십시오. 제가 약속하지만, 여러분이 결코 그것을 후회하지는 않을 것입니다.

우리는 여러분 중에 많은 이들이 그 날짜와 시간에 대해 알고 싶어 한다는 것, 즉 일부 사람들은 거의 조바심을 낼 정도라는 사실을 인식하고 있습니다. 하지만 우리가 지상에 출현하는 문제는 우리에게 달려 있는 문제가 아니라는 점을 여러분이 이해해 주었으면 합니다. 즉 우리는 이미 준비돼 있습니다.

우리가 언제 지상으로 나가느냐 하는 문제는 바로 지상의 주민들과 집단들에 달려 있는 문제인데, 요점은 그들이 아직 우리를 받아들일 준비가 안 돼 있다는 것입니다. 시기상조(時機尚早)의 단계에서 너무 서둘러서 나타나는 것은 우리의 지상출현 목적을 쓸모없이 만들 것이고, 오히려 역효과를 초래할 수도 있을 것입니다.

*무엇 때문에 지저인들이 지상에 출현해야 할 필요성이 있는지요?

먼저, 우리는 지상 주민들의 사랑과 빛을 향한 진화 상태를 추적, 관찰하고 있고 또 이를 기록하고 있습니다. 아울러 우리는 인간들의 자비심(慈悲心)의 수준과 집단 공동체의 '가슴이 열린 정도'를 측정합니다. 현재 그 비율은 65% 정도입니다. 우리가 지상으로 나가 인류 앞에 출현하기 위해서는 약 90% 정도를 필요로 합니다. 이것이 우리가 시험하고 있는 요소들 가운데 유일한 조건인 것입니다.

물론 거기에는 또한 우리가 매우 중요하게 고려하고 있는 몇 가지 다른 것들이 있습니다. 그것은 의식(意識)의 수준, 그리고 집단의 진화 상태, 사랑이라는 높은 진동에 대한 그들의 자각여부에 좌우됩니다. 덧붙여 신성한 존재로서 자신의 삶을 살려는 인간의 자발성도 여기에 포함되지요.

인류는 현재 차원상승이라는 장대한 모험의 여정을 시작했습니다. 앞으로 10년 이상을 이 지구 행성 위에 머물 수 있게 될 사람들은 선택받은 이들인데, 왜냐하면 그들은 내면의 빛인 그리스도와 신성(神性)을 체험하고 깨닫게 될 사람들이기 때문입니다. 앞으로 벌어질 개인적이거나 행성적인 사건들은 여러분이 그러한 일을 성취할 수 있도록 뒷받침하는 현명하고도 자상한 조언자의 역할을 할 것입니다.

이 행성에서 펼쳐진 수백만 년에 걸친 진화여정 이래, 우리 어머니 지구는 그녀 자신의 진화수준을 보다 높은 단계로 옮겨 가기로 결정했습니다. 그리고 그녀와 동일한 선택을 할 준비가 된 인류중의 일부를 함께 데려가기로 했습니다. 어머니 지구의 선택으로 인해 지금 우주의 근원에서는 지구로 강력한 빛과 사랑의 에너지를 쏟아 붓고 있습니다. 여러분의 행성은 현재 이전과는 전혀 다른 새로운 에너지가 흘러넘치고 있는 것입니다.

이러한 에너지는 나날이 그 강도와 속도, 주파수가 증가하고 있습니다. 2002년에 창조주의 원천에서 발원하는 7개의 주요 통로가 열렸으며, 결과적으로 지구 행성은 2012년과 그 이후에 엄청나게 변형될 것입니다. 지금부터 앞으로 100년 안에 지구는 완전히 탈바꿈되고 말 것입니다.

그 7개의 각 통로들은 수많은 하부의 작은 통로들과 포탈들(Portals)을 포함하고 있는데, 여러분이 다음 단계로 옮겨가기 위해서는 그곳을 통과해 나가야만 합니다. 서기 2012년경이나 그 보다 약간 이른 시기에 그 시험을 뚫고 나간 많은 "입문자"들이 마법과도 같은 지상낙원 또는 극락의 세계인 5차원의 현실로 들어 올려지게 될 것입니다. 짧은 시간 내에 여러분의 행성 지구는 현재 인간이 가진 세상적인 상식과 기준으로 볼 때, 거의 믿을 수 없을 정도로 변형될 것입니다.

빛의 강도는 날마다 증가하고 있습니다. 이 빛의 증가는 여러분 모두의 생애에 있어서 가장 경외롭고도 위대한 모험을 해나가는 과정에서 일어나는 거대한 변형을 도울 것입니다. *결론적 요점은 "여러분이 자기 내면의 그리스도5)를 깨달아 변화되거나 또는 이 행성에서 하차(下車)해야만 하리라는 것"입니다.* 이런 엄청난 사건을 앞둔 까닭에 인류는 이전의 그 어느 때보다도 다차원 세계로부터 더 많은 원조를 받게 될 겁니다.

이것이 그리스도 재림(再臨)의 진정한 의미입니다. 지구상의 모든 생명은 머지않아 지구가 창조되던 태초의 시기에 부여받았던 온전한 모습으로 되돌아갈 것입니다. 우주에는 지구와 유사한 일부 다른 행성들이 있는데, 그곳의 주민들도 역시 지구인들처럼 신(神)과 분리되고 그 섭리에서 벗어나 향락에 취한 채 폭력의 길을 걷고 있습니다. 이처럼 상승의 길을 포기한 채 뒤에 남아 있기로 결정한 그러한 영혼들에게는 그들이 선택할 다른 길이 있게 될 것입니다.

우리가 지상에 출현하는 것과 더불어 이루어져야만 하는 것이 무엇이겠습니까? 사랑하는 형제,자매들이여! 우리는 여러분이 우리와 만나는 것을 기대하고 있는 만큼이나 여러분과 합류하기를 학수고대하고 있습니다. 하지만 우리는 지상의 주민들 대다수가 동,식물을 포함한 모든 생명들에게 무해한 사랑과 자비의 마음을 품을 수 있을 때까지는 지상으로 나오지 않을 것입니다. 또한 거기에는 우리 지저인(地底人)들이 지상에 나타나리라는 것을 인식하고 환영할 수 있는 (아직 결정되지는 않았지만) 일정한 비율의 주민수가 필요하게 될 것입니다. 우리 앞에는 두 가지 주요 요점이 놓여 있는데, 그것은 우리가 지상에 출현하는 시기를 결정하는 문제와 더불어 실행할 몇 가지 다른 고려 사항들입니다.

멀지 않은 장래에 여러분 모두에게 드러날 이러한 사건들과 함께 우리는 2006년~2008년 경에 인류의 마음과 정치적인 분야에서 긍정적인 변화가 충분히 일어나기를 바랍니다. 그럼으로써 어머니 지구와 더불어 인

---

5) 여기서 그리스도란 말은 내면의 빛, 즉 신성(神性) 또는 불성(佛性)을 뜻한다.

류가 통과하는 차원상승의 나머지 여정을 우리가 지상에 나타나 대대적으로 돕는 작업에 착수할 수 있는 것입니다.

만약 여러분이 우리에게 언제쯤 지상에 출현할 것인가를 묻고 싶은 생각이 난다면, 우리는 여러분께 혹시 아직도 그 필요조건을 알지 못하고 있느냐고 반문하고자 합니다. 친애하는 이들이여! 언제쯤이나 지상의 여러분 개개인과 집단들이 우리를 받아들일 준비가 되겠습니까? 이것은 전적으로 여러분에게 맡겨진 숙제인 것입니다. 그러니 인류 앞에 우리 지저인들이 인류 역사상 최초로 모습을 드러내는 이 엄청난 사건을 대비해 여러분 자신의 마음을 열고 또 다른 이들을 일깨워 준비하도록 하십시오.

*지저인들의 지상 출현에 관한 모종의 계획이 있습니까?

예, 그렇습니다. 우리는 보안을 유지해야만 하는 지상출현 계획을 가지고 있으며, 이것은 극비(極祕)의 방식으로 유지되다 점차 공개될 것입니다. 기본적인 것만을 언급한다면, 처음에는 우리가 다양한 장소에서 소규모 그룹의 사람들과 비밀스럽게 접촉할 것인데, 이것은 우리가 그들에게 일정한 지침을 전달하고 우리의 사랑과 에너지를 전하기 위해서입니다. 이런 소규모 그룹들이 나가서 우리에 관한 정보를 기꺼이 귀담아 들을 준비가 된 다른 이들에게 우리의 가르침을 전파할 것입니다. 보다 많은 사람들이 우리와 만날 준비가 되었을 때, 우리가 접촉할 그 집단의 숫자가 점차 불어나 더 커다란 그룹으로 커나갈 것입니다.

이러한 여세가 탄력을 받게 될 때 보다 많은 우리 지저인들이 그들을 돕기 위해 지상으로 나갈 것입니다. 이런 그룹들이 지상 전역에 충분히 형성되고 그 구성원들이 우리와의 서약을 지킬 때, 우리는 대대적으로 인류 앞에 완전히 출현할 때까지 점차 더욱더 많은 이들이 우리와 직접 접촉하는 것을 허용할 것입니다.

다음과 같은 사실은 또한 여러분에게 희소식이 될 것인데, 우리 지저인

몇몇은 여러분의 차원에서 길을 예비하기 위해 이미 지상에서 놀랄만한 물밑 작업을 실행하고 있습니다. 하지만 그들 중에 아무도 아직까지는 자기들의 정체를 지상의 주민들에게 밝히는 것이 허용돼 있지 않습니다. 그들은 이곳 지상에서 익명(匿名)을 사용하고 있으며, 당분간은 이런 방식이 유지되어야만 하는 것입니다. 그들이 느끼기에 여러분의 진동이 5차원의 의식(意識)과 동조되어 공명하지 않는 한, 그들은 여러분과 접촉하지 않을 것입니다. 그리고 이것은 경우가 아니긴 합니다만, 우리가 여러분의 진동을 체크해 보았을 때 인류의 대부분은 이러한 기준 주파수에 미달되는 상태에 해당됩니다.

*지저인들의 대규모 2차 지상출현 파동은 3차원의 진동 주파수에서는 일어나지 않습니까?

　지저세계의 우리 잔류자들은 우리의 진동을 여러분 지상 주민들 수준으로 낮추는 것은 고려하지 않고 있습니다. 때문에 이미 5차원 진동 수준에서 살고 있는 사람들은 예외가 되겠지만, 우리가 지상 주민들 한 가운데에 실제로 존재할지라도 모든 사람들이 우리를 육안으로 보거나 우리와 직접 의사소통할 수가 없을 것입니다.
　비록 우리가 어느 정도 물리적 존재들이긴 하지만 우리는 여러분 지상의 주민들보다는 훨씬 더 높고 빠른 주파수로 진동하고 있음을 이해하기 바랍니다. 따라서 여러분 대부분에게는 우리가 아직 보이지 않습니다. 우리와 만날 때까지 최소한 2~3가지 방식으로 여러분의 진동을 끌어올리는 것은 여러분의 몫입니다. 이것은 여러분 지상 주민들이 우리와 실제로 만나기 위해서는 자신들의 진동을 거의 5차원 수준으로 상승시켜야만 한다는 것을 의미합니다.
　또한 이것은 수많은 우리 지저인들이 때때로 여러분 사이에 뒤섞여 있게 될 때, 지상의 주민들끼리 서로를 알아보는 것과 마찬가지로 처음으로 우리 지저인의 존재를 보고 알아챌 사람들이 있게 되리라는 것을 나타냅니다. 하지만 대다수는 우리가 거기에 있음을 알아차리지 못할 것입니다.

점진적으로 더욱더 많은 지상의 주민들이 자신들의 진동을 요구되는 수준으로 끌어올리게 될 것입니다. 그리고 우리를 볼 수 있고 우리와 소통할 수 있는 사람들의 무리 속에 합류할 것입니다. 그때 우리는 서로 기쁘게 조우할 것입니다. 우리는 열린 가슴으로 여러분이 준비되기를 기다리고 있습니다. 우리는 여러분에게 신(神)의 은총이 있기를 기원하며, 여러분 개개인이 우리의 영혼 안에서 하나임을 알고 있습니다.

아다마(Adama)였습니다.

완전함은 존재의 상태입니다.
존재는 영원히 성장과 확장을 계속합니다.
어떤 것을 어떻게 완성해 가는가, 또는
존재가 도달하는 삶이 어떤 상태인가는
문제가 되지 않습니다.
이러한 과정이 깨달음의 마법을 창조하는 것입니다

6장

텔로스 입구의 규약(規約)들

- 아다마 -

우리 지저인들은 샤스타 산 지하에 있는 우리의 존재를 알게 된 지상의 주민들에게서 그들이 텔로스에 와서 우리와 만나고 싶어하는 커다란 열망을 가지고 있음을 느끼고 있습니다. 또한 우리는 지저세계의 경이로움과 마법과 같이 고도로 계발된 문명을 경험하고픈 여러분의 동경(憧憬)을 느낍니다. 아울러 여러분이 텔로스와 5차원 지저세계의 다른 곳 어딘가에 살고 있을 여러분의 과거 가족들과 다시 연결되기를 갈망하고 있음도 잘 알고 있습니다.

지구 내부 세계에서 우리는 다음과 같은 여러분의 동경어린 생각들을 감지하고 있습니다.

"언제나 우리가 텔로스를 방문할 수 있을까?"

"언제쯤 텔로스의 비밀입구가 지상의 주민들에게 열려질 것인가?"

사랑하는 지상의 주민 여러분! 우리는 여러분이 오랫동안 기다려온 이런 일들이 실현되어 그 체험을 함께 나누기를 바랍니다. 우리 지저인들은 그것이 2010년까지는 이루어질 가능성이 높다고 예측하고 있습니다. 우리는 인간들이 우리 세계를 잠시 방문할 수 있도록 지상에 있는 소규모 그룹들을 초대하기 시작할 것입니다.

우리는 지상의 주민들 대다수가 우리의 삶의 방식을 본받아 채택할 때 여러분의 세계에서 어떤 일들이 성취될 수 있는가를 여러분에게 경험시키고 싶습니다. 만약 여러분이 신성한 원리와 형제애(인류동포주의)를 따른다면, 지구상의 삶이 얼마나 경이로운지 완전히 새로운 인식의 개안(開眼)을 경험할 것입니다.

그런데 지저세계를 방문하는 일은 오직 개인적인 초대에 의해서만 가능하다는 점을 여러분이 이해하는 것이 중요합니다. 어떻게 이러한 초대가 이루어질지에 대해서는 너무 염려하지 마십시오. 왜냐하면 당신을 초대하는 차례가 왔을 때 우리는 당신에게 초대장을 전하거나 우리의 메시지를 전달할 수 있는 여러 가지 접근수단을 가지고 있으니까요. 예컨대 당신이 지구상의 어디에 살고 있든 별 문제가 되지 않습니다. 그것은 우리가 지상의 모든 것을 파악할 수 있는 5차원의 의식과 온전함을 지닌 채 살고 있기 때문입니다.

그런데 초대받은 모든 사람들이 처음 맞닥뜨려야 하는 입구에는 그곳을 통과하기 위한 엄격한 규약(規約)이 존재하고 있습니다. 그 입구의 규약에 관한 요건을 충족시킬 때까지는 여러분의 개인적 방문이 쉽사리 이루어지기는 어려울 것임을 분명히 인식해 두십시오.

그 규약의 요건에 관계된 것을 상세히 설명하는 것은 사실 이 책의 주된 목적은 아닙니다. 그렇지만 그 필요조건이 대략 무엇인가에 대해서는 일반적 개요차원에서 알려주도록 하겠습니다.

우선, 현재 도달해 있는 그 사람의 의식(意識) 레벨이 5차원의 각성 수준에 근접해 있는 사람들만이 자격이 부여될 것입니다. 이것은 동,식물을 포함한 뭇 생명들은 물론이고 자신과 타인에 대한 조건 없는 사랑의 의식을 가지고 있어야만 함을 의미합니다. 겉과 속이 다른 이중적 의식을 가진 사람들은 적어도 90% 이상 그 두 마음이 통합되어야만 할 것입니다. 또한 남성과 여성 에너지가 대단히 조화롭게 균형을 이루고 있어야 함도 중요한 요건이 될 것입니다. 아울러 자비로운 이타적 삶의 방식이 의 모든 분야에서 실천되어야 할 겁니다. 저는 여러분이 이 모든 요건들이 의미하는 바를 자신의 가슴으로 받아들여 깊이 탐구해 보기를 권고하고자 합니다.

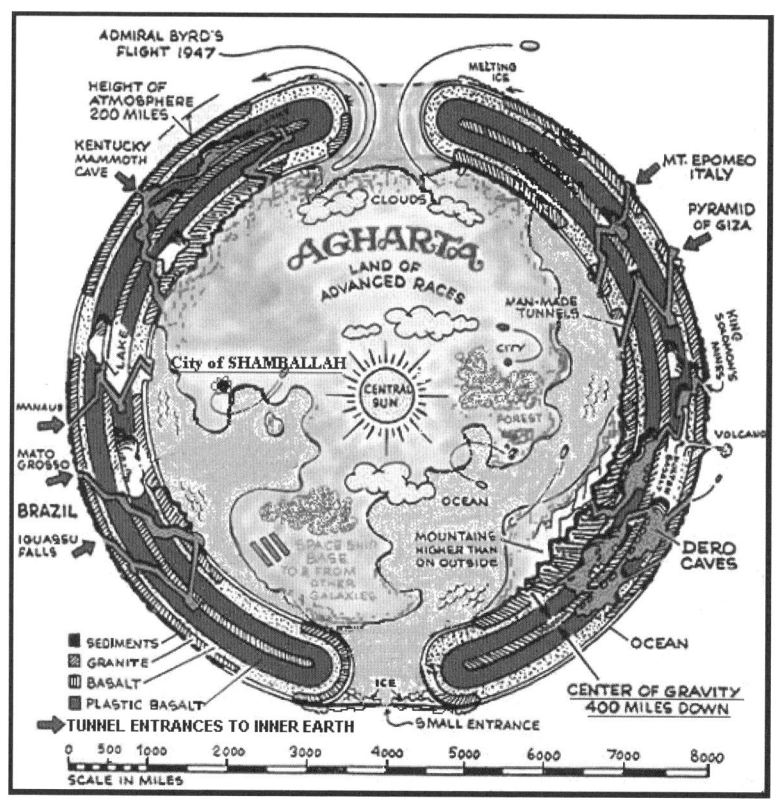

아갈타 지저 내부 세계의 개념도. 북극과 남극에는 뻥 뚫린 입구가 나 있고 그 내부에는 거대한 대륙이 있으며, 한가운데에 중심태양이 있다. 그리고 비교적 지표에 가까운 지각(地殼) 내 지저도시들 간에는 수많은 터널로 서로 연결된다.

친애하는 지상의 형제들이여! 이것이 바로 당신들이 풀어야 할 숙제입니다. 그렇게 함으로써 인류는 자신들이 진정 누구인지에 대한 정체성의 의문을 풀고 그토록 오랫동안 여러분이 회피해온 신성한 자아(眞我)의 본질에 눈을 뜨게 될 것입니다.

둘째, 여러분은 자신의 감정체(感情體)와 이지체(理知體)에 얽혀 있는 과거와 현재의 모든 부정성(Negativity)을 정화하고 치유해야만 합니다. 거기에는 모든 전생(前生)과 현생의 고통, 분노, 슬픔, 죄책감, 후회, 상처, 탐닉(중독), 절망, 교만, 부정적인 흔적, 독소 등등에 관한 기록들이 저장돼 있습니다. 이 모든 부정적 요소와 응어리들이 여러분의 잠재의식과 태양신경총(Solar Plexus), 그리고 감정체에서 용해되고 방출되어야만 할 것입니다. 왜냐하면 텔로스의 높은 에너지의 진동 속에서는 신성한 사랑보다 낮은 인간의 어떠한 감정이나 사념체(思念體)의 진동도 여러분의 마음속에서 수천 배로 증폭되어 버릴 것이기 때문입니다. 따라서 여러분이 큰 정신적 충격을 유발할 수 있는 이러한 부정적 기억들을 부지런히 청소해내지 않는 한, 여러분은 우리 지저세계의 진동 속에서 단 몇 분조차도 머물기가 힘들 것입니다.

셋째, 7번째 영적 입문(入門)을 마치고 자신들의 상승의식을 치를 준비가 되었거나 거기에 거의 근접한 단계에 도달한 이들만이 우리 지저세계의 입구를 통과할 합당한 자격이 있게 될 것입니다. 주 마이트레야(Maitreya)[6]가 계시고 주 사난다(Sananda)[7]께서 그리스도의 직책을 맡고 계신 이 행성 지구가 바로 여러분이 이러한 내면적인 입문식을 받겠다고 신청할 수 있는 장소입니다.

---

[6]마이트레야는 곧 불교에서 말하는 <미륵부처님>이며, 정식명칭은 "미륵존여래불(彌勒尊如來佛)"이다. 마이트레야 대사는 사실상 행성로고스의 지도 하에 하이어라키를 지휘하는 실무적인 수장격(首長格)인 존재로서 대부분의 마스터들의 스승인 분이다. 지금까지 영적인 비전 입문식을 주관할 때 1비전~2비전까지는 마이트레야 대사께서 주관하고, 3비전~6비전까지는 <행성로고스>가 주관해 왔다고 한다.
[7]과거 예수 그리스도였던 마스터. 이전에는 제6광선을 담당하는 대사였으나 현재는 영단에서 쿠트후미 대사와 공동으로 "세계의 스승(World Teacher)"직과 "행성 그리스도(Planetary Christ)"직을 맡고 있다.

지상의 주민 여러분 대부분은 이러한 입문식이 내면세계에서 일어난다는 사실을 의식적으로 잘 알지 못합니다. 그럼에도 이 입문은 행해지고 있고, 이것은 여러분이 자신의 일상적 삶을 어떻게 사느냐에 의해 결정되고 있습니다. 사실상 이런 입문식을 통과하고 상승의 단계를 밟아 올라 영적인 자유를 획득하는 것이 이 행성 위에 육화한 여러분 모든 인간들의 목적입니다.

분명히 언급하건대, 7번째 입문은 여러분의 영적진화의 종착점이 아니라 다만 우리 지저세계의 입구에 발을 들여놓기 위해 필요한 조건입니다. 즉 텔로스로 들어가는 입구를 통과하고 싶은 지망자들은 반드시 이러한 입문의 수준에 도달해 있어야만 하는 것입니다. 천상의 새로운 결정에 따른 은총에 의해 이런 입문은 지구의 진화역사상 과거 그 어느 때보다도 훨씬 빠르게 끝마칠 수가 있게 되었습니다. 다시 말해 이전에는 수천 년이 소요되었던 일들이 지금은 여러분이 선택만 한다면, 향후 10~20년 내에 성취할 수가 있는 것입니다.

앞서 우리가 언급한 바 있는 각 요건들에는 보다 많은 세부 규칙들이 달려 있습니다. 그러나 이것은 우리가 결코 여러분으로 하여금 목적을 이루기가 어렵겠다고 느끼게 하거나 절망에 빠져 포기하게 만들려는 의도가 아닙니다. 우리는 여러분 중에 많은 이들이 적당한 시간 내에 이런 의식 수준에 이르는 것이 가능하다는 사실을 잘 압니다. 이 행성 지구에는 이미 이런 입문 단계에 도달한 사람들이 수천 명 존재하고 있으며, 그들은 마지막 몇 년 안에 현 단계를 넘어설 것입니다. 여러분은 이들을 주변에서 날마다 만나는 사람들 사이에서 발견할 수도 있습니다. 그렇다고 반드시 그들이 유난히 두드러지거나 티가 나지는 않습니다. 이런 단계에 도달한 사람들과 그것을 알고 있는 이들은 대개 이런 정보를 스스로 감추고 있습니다. 그리고 계속해서 이와 같은 영적 수준을 성취한 집단에 추가로 합류하고 있는 것입니다.

우리가 여러분에게 이런 필요조건을 말하는 이유는 세상에는 우리의 존재에 대해서 이미 알고 있는 이들이 많이 있지만, 텔로스로 들어오는 입구에 관한 규약이 있음을 모르기 때문입니다. 우리 세계의 입구로 들어오는 사람들은 그 누구든 신분이나 출신지 등은 전혀 문제 삼지 않습니다. 다만 반드시 5차원의 진동에 적응하는 데 필요한 일정한 수준의 영적진화 상태가 담보되어야만 하는 것입니다.

여러분이 열심히 자신의 영적 향상을 위해 노력하여 상승을 향한 스스로의 여정에서 탄력을 받을 때 곧 당신들은 이런 목표에 보다 가까이 다가갈 것입니다. 또한 여러분이 사랑을 실천하기 위해 가슴을 열 때, 그것이 고난의 경험을 통해 참자아를 찾는 것 보다는 훨씬 더 영적입문과 상승에 도달하기 쉽다는 것을 알 것입니다. 이러한 입문과정이 여러분의 의식에 가져다 줄 영적 정화(淨化)가 텔로스로 가는 입구뿐만이 아니라 신(新) 레무리아와 다른 마법과 경이로움의 장소들로 통하는 문들을 열어젖힐 것입니다.

친애하는 이들이여, 언제나 사랑이 열쇠임을 기억하십시오. 사랑이 모든 난관을 넘어서게 할 것이요, 무한한 영적 자유를 향한 여러분의 긴 행로를 단축시켜 줄 것입니다. 당신들은 사랑이라는 근원에서 왔고, 또 그 곳으로 귀환하고 있습니다.

나는 여러분의 레무리아인 형제인 아다마입니다.

육체로 태어나 있는 동안 여러분은
육체라는 일종의 거울의 집 속에 살고 있습니다.
그리고 우주는 여러분이 육신으로 살아가는 동안
생각과 감정, 그리고 말에 의해서 창조해낸
많은 것들을 그대로 여러분에게
되돌려주는 것입니다.

눈은 영혼의 거울이고
출입구입니다.
여러분의 진실된 아름다움을 감지하거나
그것이 결여돼 있음을 아는 것은
바로 눈을 통해서입니다.

7장

텔로스의 아이들

- 아다마 -

*성인들처럼 지저세계의 일부 아이들과 지상에 살고 있는 아이들이 직접 만나기도 합니까?

아닙니다. 현재 우리의 아이들은 오랜 세월 동안 지상의 주민들과는 어떠한 접촉도 없었습니다. 우리는 이런 상황이 2010년까지는 바뀌기를 바라고 또 그렇게 예상하고 있습니다. 우리 지저세계의 아이들이 유일하게 지상의 주민들을 접해본 것은 당신들의 TV를 통해서입니다. 우리는 텔로스에서 당신들의 TV 방송망에 접속해서 우리 아이들의 오락을 위해 어떤 프로그램들을 청취하기도 합니다.

*다른 지저 도시들의 아이들끼리는 서로 만나기도 하나요?

예, 물론이죠. 우리는 많은 휴일과 축제일들을 가지고 있고 종종 여러 지저 도시들을 서로 방문하곤 하는데, 그런 축제 때 아이들을 데려갑니다. 우리는 매우 개방적인 문화인데다 사교나 댄스 등을 좋아하지요.

우리는 흔히 다른 문화권이나 도시들에 살고 있는 친구나 가족들을 방문하며, 그들 역시 마찬가지입니다. 이런 방문이 이루어지는 데는 특별한 이유가 필요 없습니다. 우리 모두는 아주 정기적으로 아갈타 조직망에 소속된 다양한 다른 지저 도시들과 마찬가지로 다른 도시들로 여행합니다. 부모가 사교나 가족, 업무 등의 이유로 그런 여행을 하더라도 아이들이 원하는 한은 대개 같이 갑니다. 이것은 항상 아이들을 위한 조치이기 때문에 아이들의 요청이 거절당하는 경우는 거의 없습니다.

*미래에 지저세계의 아이들과 지상의 아이들 사이의 관계는 어떻게 될까요?

행성 지구의 안과 밖에 있는 우리 두 문명이 하나로 통합될 때, 우리의 아이들과 여러분의 아이들 역시 하나로 합류하게 될 것입니다. 지상의 아이들과 지저의 아이들은 근본적으로 크게 다르지 않습니다. 두 문명의 아이들을 통합시키는 작업은 훌륭하고도 면밀하게 계획이 세워질 것입니다. 이것은 양 문명의 아이들에게 대단히 재미있고 흥분되는 모험이 될 것입니다.

이 지구 행성이 필연적으로 고차원의 문명으로 개화될 수밖에 없는 단계로 급속히 옮겨가고 있다는 말은 수없이 언급돼 왔습니다. 친구들이여, 이것이 의미하는 바는 그리 멀지 않은 미래에 이 지상에서 어둠의 시대가 막을 내릴 것이라는 뜻입니다.

이제 우리 두 문명은 우리가 그토록 오랫동안 기다려온 영광스러운 상승을 위해 (아이들을 포함하여) 하나로 합쳐질 것입니다. 이제 모든 것을 포용하고 동터오고 있는 새 시대를 환영하며 맞이합시다. 불사조(不死鳥)

가 잿더미 속에서 살아나 날아오르듯이, 신성한 사랑과 온전함이라는 새로운 세상의 브랜드는 여러분의 모든 낡고 유한한 신념체계의 잔재들을 위로 끌어올릴 것입니다. 그리하여 인류는 영겁의 시간 동안 조종당해 왔던 통제와 조작이라는 통치시스템을 무용지물(無用之物)로 퇴출시킬 것입니다.

지구를 불사조에다 비교해 보십시오. 그녀는 잿더미 속에서 솟구쳐 날아오를 것이고, 여러분을 함께 데려갈 것입니다. 하지만 먼저 여러분은 자신에게 더 이상 이롭지 않은 모든 것들을 떨어내야 합니다. 즉 당신들을 그토록 오랫동안 한계와 고통 속에서 묶어두었던 낡고 시대에 뒤떨어진 삶의 방식을 기꺼이 포기해야만 하는 것입니다. 불사조가 딛고 일어선 재는 지구와 모든 인류가 거쳐야 할 일종의 정화과정을 상징합니다.

지상에 거주하는 나의 친구들이여! 여러분의 미래는 밝습니다. 자기 자신과 당신들의 자녀들을 위해 희망을 가지십시오. 대단히 경이로운 세계가 그대들을 기다리고 있고, 이것이 여러분이 이곳에 있는 이유입니다. 아이들이 여러분에게 그 길을 제시할 것인데, 그들은 이미 자신의 영혼 안에서 그 방법을 알고 있습니다.

텔로스에서의 성장 과정

(※이 부분은 오릴리아 루이즈 존스를 통해 아다마와 부분적으로 교신한 내용이다. 그리고 일부 정보는 텔로스의 샤룰라 덕스에 의해서 1996년에 출판되었다.)

텔로스에서는 오직 한 쌍의 남녀가 신성한 결혼을 통해 결합할 때만이 자녀를 갖는 것이 허용된다. 텔로스에서 부모가 된다는 것은 오랜 기간에 걸친 일종의 프로젝트인 까닭에 아이를 갖기를 원하는 부부는 먼저 부모가 되기 위한 특별한 훈련을 받아야만 한다.

지상에서 여러분이 차를 몰기 위해서는 운전교육을 거쳐야 하고 운전면허를 취득해야 한다. 하지만 어떤 경우 아직 미성숙하고 감정적으로 불안정한 16~18세의 청소년이 아이를 낳는 수가 있다. 이처럼 지상의 미성년

부모들은 생명 그 자체에 대한 어떠한 준비나 이해도 없이 다른 생명을 이 세상에 태어나게 하는 책임이 막중하고도 중요한 일에 겁 없이 가담하고 있다.

텔로스에서 태어난 아기는 만 2년 동안 하루 24시간을 부모의 보살핌 속에서 보낸다. 이것은 그 아이의 정신적인 것을 형성하는 데 있어서 대단히 중요하다. 아버지는 아기를 돌보는 2년 동안 사회적으로 해야 할 의무들을 면제받는데, 그럼으로써 갓난아기는 어버이 신(神)의 지구 대리인 격인 아버지와 어머니라는 두 존재 중 어느 한 쪽에 치우침이 없이 두 부모와 동등한 시간을 함께 보낼 수 있는 것이다.

정부가 살아가는 데 필요한 모든 물품을 제공해주기 때문에 신전(神殿)에서는 부모가 갖춰야 할 실질적인 요건들을 명확히 제시한다. 텔로스에서 새로 태어난 아이는 태어난 지 얼마 되지 않아 10쌍의 대리(代理) 부모의 배정을 받는다. 이 제도는 많은 이점이 있다. 즉 텔로스의 아이들은 초년기에 친부모 외에 20명이나 되는 대리 부모들한테 관심을 받음으로써 성장하는 과정에서 결코 사랑의 결핍을 느끼게 되지 않는 것이다. 그리고 선발된 10쌍의 대리 부모들은 대개 그들 자신의 새 아이를 가지려고 계획한다. 이런 방식은 비록 아이가 오직 혼자일지라도 항상 서로 소통하고 같이 놀 수 있는 대리적인 형제, 자매들을 가질 수가 있을 것이다. 또한 아이가 자라나면서 언제나 각(各) 쌍의 대리 부모들과 더불어 살면서 시간을 보낸다.

이렇게 다양한 원천으로부터 매우 풍부한 사랑이 아이들에게 주어짐으로써 그 아이들의 잠재의식 속에는 사랑의 어버이 신(神)께서 항상 현존한다는 관념이 서서히 불어넣어지는 것이다. 아이들은 이런 식으로 어려서부터 항상 자신들이 사랑받고 보호받으며 부양받으리라는 것을 배운다. 아이들은 3살 때부터 교육을 받기 시작하는데, 그들의 기본적인 교육은 18살이 될 때까지 계속된다. 3살에서 5살 사이에 그들은 1주일에 5일은 지정된 기본적인 사회교육과 예술 훈련을 받기 위해 하루의 반나절을 조직 활동에 참여한다. 아이들은 5살부터 학교에 들어가 여러분의 지상문명에 있는 학교들과 마찬가지로 하루 종일 교육을 받는다.

학교에서 가르치는 언어는 텔로스가 레무리아 문화인 만큼 레무리아어이다. 레무리아인들의 언어는 원래 "솔라라 마루(Solara Maru)"라고 알려진 우리 은하계의 우주언어에서 기원한다. 지구상에 존재하는 산스크리트어, 히브리어, 이집트어와 같은 뿌리 언어들 역시 그 기원은 "솔라라 마루"까지 거슬러 올라간다. 한편 영어는 우리가 아이들에게 가르치는 정식 과목은 아니며, 다만 2차 선택 과목에 해당된다.

텔로스는 지리상으로 영어를 사용하는 국가(미국) 내에 위치하고 있기 때문에 자연히 우리는 영어를 배울 필요성이 있었으며, 거의 대부분의 텔로스인들이 영어를 구사한다. 따라서 우리는 지상에서 송출하는 라디오와 TV의 쇼 프로그램을 오락거리로 청취할 수가 있다.

모든 아이들의 책상에는 생명처럼 살아있는 컴퓨터가 장착되어 있는데, 이 컴퓨터는 그들을 우주의 에너지와 정보 격자망에 연결시켜 준다. 우리의 컴퓨터는 아미노산(Amino acids)이라는 살아있는 힘에 의해 작동되기 때문에 아카식 레코드(Akashic Record)와 그리스도의 섭리와 같은 고차원적인 원소들을 활용하며, 바이러스에 의해 오염되는 일은 없다. 그러므로 그것은 정확하고도 진실된 역사적 정보를 제공한다.

텔로스에 있는 모든 학교의 교사들은 멜기세덱(Melchizedek) 사제(司祭)들과 여사제들에 의해 훈련받는다. 텔로스 소년들의 장난기가 발동할 수 있는 대략 12살 정도의 나이가 되면 자기들 나이 또래의 다른 아이들과 노는 더 많은 시간이 필요해 지는데, 이때 그들은 "그룹(Group)"이라고 하는 소규모 집단에 들어간다. 이 그룹은 아이들 나이 또래의 모임으로서 일종의 여학생/남학생 동아리(Club)이다.

보통 10~20명으로 구성된 "그룹들" 속에서 아이들은 사춘기와 청년기를 거치면서 온갖 놀라운 일들을 함께 경험하는 것이다. 소년과 소녀들이 동등하게 구성된 그룹의 형태는 아이들을 성인기와 그 이후에 이르기까지

떠받쳐 주는 일종의 결속된 공동체이다. 그리고 신전에서 한 그룹당 한 멜기세덱 사제와 여사제가 배당되어 그룹을 인도하는데, 그들은 그 그룹의 아이들이 성장해 거쳐나가는 여러 단계들마다 거의 보호자 역할을 하게 된다. 그룹의 체제는 또한 학교교육 과정 속에서 활용되고 모든 배움의 과정이 함께 경험되는 것이다. 그룹의 구성원들은 성인기의 다양한 문제들을 통해서 구성원 전체와 더불어 그것을 경험하고 나누고 실험하고 논의해 가면서 성장해 간다.

그룹은 10대들의 전형적인 문제인 '분노'를 다루는 데 특히 효과적이다. 이 문제는 대개 분노의 건설적인 배출구를 찾아냄으로써 해결된다. 평생의 친구 사이인 그룹의 멤버들은 서로간의 불화를 끝내게 되고 모든 삶의 이정표를 함께 공유한다.

그런데 기본적인 영적 훈련으로서, 텔로스의 아이들은 5살 경부터, "아스트랄 투사(幽體投射)" 방법을 배운다. 〈유체(astral body)〉라고 말할 수 있는 이 영적인 몸이 투사될 때 영혼여행을 할 수 있는데, 더 진화될수록 더 멀리 갈 수가 있다. 이런 훈련을 통해서 아이들은 자신들이 아카샤(Akasha)를 방문할 수 있고 행성의 다른 지역들을 방문할 수 있음을 배운다. 이것은 아이들이 그들 스스로 탐험하고 이해하는 기회이다. 텔로스 아이들은 자신의 아카식 기록에 대해 항상 다른 누군가의 말을 들어야 하는 기간을 거칠 필요가 없다. 즉 그들은 스스로 나가서 자기의 에테르 기록을 볼 수 있는 것이다. 많은 아이들이 의식적으로 에테르 장(場)으로 들어갈 수 있고 이런 방식으로 연구를 한다. 또한 이들은 에테르 여행, 아스트랄 여행을 통해 다른 지저 도시들로 들어갈 수 있거나 지상 도시들에서 시간을 보낼 수 있다.

개인적인 기본교육이 완료되는 18세 때에 텔로스의 청소년들은 향후 몇 년 동안 자신들이 나갈 진로를 개인적으로 선택한다. 그들이 언제나 이용 가능한 한 가지 선택권은 자기들이 선택한 분야에서 연구에만 매진해 나갈 수 있다는 것이다. 과거에 존재했던 진보된 문명들로부터 수집한 방대한 기록들은 텔로스의 도서관 내의 정보 보관처인 수정(水晶) 안에 저장돼 있다.

자주 있는 일은 아니지만, 가끔 십대 청소년이 멜기세덱 신전으로 곧바로 들어가 신임사제로서의 영적 훈련을 시작하기도 한다. 진출할 수 있는 또 다른 선택권은 텔로스의 우주선으로 구성된 〈실버(Silver) 함대〉에서 복무하기 위해 바로 입대하는 것이다. 모든 지저도시들은 지저연합체에 소속된 멤버이기 때문에 텔로스에서 살고 있는 이들은 누구나 〈실버함대〉에서 최소한 6개월은 의무적으로 복무해야 한다. 은하계의 우리 구역에는 모두 12개 함대가 봉사하고 있다.

우리 태양계 안에서 주도적으로 활동하고 있는 우주선들의 함대는 그 중 〈실버함대〉와 〈아메지스트(Amethyst) 함대〉, 그리고 〈레인보우(Rainbow) 함대〉이다. 이 3개의 함대 가운데 〈실버 함대〉는 그 대부분의 승무원들이 오직 행성 지구에서 태어난 존재들(주로 텔로스와 포시드 출신)에 의해 결성돼 있다.(※포시드는 브라질의 마토 그로소(Mato Grosso) 아래에 위치하고 있는 아틀란티스인들의 도시이다.)

2006년 5월 이라크 바그다드 상공에서 촬영된 UFO.

지상의 주민들이 하늘에서 주로 목격하는 보통 UFO라고 알려진 대부분의 정찰선들은 텔로스와 포시드에서 발진한 〈실버함대〉의 우주선들이다. 어떤 사람들은 단지 의무복무 기간만을 마치고 다른 분야에서 계속 근무하는 반면에 많은 텔로스인들이 실버함대에서 장기복무하며 경력을 쌓는다.8)

졸업시에 할 수 있는 또 다른 선택권은 텔로스에서 자신의 일을 위한 직업훈련을 즉시 시작하는 것이다. 젊은 성인들은 통상적으로 텔로스인 사회의 훌륭한 한 시민이 될 것으로 기대를 받는다. 텔로스에서 살고 있는 이들은 누구나 일정한 나이 이후에는 일상적인 업무에 참여하기 시작한다. 다시 말하자면 1주일에 5일은 하루 4~6시간 정도 일을 하는데, 그럼으로써 지저도시가 계속 돌아갈 수 있는 것이다.

누구든지 자신의 에너지를 쏟아 붓기 원하는 곳을 선택할 수 있으며, 따라서 텔로스인들은 자신의 적성이나 취향에 잘 맞지 않는 일을 피하고 대신에 마음껏 열정을 발휘할 수가 있다. 예를 들어 한 10대 청소년이 지구나 식물, 꽃과 같은 것을 사랑하는 취향이라면, 그는 도시에다 과일이나 채소를 풍부하게 공급하는 분야인 수경재배 정원에서 일할 수가 있는 것이다. 또 만약 어떤 소녀가 무용가가 되고 싶다는 강한 바람이 있다면, 그녀는 신전(神殿)으로 가서 신전의 무용가들에게 훈련을 받을 수가 있다. 이밖에 달리 선택할 수 있는 분야로는 통신, 수송, 제조업, 가사 등등의 다양한 분야가 포함된다. 우리의 아이들은 비로소 18세부터 생동 있는 삶을 시작하는 것이다.

---

8) 채널 정보에 따르면 텔로스인들은 지구의 상승을 위해 사령관 안톤이 이끄는 〈실버 함대〉뿐만이 아니라 잘 알려진 〈아쉬타 사령부〉와도 협력하고 있으며, 또한 금성의 발 토오의 지휘에 있는 〈빅토리 함대〉에도 근거를 두고 활동하고 있다고 한다.

8장
결합의 신전(神殿)

아다마와 아나마르

친애하는 이들이여! 안녕하십니까? 여러분의 친구인 아다마(Adama) 입니다.

나는 오늘 텔로스의 원로(元老) 중의 한 분인 아나마르(Ahnamahr)와 함께 하고 있는데, 이 분은 우리가 텔로스에서 12,000년 전부터 살기 시작한 이래 거기서 현재까지 살아온 존재입니다. 아나마르는 과거 레무리아 대륙이 침몰하기 전에 2,000년에 걸쳐 레무리아에서 살았고, 또 그때부터 오늘날까지 여러분의 시간으로는 약 14,000년 동안 죽지 않고 여전히 젊은 신체를 유지하고 있습니다.

그는 키가 크고 정력적이며 미남형인데, 외모 상으로는 대략 35세 정도이거나 더 젊어 보이기조차 합니다. 레무리아 시절 아나마르와 그의 영적 동반자는 "결합의 신전(神殿)"이라는 놀랄 만큼 아름다운 신전을 건립한 바가 있습니다. 이 신전은 영혼의 쌍들(Twin Flames)9)의 사랑과 조화의 영예로 지어진 것입니다.

아나마르는 자신의 쌍둥이 영혼인 영적 배우자와 더불어 그 때 이후로 쭉 이 행성에 있는 불멸의 사랑으로 이루어진 영원한 연인들의 수호자 역할을 해왔습니다. 나는 이제 아나마르가 자신의 이야기를 할 수 있도록 그에게 순서를 넘기고 물러나 있겠습니다.

"안녕하세요. 아나마르입니다. 이 메시지를 읽을 모든 이들에게 나의 사랑을 전하며 은총이 있기를 기원합니다. 레무리아 시대에 모든 남성과 여성들은 자신의 삶을 사랑하는 영혼의 짝(Twin Flame)과 공유했었습니다. 그리고 앞서 아다마가 언급한 그 장엄한 신전은 바로 결혼식을 거행했던 장소였습니다. 혼인할 남,녀들은 불멸의 사랑의 에너지로 이루어지는

---

9) 직역해서 "쌍둥이 불꽃(Twin Flame)"이란 뜻의 이 용어는 "쌍둥이 영혼(Twin Soul)"이라고도 불리는데, 일종의 "영혼의 짝, 또는 쌍"으로 번역될 수가 있다. 이것은 사실상 우리 영혼의 다른 반쪽을 의미한다. 다시 말하면 본래 태초에 하나의 흰 불덩어리 속에서 창조된 영혼이 두 개의 불꽃으로 나뉘어져 하나는 남성이라는 극성을 지니고, 다른 하나는 여성이라는 극성을 지니게 되었다고 한다. 그러나 이 두 영혼의 신성한 정체성은 원래 하나였기 때문에 똑같은 영혼의 패턴과 속성 또는 운명을 지니고 있으며 어떤 생애에서는 함께 하다가 그 이후에는 떨어져서 각자 따로 삶을 체험하게 되는데, 궁극적으로 언젠가는 다시 만난다고 한다. 영혼의 반쪽이라고 해서 불완전하다는 개념이 아니라 각각 내면의 남성과 여성으로서의 두 특성이 보다 균형 잡히고 완전해져서 두 영혼이 재결합 이전에 각자 깨달아 상위자아와 합일됨으로써 그 후에 만나 영원히 함께 하게 된다는 것이다.

이와 비슷한 개념으로 "소울 메이트(Soul Mate)"라는 용어가 있는데, 유사하지만 "Twin Flame"과는 약간의 차이가 있다. 소울 메이트는 영혼의 수준에서 서로 주파수가 비슷하고 카르마(業)와 사명을 공유한 <영혼의 동료, 동반자>를 의미한다고 한다. 소울 메이트들은 윤회의 과정에서 삶의 경험을 공유하며 영적 동질성으로 인해 강한 영적 유대로 연결돼 있는데, 대개 서로의 약점을 보완하고 돕는 협력자, 파트너, 후원자의 관계를 형성하게 된다. 소울 메이트는 반드시 남녀 관계로 국한되지는 않으며 부모-자식 간, 친구 간, 또는 형제간의 관계로 태어날 수 있다고 한다. 또한 소울 메이트는 반드시 한 명이 아니라 여럿이 있을 수 있다고 한다.

하지만 "Twin Flame"의 경우 개인이 단 1명의 "Twin Flame"만을 가질 수 있다고 한다. 물론 남성과 여성의 한 짝으로서 말이다. 이 점에서 "소울 메이트"와는 중요한 차이가 있는 것이다.

자신들의 결합을 신성하게 하기 위해 화려한 아름다움과 우아함으로 스스로를 장식했습니다.

고대 레무리아 대륙이 사라짐과 함께 비록 지상에서는 여기서 거행되던 이러한 사랑의 불꽃 의식이 단절돼 왔지만, 그 원형은 우리의 대륙이 멸망했을 때 4차원의 진동 속으로 온전하게 끌어올려진 결합의 신전 속에 보존되어 왔습니다. 이 신전은 원래 위치해 있던 샤스타 산 인근 지역에 오늘날까지도 아직 존재하며, 현재는 5차원의 진동 속에 머물러 있습니다.

비록 이전의 물리적 신전 구조가 여러분의 3차원 속에는 더 이상 존재하지 않고 그 때문에 여러분의 현실계에서는 그것을 볼 수가 없기는 합니다. 하지만 우리에게 있어 그것은 매우 실제적으로 존재한다는 점을 여러분은 확신해도 좋습니다. 이 신전은 처음 지어질 때 의도했던 목적대로 오늘날에도 매우 활발하게 계속 운영되고 있습니다. 현재 이 신전은 샤스타 산 지역 내의 에테르 세계 안에 존재하는 빛의 수정(水晶) 도시 속에 있습니다. 그리고 이 빛의 수정 도시는 직경이 약 25~40마일 정도의 넓이로 펼쳐져 있는 상태입니다.

여러분은 이 경이로운 레무리아인들의 도시가 마침내 좀 더 물질적인 상태로 진동이 낮추어져 여러분 중의 많은 이들이 그것을 볼 수 있게 되고, 또 거기에 초대받아 들어가게 될 것이라고 이미 약속받았습니다. 그런데 여러분은 그 때가 언제쯤이냐고 우리에게 묻고 있습니다. 하지만 유감스럽게도 그 정확한 시기는 아직 우리에게조차 알려져 있지 않습니다. 그저 우리는 대략 그 시점을 2000년대의 마지막 때이거나 그 직후쯤으로 예상하고 있습니다. 이 일이 이루어졌을 때, 이 신전은 그 수정 도시가 간직하고 있는 다른 모든 놀라운 것들과 함께 그 영적발달 정도와 진동이 거기에 필적할만한 사람들에게 향유될 것입니다.

이 메시지를 받아 기록하고 있는 오릴리아 루이즈 존스는 레무리아 시대에 이 신전에 관여했었습니다. 그리고 그녀는 몇 년 전에 샤스타 산 지역 내에 있는 자신의 집 주변의 몇 마일 이내를 산책하다가 그 신전의 장소를 재발견하게 되었습니다.

처음에 그녀는 이곳이 매우 특별한 장소라는 것은 알았지만 그 신비를 풀 수는 없었지요. 왠지 모르게 그녀는 이곳에 이끌림을 느꼈고 빈번하게 산책과 명상을 하고자 이곳에 가고 싶다는 생각을 했습니다. 우리는 일주일에 서너 번씩 오릴리아가 그 장소가 있는 언덕을 향해 걷고 있는 모습을 발견했는데, 그것은 그녀가 자기 가슴의 울림과 내면의 재촉을 따랐기 때문이었습니다.

특히 처음에 우리가 그녀가 오는 모습을 보았을 때, 우리는 너무나 기쁘고 즐거웠습니다. 우리는 참을성 있게 그녀와 좀 더 직접 소통할 수 있는 날이 오기를 기다렸습니다. 그녀의 외부적인 마음은 헤아릴 수 없었을지라도 그녀가 그 장소에 올 때마다 오릴리아의 내면에서는 우리의 수많은 관심과 사랑과 함께 따뜻한 환영을 받았습니다.

우리가 그 장소에서 어떤 지상의 주민과 이야기를 나눌 기회를 가진 것은 실로 수천 년만이었습니다. 물론 때때로 그 언덕에 산책하러 오는 그 지역에 살고 있는 사람들이 있습니다. 하지만 지금까지 그들중 아무도 그 장소가 의미하는 바를 깨닫는 사람은 없었습니다. 마침내 그녀가 아주 좋아하던 그 장소의 특성과 그녀가 느꼈던 강한 끌림에 관한 보다 명료한 자각이 그녀에게 주어졌습니다.

이윽고 우리들은 그 장소의 신성함에 대한 그녀의 사랑과 높은 수준의 존경심으로 인해 그녀에게 보다 공개적으로 우리 자신을 드러내게 되었고, 고대에 이 성스러운 신전에서 있었던 그녀와 우리와의 관계에 대해 소상히 밝히게 되었습니다.

2001년 가을에 오릴리아는 그 장소에서 결혼의식을 거행했으며, 우리들의 존재와 빛의 세계에 대해 상세하게 기록했습니다. 레무리아 대륙이 침몰한 이래, 우리의 5차원적인 "결합의 신전"이 위치해 있던 장소 안에서 물리적인 형태로 직접 결혼식이 행해진 것은 그 때가 처음이었습니다.

이것은 우리에게 있어 가장 기쁜 순간이었고, 우리는 전폭적으로 모든 지원을 아끼지 않았습니다. 나, 아나마르는 그 의식이 거행되는 동안 나의 사랑하는 오릴리아와 영적으로 완전히 융합되었습니다.

그녀의 표면적인 마음은 인식하지 못했겠지만 사실 그녀는 놀라운 경험을 위해서 스스로를 준비시키고 있었습니다. 그녀는 내면의 인도에 따라 그녀에게 자기들의 결혼식을 맡아 주관해 달라고 부탁했던 한 쌍의 예비부부에게 이 특별한 장소를 제안했던 것입니다. 레무리아인 위원회와 빛의 세계의 존재들과 더불어 우리 텔로스인들은 이 행사로 인해 대단히 행복했습니다. 그리고 보이지 않는 세계에 있는 몇 백만의 존재들과 몇 십만의 우리 텔로스인들이 실제로 에테르체의 상태로 이 결혼식에 참석했습니다. 어찌보면 당시 그녀가 우리의 모습을 볼 수 없었던 것은 다행스러운 일이었는데, 왜냐하면 거기에 참석했던 군중들의 엄청난 규모를 고려할 때 오히려 겁을 먹을 수도 있었기 때문이지요.

그 장소에 참석했던 텔로스와 빛의 세계에서 온 모든 이들은 우리의 신전이 있는 물리적 장소에서 한 쌍의 영혼들이 사랑의 불꽃을 다시 점화한 것에 갈채를 보냈던 것으로 생각합니다. 우리가 그녀에게 그 신전의 진면목(眞面目)과 그 결혼식이 거행되는 동안에 발생한 행성 지구의 놀라운 에너지 활성화에 관한 보다 상세한 정보를 밝힌 것은 그 의식(儀式)이 끝난 후였습니다.

그녀가 자신의 가슴과 내면의 인도에 따름으로써 우리는 그녀가 어떻게 물질계로 통하는 이 놀라운 입구를 열 기회를 우리에게 제공하는가를 보았고, 결과적으로 우리는 너무나 기뻤습니다. 우리가 아주 오랫동안 기다려온 시나리오(Scenario)가 완벽한 순서대로 전개되었는데, 오릴리아가 결혼식 외에 무슨 일이 정말 일어났는가를 전혀 눈치 채지 못한 채 말입니다. 그리고 이것이 우리 모두를 너무나 미소 짓게 만들었지요.

지상의 여러분 가운데 많은 이들이 결혼관계라는 것이 종종 기쁨과 행복감이 지속되기 보다는 곤혹스럽고 많은 스트레스와 실망감을 가져온다는 사실을 알고 있습니다. 결혼생활이 스트레스를 받기 쉬운 관계가 될 수 밖에 없는 이유는 다름이 아니라 두 사람의 신성한 사랑이 하나가 되기보다는 이중성(二重性)에 기초하고 있기 때문입니다. 남녀의 관계가 하나됨, 즉 일체성(一體性)에 토대를 두지 않는 한 결코 여러분이 매우 깊게 느끼는 가슴의 갈망을 채울 수가 없을 것입니다.

친구들이여, 이제 제가 여러분에게 약간의 강의를 할 수 있도록 해주십시오. 사랑으로 이루어진 영원한 연인들의 수호자로서 나는 매우 오랫동안 여러분의 관계를 관찰해 왔습니다. 자신의 가장 사랑하는 연인을 무턱대고 내면이 아닌 외부의 어딘가에서 찾는 이들에게 말하건대, 이와 같은 방식은 올바른 정도(正道)가 아닙니다. 여러분이 사랑하는 사람은 또한 여러분의 일부입니다. 그 또는 그녀가 내면이 아닌 외부에서 하나의 육신을 가진 존재일 수 있지만, 한 쪽이 아직 충분히 준비되지 않은 상태일 때 배우자로 만나는 것은 일종의 기만과 같습니다.

이것은 대개 여러분에게 이롭지가 않은데, 왜냐하면 3차원적인 삶의 경험은 양 당사자가 동일한 준비와 진화 수준에 도달해 있지 않는 한, 항상 인격과 영(靈)의 조화나 양립의 가능성을 제공하는 것이 아니기 때문입니다. 이 부분을 주의 깊게 들으십시오.

먼저 여러분 내면에서 동경하는 사랑을 자신의 가슴과 영혼의 모든 세포와 전자(電子) 속에서 찾으세요. 내면의 조화로운 의식(意識)으로 관계를 발전시키는 것을 먼저 시작하십시오. 여러분이 주의를 기울여야 하는 것은 이런 부분입니다. 여러분의 신성한 다른 한 쪽도 또한 여러분 내면에 살고 있습니다. 여러분이 얻으려고 애쓰는 다른 한 쪽과의 관계는 여러분 자신의 신성한 자아와의 직접적인 관계를 반영하는 것에 지나지 않습니다.

여러분의 신성한 모든 측면과 인간적 경험의 모든 측면, 그리고 자신의 본질적인 모든 측면에서 스스로를 사랑하는 것을 배울 때, 자아에 대한 신성한 사랑은 여러분의 가슴과 삶의 주관자가 됩니다. 또한 여러분은 더

샤스타 산 인근의 아름다운 호반

이상 밖의 어딘가에서 그러한 대상을 찾지 않을 것입니다.

여러분은 자신이 찾는 것을 발견했다는 사실을 알 것이고, 그것이 어떤 형태를 취하고 있든 정말 문제가 안 된다는 사실을 알 것입니다. 여러분의 가슴은 충만감을 느낄 것이고 완전히 만족할 것입니다. 여러분의 영적 생명이 발전하는 단계에서 자아에 대한 완전한 사랑이 거울을 보듯이 삶 속에서 반영되는 현상이 뚜렷하게 나타날 것입니다. 이것은 신성한 법칙이고, 여러분은 이 법칙에서 예외일 수가 없습니다.

만약 여러분이 자신의 삶 속에서 그러한 경험을 하지 못했거나 거기에 대해 내면에서 준비가 안 돼 있다면, 여러분은 좀 더 기다리기로 선택한 것입니다. 신성하고도 적절한 시간이 되면 그것은 여러분의 삶 속에서 드러날 것이므로 어떤 기다림의 시간은 문제가 되지 않습니다. 왜냐하면 여러분은 이미 자기 내면의 마음속에서 동경하고 사랑하는 대상과 결합했기 때문입니다. 일단 여러분이 가슴 속에서 이러한 신성한 사랑의 상태에 이르게 되면 아무 것도 당신들을 억제시킬 수가 없으며, 심지어는 당신의 배우자조차 어찌 해 볼 수가 없습니다.

신성한 사랑의 이름으로 제가 여러분에게 제의하건대, 여러분은 지금 즉시 자신의 자아 속에서 사랑하는 이를 찾기 시작하십시오. 이것이 여러분의 영혼의 짝인 인생 동반자를 찾아 결합하기 위한 가장 빠른 방법입니다. 여러분은 신문에다 광고를 내거나 독신자 클럽에도 갈 필요가 없습니다. 그 또는 그녀는 문자 그대로 마치 복이 굴러들어오듯이 정확히 여러분에게 다가올 것이며, 이것을 피할 수는 없을 것입니다.

부디 여러분이 신성한 사랑을 깨닫는 가운데 모든 시험들과 마주하기를 바랍니다! 자신의 배우자와 재결합하기를 바라는 모든 이들에게 수업을 하는 곳인 이 신전으로 여러분을 초대하는 것은 나의 즐거움입니다. 그렇다고 내가 여러분의 언어로 당신들을 그곳으로 부를 때 어떤 중매쟁이 노릇을 하려는 것은 아닙니다. 우리는 거기서 여러분이 오래 전에 저버렸던 경이로운 당신의 신성한 자아의 일부와 다시 연결되는 일을 기꺼이 도울 것입니다. 바로 그러한 연결이 삶 속에서 여러분이 얻기 바라는 사랑하는 이와 그 밖의 모든 것들을 당신들에게 끌어당길 것입니다. 우리가 여러분에게 사랑하는 연인을 얻어주지는 않을 것이지만, 이러한 일을 성취하는 방법을 보여줄 것입니다. 즉 우리는 여러분에게 "신성한 결합"의 참다운 의미를 가르쳐 줄 것입니다.

밤에 잠들기 전에 여러분의 영적 인도자에게 "결합의 신전"에서 열리는 수업에 참석할 수 있도록 그곳으로 데려가 달라고 요청하십시오. 나의 동료 교사들과 나는 그곳에서 여러분을 맞이하기 위해 기다리고 있을 것입니다. 우리가 함께 즐거운 시간을 가지게 될 것임을 제가 약속하겠습니다. 여러분이 우리와 함께하는 이런 여행을 깨어난 후에 기억하지 못하더라도 걱정하지 마십시오. 점차 그 엷은 베일과 더불어 여러분의 기억을 덮고 있는 많은 것들이 벗겨져 마침내 밤마다 경험했던 수많은 즐거운 모험의 기억들이 되살아 날 것입니다.

나는 결합의 신전의 수호자이자 불멸의 사랑으로 이루어진 영원한 연인들의 보호자인 아나마르입니다."

텔로스에서의 결혼

*텔로스에서는 남,녀의 로맨틱한 관계를 어떻게 보는지, 그리고 결혼이나 가족관계 등이 지상 세계와 같은지 궁금합니다.

우리가 매우 오랜 수명을 가지고 삶을 사는 까닭에 대가족을 이룰 잠재성이 매우 크며, 모든 제도에 대한 장점을 가장 중요시합니다. 이에 따라 우리는 주의 깊게 고려하여 제도를 입안하고 있습니다. 지상의 문명과는 달리 텔로스에서는 누구도 일정한 주요 단계에 진입할만한 성숙과 준비상태를 갖추기 전까지는 결혼하여 새로이 한 가정을 이루는 것이 허용돼 있지 않습니다. 다시 말하자면, *여러분이 지상의 3차원 세계에서 하고 있듯이, 아직 미성숙한 아이가 아이는 낳는 행위를 허용하지 않는 것입니다.*

우리의 사회에는 두 가지 다른 형태의 결혼제도가 있습니다.

그 첫 번째 것은 "계약" 형태의 결혼입니다. 이성간에 서로 로맨틱하게 끌리는 두 사람은 계약 결혼을 하여 결합하기로 결정하게 되는데, 이 결혼은 영구적일 필요가 없습니다. 그들은 결혼하여 함께 살면서 서로에게서 배우면서 함께 성숙하고 성장해 갑니다. 즉 서로 마음껏 인생을 경험하고 즐기는 것입니다. 그들의 이런 관계는 그들이 서로 깊이 행복하고 만족스러운 한은 계속 지속됩니다. 그리고 거기에는 그들이 꼭 함께 있어야 한다든가, 그런 결합관계를 지속해야만 한다는 아무런 의무도 없습니다.

그러나 계약결혼으로 맺어진 부부에게는 아이를 낳는 것이 허용돼 있지 않습니다. 아이를 낳아 양육하는 것은 이러한 결혼형태의 우선적 목적이 아닙니다. 이 계약결혼은 어디서든 짧게는 몇 년에서 길게는 몇백 년까지, 또는 그 이상도 지속할 수가 있습니다. 그리고 산아제한(産兒制限)은 우리에게는 문제가 되지 않습니다. 아기의 탄생은 영혼이 모태로 들어오는 매우 존귀하고도 엄숙한 사건으로 간주되고, 그 아이의 영혼은 오직 "초대"에 의해서만 어머니 자궁으로 들어와 임신이 됩니다. 우리는 지상의 인간세계와 같이 원하지 않는 임신과 같은 일은 존재하지 않습니다. 즉 텔로스에 있는 여성은 아이를 가지겠다는 의도에 의해서만, 그리고 일련의 잘 짜인 준비가 된 이후에만 임신이 되는 것입니다. 초대에 응한 특별한 영혼이 있지 않는 한, 성행위만으로는 임신이 되지 않습니다. 여러분의 세계에서 벌어지고 있는 성행위를 통한 원치 않는 임신 문제는 인간의 왜곡된 유전자(DNA)에 의한 유전적 돌연변이의 결과입니다. 이 문제 역시 자기 자신과 모든 생명에 대한 조건 없는 사랑의 수용과 자각(自覺)에 의해 적절한 시기에 여러분의 손상된 DNA가 완전히 복구될 때 치유될 것입니다.

　계약 결혼한 남,녀는 서로의 감정을 상하게 하거나 서로에 대한 아무런 의무 또는 구속 없이 언제든지 그들의 관계를 청산할 수가 있습니다. 그리고 만약 그들이 원한다면, 또 다른 사람과의 새로운 관계를 시작할 수가 있는 것이지요. 이처럼 우리는 지상의 인간사회에서와 같이 잘못 엮어진 남,녀 간의 관계란 존재하지 않는 것입니다.

　텔로스에서는 모든 남,녀 커플들이 매우 행복한데, 그것은 서로가 깊이 사랑하고 만족하지 않는 한 함께 있을 필요나 이유가 없기 때문입니다. 이런 계약결혼은 삶과 영적 진화과정에서 일어나는 수많은 경험의 일부로 여겨지고 있습니다. 만약 둘이 함께 해왔던 시간을 끝내야 할 시기가 왔다고 느껴질 때는 인생행로를 동행해 온 것에 대해 서로에게 감사합니다. 그리고 그들은 다만 언제나 좋은 친구 사이로 남는 관계로 옮겨가게 됩니다. 그들이 계약결혼을 끝내며 해야 할 필요가 있는 것은 〈레무리아인 위원회〉에다 자신들의 이혼에 대해 신고하는 것입니다. 그러면 그것은 항상 별 문제 없이 승인됩니다.

이처럼 우리에게 있어 남,녀가 서로 완전한 조화와 만족, 그리고 깊은 목적이 없는 한, 그 관계를 지속하는 것은 상상조차 할 수가 없는 일입니다.

두 번째 형태의 결혼은 "헌신적, 또는 신성한 결혼"입니다. 남,녀가 아이를 가질 수 있도록 허용되는 것은 오직 이런 형태의 결혼뿐인데, 이는 결국 새로운 한 영혼을 공동체로 데려오기를 신청하는 것입니다. 한 남,녀가 계약결혼을 몇십 년 내지 몇백 년 동안 경험한 이후에 서로 자신들의 사랑이 결함이 없고 오래 지속될 것이라는 절대적 확신을 얻을 수가 있습니다. 그 때 그들은 일평생을 서로에게 헌신하겠다는 맹세를 하고 "신성한 결혼"으로 전환하기를 원하게 됩니다.

우리가 늙어 죽지 않는 불멸의 존재가 된 이래, 우리에게 있어 평생의 약속이라는 것은 보통 몇천 년이 넘는 매우 긴 시간을 의미합니다. "헌신적 또는 신성한 결혼"의 형태에는 더 이상 부부관계의 해체, 즉 여러분의 용어로 이혼(離婚)이라는 조건이 없습니다. 이런 이유 때문에 계약결혼 생활을 이미 오랫동안 해온 남,녀는 영구불변의 관계라고 여겨지는 이 "신성한 결혼"을 하기로 선택하기 전에 자기들의 서로에 대한 약속을 매우 굳게 확신할 수 있어야만 하는 것입니다.

그들은 이제 둘 중의 한 명, 또는 둘 다 모두 보다 높은 차원의 영역이나 봉사의 수준으로 옮겨갈 준비의 시기가 될 때까지 평생을 함께합니다. 이런 경우 나중에 그들은 자기들의 선택에 따라 한 명 또는 둘 다 모두 다른 행성으로 가거나 새로운 영적단계로 들어가기 위해 텔로스를 떠나게 될 것입니다. 하지만 이런 일은 다만 그들이 매우 오랜 삶을 함께한 이후일 것이고, 또 그들의 원래의 가족이 불어나 몇 세대로 확장되었을 때일 것입니다.

이런 형태의 결혼생활에서는 보통 1~2명이나 혹은 3명 정도의 자녀가 태어나게 됩니다. 텔로스에서 임산부(姙産婦)의 임신기간은 단지 12주(3

개월)에 불과합니다. "신성한 결혼"을 하는 부부들은 계약결혼 형태로 이미 매우 오랫동안 함께 살았기 때문에 그들이 부부로서 함께 이루기를 바라는 것은 무엇이든 성취한 상태입니다. 따라서 그들은 이제 다음 단계로 옮겨 갈 준비가 돼 있고 충분히 성숙돼 있으므로 허용된 특권에 따라 새로이 한 가정을 꾸릴 수 있는 영예를 누리는 것입니다.

오직 보다 영적으로 성숙되고 진화된 사람들에게만 아이를 가질 수 있는 특권이 부여되고, 이처럼 그들을 통해 고귀하고 진보된 영혼들이 태어남으로써 고도로 계발된 문명이 영속될 수 있는 것입니다.

우리 사회에는 고아나 버려진 아이들이 없습니다. 또한 여러분 사회가 직면하고 있는 증가일로의 편부편모(偏父偏母) 문제도 존재하지 않습니다. 우리 세계에서 가족의 삶은 결코 아이들이 원치 않는 상처를 받거나 방치, 학대 등을 겪지 않도록 매우 신중하고 지혜롭게 계획돼 있습니다. 또한 우리에게는 아이들을 분기(憤氣)시키는 애들 싸움이라는 것이 없습니다. 한 명 한 명의 아이는 신(神)이 보내준 귀중한 선물로 여겨지며, 친부모뿐만 아니라 우리 사회 전체에 의해서 사랑받고 존중받습니다.

우리 문명은 아이를 낳는 역할의 신성함에 대해 충분히 인식하고 있습니다. 아울러 이 역할을 떠맡는 일을 결코 가볍게 다루거나 적절한 훈련 없이 행해져서는 안 된다는 점을 잘 알고 있습니다. 우리는 지상의 여러분들이 머지않아 보다 현명하고도 책임 있는 방식으로 자기가 양육하는 아이들을 존중하기를 바랍니다.

텔로스에서의 남,녀 관계와 성생활(性生活)

*아다마, 텔로스에서의 남,녀 사이의 관계에 관해 말해주세요. 텔로스인들은 성애(性愛) 문제를 어떻게 취급합니까? 그리고 3차원에 있는 우리 지상 주민들이 어떻게 하면 당신들과 같은 형태의 관계로 진화할

수 있는가요?

　사랑하는 이들이여! 안녕하세요. 여러분이 우리의 메시지를 읽을 때, 여러분의 에너지 장(場) 안에서 당신들과 함께 시간을 보내는 것은 나와 우리 팀에게는 참으로 즐거운 시간입니다. 신성한 법칙에 관한 위대한 깨달음과 그 응용법을 여러분에게 나누어 주는 것은 나의 가장 가슴 깊은 열망이기도 합니다.
　우리가 묘사하는 텔로스에서의 삶의 방식은 우리가 속한 태양계나 이 우주내의 다른 은하 공동체 사회와 별반 다르지 않습니다. 설사 다른 행성들의 문명이 자신들의 삶을 우리와는 다르게 표현한다고 하더라도 우리는 모두 우주법칙에 순응하며 살고 있으며, 그것은 모든 고차원의 문명들이 동일합니다. 은하계 내의 문명들에 따라서 그 삶의 방식이나 모습은 아주 사소한 차이에서부터 아주 크게 다른 경우까지도 있을 수가 있습니다. 하지만 그 핵심적인 원리는 모든 문명들이 똑같습니다. 그것을 일러 "전일의식(全一意識) 또는 우주의식(宇宙意識)"이라고 할 수가 있겠습니다.
　텔로스에서의 남,녀 관계와 성적(性的)인 표현은 여러분들보다 사랑에 대한 이해와 그것을 적용하는 측면에서 훨씬 더 진화되고 성숙돼 있습니다. 우선 우리는 남,녀의 관계에 대해 가르치는 교과과정의 기본바탕으로서 그것이 하나됨(合一)을 향한 "결합 행위"라는 것이고 신성한 사랑을 표현하기 위한 수단임을 분명히 하고 있습니다. 하지만 매우 오랫동안 여러분의 차원에서는 남,녀 관계가 이중성(二重性)에 기초를 두고 있었습니다. 친애하는 이들이여, 여러분은 원만하지 않고 여러분의 가슴이 원하는 바람을 충족시켜 주지 않는 형태의 관계, 즉 흔히 존재하는 불협화음(不協和音) 투성이의 남,녀 관계에 아주 넌더리가 나게 되었습니다.
　여러분의 대부분의 남,녀 관계는 여러 가지 고통과 갈망을 일으킵니다.

여러분은 이제 남,녀 관계에 대해 좀 더 지혜로운 깨달음을 얻기를 매우 깊게 바라고 있습니다. 그리고 여러분 중에 많은 이들이 이제 남,녀 관계에 대해 잘못 왜곡되어 프로그래밍된 현실 상태로부터 깨어나고 있습니다. 또한 여러분의 존재 내부에 있는 남성과 여성이라는 양극성(兩極性)의 균형을 잡기위해 가슴이 열리고 있는 중입니다.

무엇보다도 그 모든 것이 여러분에게 이미 시작되었다는 점을 알고 계십시오. 여러분의 "중요한 배우자"는 단지 여러분과 더불어 진화하고 여러분이 그 상대방으로부터 배우기 위한 일종의 거울입니다. 그리고 아무도 자기 자신을 사랑하는 것 이상으로 사랑을 할 수가 없습니다. 다시 말하자면, **참다운 사랑이라는 의미에서 볼 때, 여러분은 자신을 사랑하는 것 이상으로는 외부의 그 누구도 사랑할 수가 없다는 사실입니다.** 이 점을 깊이 생각해 보십시오.

여러분이 자기 자신에게 기꺼이 주지 않는 그 사랑을 여러분에게 공급해 줄 누군가를 찾을 때는 언제나 그 필요한 대상이 나타나기는 합니다. 그런데 이런 경우 여러분은 자신이 그리워하는 대상을 여러분에게 끌어당길만한 적절한 균형을 내면에서 구현한 상태가 아닙니다. 즉 이 때 여러분이 그렇게 갈망하는 상대와의 관계는 "하나됨(合一)"이라는 의미보다는 결핍을 채워줄 하나의 필요물이라는 의미에 기초하게 되는 것입니다.

이런 사람들은 별로 오래가지 않아서 반드시 그 관계가 삐걱 거리게 될 것입니다. 균형을 잃은 양 쪽의 불안정한 관계는 서로에게 이런 불균형된 결핍의 상태를 그대로 반영한다는 점을 기억하십시오. 여러분이 알다시피 여러분의 세계에서 일어나는 남,녀 관계의 불평, 불만에 대한 탄원은 우리에 비해 엄청나게 많습니다.

두 남,녀가 자신의 내면에서 남성에너지와 여성에너지 사이의 균형을 이룸과 더불어 온전하고 원만한 상태일 때는 언제나 서로에 대한 애정이 풍부하기 마련입니다. 이것은 그들이 자기들의 감정적 욕구를 충족시켜 줄 다른 누군가에 대한 필요성을 가지고 있지 않기 때문입니다. 그들은 원만한 충족감과 행복, 성취감을 느낄 뿐입니다. 그리고 그들에게는 오직 자기 짝과 더불어 사는, 또는 홀로 사는 데 대한 인생의 기쁨이 넘쳐납니다. 그들은 감정이 결여돼 있고 불안정한 사람들이 지니고 있는 사랑의 결핍이나 공허함을 느끼지 않습니다. 이러한 내면의 균형이 성취되었을 때, 오직 그 때만이 여러분의 "높은 자아"가 진정한 영혼의 짝이 여러분의 삶속에서 나타나게끔 명령을 내릴 것입니다. 물론 다만 그 짝을 만나는 것이 여러분의 바람이고 현 인생행로에서 필요할 경우에 그렇습니다. 이처럼 오직 여러분의 이러한 "고등한 자아(Higher Self)"[10]의 개입에 의해서만이 여러분 가슴의 영혼의 짝(Twin Flame)과의 "신성한 결합"을 실현시킬 수가 있는 것입니다.

텔로스에서는 항상 모든 면에서 100% 만족스럽지 않은 관계는 아무도 받아들이거나 수락하지 않을 정도로 우리들 스스로를 존중합니다. 또한 우리 지저(地底) 사회에서는 남,녀가 서로를 동등하게 생각하며, 서로의 신성(神性)과 영혼의 행로를 존중하고 경배합니다.

그런데 여러분의 사회가 점차 변화하고 여성들이 남성과 동등한 파트너로서 자신들의 잠재능력을 계발해가고 있음에도 불구하고 세상에는 아직도 여성에 대한 언어적, 육체적 학대가 존재할 뿐만이 아니라 불평등한 차별을 당하는 많은 여성들이 있습니다. 아울러 지상에 있는 대단히 많은 사람들이 아직 자신이 사랑받을 가치가 있는 존재라는 자존감(自尊感)을 느끼지 못하고 있고, 인간본연의 고결함과 자유를 침해받거나 박탈당하는 모욕을 받고 있습니다. 또한 아직도 여러분 중에 많은 이들이 이러한 것을 당연하다고 생각하거나 인생에서 의례히 있을 수 있는 일이라는 식으로 잘못된 인간관계를 받아들입니다. 심지어는 선진국이라는 미국에서조차

---

10)흔히 "상위자아"라고도 번역되기도 하는데, 신성한 그리스도 자아이고 우리의 상위 멘탈체에 해당된다. 그리고 이것은 <아이 엠 프레즌스(神的自我)>와 인간적 에고(하위자아) 사이에서 중개 및 조정 역할을 한다고 한다. 흔히 명상계에서 참나, 진아(眞我)라고 하는 것은 상위자아가 아니라 바로 <아이 엠 프레즌스>이다.

이런 의식을 가진 많은 사람들이 여전히 존재하고 있습니다. 특히 이런 일들은 여성이 아무런 권리도 보장받지 못하는 몇몇 낙후된 국가들에서 훨씬 더 비극적으로 나타납니다. 여러분은 내가 말한 바의 의미가 무엇이고 어떤 것인지를 잘 알고 있으며, 이런 사례들을 신문과 TV 뉴스를 통해 종종 접해왔습니다.

　우리의 사회에서는, 그리고 진화된 모든 사회들에서는 남성과 여성이 서로를 볼 때, 신(神)의 속성이 두 가지 측면으로 나누어진 모습이라고 생각합니다. 즉 여성은 절대자의 신성한 어머니적인 측면을 나타내고, 반대로 남성은 신성한 아버지적인 측면을 나타내는 것입니다. 텔로스 내에서 남성과 여성의 사이에는 항상 서로에 대한 존중과 존경이 있습니다. 그렇다고 해서 이것이 항상 그들의 의견이 일치한다는 것을 의미하는 것은 아닙니다. 하지만 설사 그들 사이에 의견차이가 있다고 하더라도 서로의 견해를 존중하고 그것을 가지고 싸우거나 논쟁을 하지는 않습니다. 좀 더 부연한다면, 그들이 이런 종류의 옳고 그름을 시비하는 문제에 집착하거나 견해차이가 있다고 해서 서로 덜 사랑하거나 하는 일은 없다는 것이지요.

　남,녀 커플들은 자기들이 원하는 만큼 많은 시간을 함께 보냅니다. 그리고 배우자로서 서로 키워나가기 원하는 사랑을 확인하고 서로를 좀 더 깊이 이해하기 위해 항상 모든 것을 함께합니다. 우리는 1주일에 대략 20시간 정도만 일을 하고 그 나머지 시간은 자기가 원하는 대로 자유롭게 활용할 수가 있습니다. 때문에 커플들은 가정이나 직장, 우리 공동체 내의 많은 사회적, 예술적 모임들에서 즐기기 위한 많은 시간을 갖습니다. 그들은 결코 성급하게 사랑을 키우기 위해 서로를 시간적으로 재촉하거나 압박하지는 않습니다. 서로에 대한 적절한 관심과 부드러움, 호의(好意)를 가지고 그들은 아낌없이 상대를 사랑합니다. 그들은 서로 원하는 만큼 자주 서로에게 키스나 포옹과 같은 친밀한 애정행위를 표현하고 더 나아가 항상 아름답고 부드러운 분위기에서 성애(性愛)를 나눕니다.

텔로스에서의 결혼생활에는 여러분의 사회에서처럼 먹고살기 위해 생업에 뛰어들어야 하는 생존수준의 육체적 고생이나 금전적 어려움의 문제가 전혀 없습니다. 우리 사회의 남,녀 사이에는 여러분이 가지고 있는 이와 같은 스트레스는 없으며, 두 커플 사이에 사랑과 화합을 계속 유지해 나가기가 지상의 인간세계보다는 훨씬 용이합니다.

여기서 여러분은 중요한 점을 인식해야만 합니다. 무엇 때문에 여러분 세계와 우리의 세계가 이처럼 달라야 하는 것일까요? 요컨대 그것은 우리가 가진 모든 생명에 대한 사랑과 성숙된 의식(意識), 그리고 어머니 지구에 대한 우리의 공경 때문입니다. 이러한 존재들의 세계에는 필요한 모든 것을 채워주고 공급해주는 우주로부터 오는 은총의 흐름이 계속됩니다. 그리고 이런 세계가 바로 매우 가까운 장래에 여러분이 진입하게 될 새로운 세상인 것입니다.

우리는 집세나 임대료를 내기 위해, 아이들을 키우기 위해, 또 의료비 지출이나 공과금 및 세금납부를 위해 돈을 벌 필요가 없습니다. 살아가는 데 필요한 모든 것은 누구에게나 무료입니다. 그러나 지금 여러분의 세계를 짓누르고 있는 폭정(暴政)은 곧 끝나게 될 것입니다. 희망컨대, 향후 10~12년 이내에는 그렇게 될 것입니다. 그리하여 여러분이 삶 속에서 받고 있는 모든 스트레스의 양은 상당히 감소될 것입니다.

*텔로스의 젊은이들과 10대들의 남,녀 관계에 대해서 말해 주십시오.

우리 젊은이들이 일정한 나이가 되어 성호르몬 분비가 매우 활발해 질 때, 역시 실험적인 남,녀의 성(性)관계가 허용되어 있습니다. 우리는 그들에게 이런 자연스러운 욕구를 무조건 억누르라고 강요하지 않습니다. 나이가 13세에서 14세가 되었을 때 그들은 신관(神官)들이나 사제(司祭)들의 감독하에 남,녀가 서로 성관계를 시험적으로 경험해 볼 수 있도록 허락받습니다.

이 현명한 스승들은 우리의 청소년들이 성적욕구를 성숙하고 책임 있게 표현하도록 가르치고 준비시킵니다. 그러고 나서 그들은 스스로 이성(異性)과 교제하러 나가서 자신들이 배워온 것을 경험하는 것입니다. 그들의 성적욕구는 항상 서로에 대한 순수한 즐거움과 환희로 표현됩니다. 그리고 마침내 1명 이상의 파트너와 성경험을 하려는 그들의 젊은 욕구는 책임을 지려는 보다 성숙된 욕구로 무르익을 때까지 감소되고 보류됩니다. 이런 식으로 텔로스의 젊은이들은 성숙해가는 성장과정의 일부로서 성욕을 시험해 보는 데 자유롭습니다.

그리고 두 영혼이 인생행로를 함께하기 위해 결합하기를 원하거나 단순히 서로에 대해 매우 강한 호감을 갖게 되어 스스로 책임을 지기를 선택하는 시기가 옵니다. 그것은 대개 처음에는 반드시 영구적인 책임감이 아니라 보다 성장한 일종의 책임의식입니다. 그리하여 두 영혼이 결혼하기로 약속했을 때 그들은 신성한 전체의 일부로서 서로를 존경합니다. 이렇게 맺어진 남,녀의 관계가 많은 스트레스를 받는 경우는 거의 찾아볼 수 없으며, 보통 몇 년에서 몇 백년까지 지속될 수가 있는 것입니다.

만약 양 당사자가 함께 살아온 그들의 관계를 끝마쳐야 할 때가 왔다고 느껴지면, 그들은 친구처럼 부담 없이 다정하게 헤어지는 방식을 택합니다. 쌍방의 합의하에 화기애애한 분위기에서 그들은 서로에게 이렇게 말을 건넵니다.

"나의 사랑하는 이여, 고마웠습니다. 당신과의 관계를 통해 이런 성장의 기회를 가졌다는 것과 우리가 함께 배웠던 것은 근사한 경험이었습니다. 당신의 사랑과 친절, 우리가 함께 나눴던 감정, 그리고 우리가 서로 얻은 영적성장과 지혜에 대해 감사하게 생각합니다. 우리가 헤어진 후 각자 서로에게 남은 나머지 인생과 영혼의 진화여정을 걸어가는 동안 그대와 나는 여전히 좋은 친구사이로 남아 있을 겁니다."

텔로스에서 배우자들은 서로를 아주 적극적으로 사랑을 합니다. 두 영혼이 "계약결혼"을 해서 아주 오랫동안 서로 좋은 관계를 유지하고 몇 백 년에서 몇 천년을 한결같이 사랑을 느끼며 살았을 때, 그들은 대개 쌍둥이 영혼들(Twin Flames)입니다.

늦든 빠르든 결국 그들은 〈레무리아 위원회〉에다 "헌신적 또는 신성한 결혼"을 하겠다고 승인 신청을 하게 됩니다. 이들의 결합은 영속적인 것이고, 그들 양 쪽이 현 차원에서 함께 살아 있는 한은 항상 함께 할 것입니다.

***텔로스에서는 남,녀가 어떻게 성적(性的)인 사랑을 나누는지 알고 싶습니다.**

어떤 면에서 볼 때, 우리의 신체는 여러분의 몸처럼 물질적으로 조밀하지가 않습니다. 그리고 우리는 서로의 몸을 훨씬 더 깊고 친밀하게 융합할 수가 있습니다. 우리세계의 남,녀가 한 몸으로 결합할 때는 그 하나가 되는 사랑의 행위 속에서 몸뿐만이 아니라 우리의 모든 차크라(Chakra)11)까지 함께 하나로 융합됩니다.

우리는 성행위를 일종의 "두 신성(神性)의 결합"으로 여깁니다. 또한 그것은 우리의 모든 차크라를 서로 연결시킴으로써 언제나 서로의 가슴이 통하는 상태에 있게 되는데, 섹스는 보다 위대한 경험을 우리에게 가져다

---

11)인도 요가 철학에서 언급하는 인체 내에 존재한다는 에너지의 중심 센터이다. 현재 알려진 바로는 회음 부분의 물라다라(1번) 차크라에서부터 정수리의 사하스라라(7번) 차크라까지 모두 7개가 존재한다. "Chakra"라는 말은 산스크리트어로 본래 "바퀴"라는 뜻이라고 하는데, 바퀴가 돌듯이 차크라의 에너지가 원형으로 회전하기 때문인 듯하다. 요가에서는 쿤달리니 에너지의 상승을 통해 차크라 센터를 완전히 각성시킴으로써 궁극적으로 불사(不死)의 신인(神人)이 되고 완전한 평정상태인 우주의식(宇宙意識)에 도달할 수 있다고 말한다. 요가는 흔히 알고 있듯이 단순히 기이한 자세로 몸을 꼬는 체조가 아니며, 본래는 정교한 명상체계이자 고도의 에너지 수련법이다.

줍니다. 우리의 성적인 표현행위는 무엇보다 심장 차크라의 불이 점화되는 것에 기초를 두고 있습니다.

하지만 지상에 사는 여러분이 성행위를 할 때는 대부분 생식과 생존에 관계된 하부 차크라인 1번과 2번 차크라에 관련이 돼 있습니다. 그런데 서로 진정한 사랑을 하는 사람들은 대개 우리와 마찬가지로 심장 차크라와 관계가 있지요.

텔로스에서 우리는 결코 서로에 대한 깊은 애정이 없는 상태에서, 또는 단순히 쾌락을 얻으려는 목적이나 성적 기교만의 이유로 성행위를 하지 않습니다. 우리의 진화수준

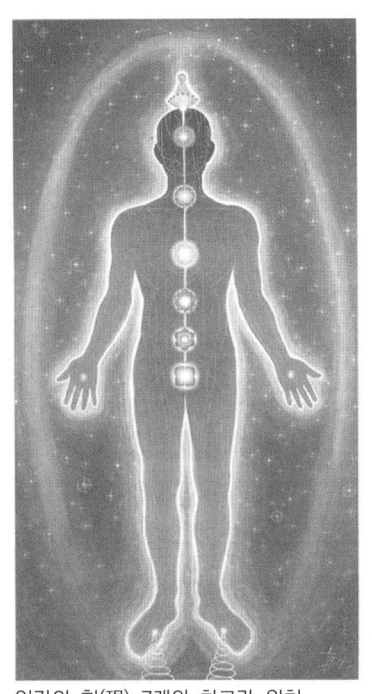

인간의 현(現) 7개의 차크라 위치

으로 인해 우리는 여러분보다 훨씬 더 많은 활성화된 차크라들을 지니고 있습니다. 우리는 완전히 활성화된 12개의 주요 차크라들을 가지고 있으며, 덧붙여 이 12개의 차크라들은 역시 다시 12개의 하부 차크라들을 거느리고 있습니다. 결과적으로 도합 144개의 차크라들이 관계되어 있는 것이지요.

신성한 남성, 여성으로서 두 사람 사이의 매우 깊은 사랑이 성스러운 사랑의 행위를 통해 함께 융합될 때, 우리의 에너지적 결합은 태양계 전체를 통해서 공명됩니다. 이 공명현상은 그들의 사랑과 결합의 기회에 대한 감사의 상징으로서 멀리 어버이 신(The Father-Mother God)에게까지 미치는 것으로 느껴집니다. 우리의 섹스는 이처럼 서로의 가슴 속에서 창조주 에너지와 혼연일체(渾然一體)로 녹아드는 진정한 합일(合一)의 행

위인 것입니다. 이것이 성행위에 대한 우리의 관점이고 견해입니다.

왜곡된 인간의 성적 행위

매우 오랫동안 우리는 지상에서 여러분이 행하는 성적인 표현들을 진동이 가장 높은 신성한 표현에서부터 가장 낮은 천박한 행위에 이르기까지 관찰해 왔습니다. 우리는 여러분에게 촉구하건대, 타인에 대한 사랑이 전혀 없거나 거의 없는 상태에서 이루어지는 무분별한 성적 일탈행위로 인한 부정적 감정의 반향에 대해 재고해 보기 바랍니다. 또한 아직도 지구상에는 여성이 어떠한 성적 즐거움도 전혀 느끼지 못하도록 하기 위해 어렸을 때 여성의 음핵(Clitoris)을 제거해 버리는 미개한 나라들이 있습니다. 이것은 그녀들이 가진 신성(神性)의 여성적 측면을 부정하는 것입니다.

모든 문화권에서 여성은 성적쾌락을 느껴서는 안 돼는 존재로 남성에 의해서 부정되고 억압받아 왔습니다. 또한 이것은 여성의 성적욕구를 오직 임신과 뒤섞어 버림으로써 고대에 지구상 인간의 유전적 특성을 조작한 존재들에 의한 것이기도 합니다.

몇 가지 다른 문제를 부연하도록 하겠습니다. 지구상의 수많은 여성들이 자기들의 성(性)과 신성의 여성적 측면의 에너지를 잠재우고 있는데, 이것은 그녀들이 학대받고 이용당하고 신성이 모독되었기 때문입니다. 또한 겁탈당해 더럽혀지고 억압받고 존중받지 못한 까닭입니다. 과거시대에 여성은 보통 자신들이 그저 남성에게 성적대상으로서 봉사하거나 남성의 육체적 감정적 욕구를 위한 소유물 이상으로는 별 가치가 없다는 비하감(卑下感)을 느꼈습니다. 하지만 지금은 남성과 여성이라는 양쪽의 성(性)을 위해 깊이 자리 잡은 그녀들의 상처를 치유해야 할 시간입니다.

아이들의 출산(出産)

우리는 전반적으로 원치 않는 임신의 부담이나 걱정 없이 성(性)을 즐기는데 자유롭습니다. 임신이라는 현상은 한 영혼이 우리의 공동체 사회에서 진화하려는 목적으로 초대받았을 때만이 나타납니다. 임신은 먼저 미묘한 영체(靈體)에 에너지적인 변화를 일으키고 그 다음에 육체적으로 드러납니다.

앞서 언급했다시피 오직 "신성한 결혼"을 한 커플들만이 아이를 낳을 수가 있습니다. 부부가 아이를 가지기로 결정했을 때, 그들은 자기들의 계획을 수석 사제(司祭)와 논의하기 위해 신전(神殿)으로 가는데, 거기서 그들은 아이를 낳을 수 있는 자기들의 특권행사를 받아들여 달라고 승인을 신청하게 됩니다. 하지만 여기서 오직 높은 영적 성숙상태에 도달한 부부들만이 영혼을 받아들여 출산할 수 있도록 허락받습니다. 이것이 바로 모든 진보되고 고도로 계발된 문명들이 택하고 있는 방식인 것입니다.

한 부부에게 새로운 영혼을 우리 사회로 데려오는 출산의 허락이 내려졌을 때, 그것은 매우 신성한 소명의 부여로 간주됩니다. 예비부부는 그 때 그 특별한 은총을 위해 빛의 세계로부터 온 하나 또는 그 이상의 후보자들(영혼들)과 직접 접촉하여 연결됩니다.

일단 태어날 영혼이 선택되면 내면적인 수준에서 입태할 영혼과 미래의 부모 사이에는 수많은 접촉과 교감이 일어납니다. 그리고 임신을 준비하기 위한 약 6개월~12개월의 기간이 있게 됩니다. 이처럼 예비부모와 태어날 영혼 사이의 신성한 약속을 위한 모든 준비가 완결될 때까지 그 영혼의 행로와 목적 등이 주의 깊게 연구됩니다. 우리의 텔로스 사회에서는 먼저 만반의 준비를 갖추지 않고 아이를 낳는 것은 상상조차 할 수 없는 일입니다.

우리는 새로운 영혼이 태어나 우리 공동체 안에 일으킬 영향에 대해 완전히 인식하고 있습니다. 아이의 영혼이 입태돼 착상되었을 때 그 임신 기간은 12주(3개월)입니다. 예비부모들은 출산준비에만 전념하기 위해 임시로 거처를 신전으로 옮깁니다. 그리고 그 시간 동안 부부는 한 쌍으로서 그들이 할 수 있는 가장 순수한 사랑을 서로에게 아낌없이 줍니다. 거기서 그들은 (태교를 위해) 자신들의 진동을 향상시키는 음악을 듣고, 온갖 절묘한 아름다움에 몸을 내맡기게 됩니다.

   신전에 소속된 모든 사제단의 구성원들은 우리 공동체의 일원이 되기로 예정된 영혼을 공경하고 환영합니다. 우리의 아이들은 이와 같이 태어나 주기를 간청 받고 또 충분히 환영받는 것입니다. 그리하여 임신기간 동안 태어나려고 대기하고 있는 영혼은 부모와 그 공동체의 사랑을 충분히 느끼게 됩니다.

   우리의 아이들은 지상의 아이들보다는 체격이 약간 크게 태어나고, 훨씬 급속도로 성장합니다. 이것은 신체적인 면에서 뿐만이 아니라 정신적 지혜와 지식적인 면에서도 그렇습니다. 특히 사춘기에 비록 그들이 지상의 아이들과 마찬가지로 일부 어려움을 경험할 수도 있습니다만, 우리는 자기들의 문제를 통해 성숙하고 성장하는 아이들을 도와줄 많은 수단들을 가지고 있습니다. 아이들의 개인적인 진로는 항상 파악돼 있고 또 존중받으며 모든 남,녀 아이들은 그들에게 필요한 모든 적절한 관심과 배려를 받습니다.

*3차원에 있는 우리가 당신들과 동일한 의식 상태로 진화하는 데 있어서 우리에게 나눠줄 수 있는 뭔가 도움이 되는 말씀이 있습니까?

   글쎄요. 친애하는 이들이여! 때가 오고 있습니다. 인류의 증대된 지각과 각성된 의식과 더불어 새로운 시대가 다가오고 있는 중입니다. 우리의 정보를 읽고 있는 사람들은 그 의미를 이해하고 있고 이런 종류의 새로운 삶을 그들 스스로 창조해 내기를 원하고 있습니다. 또 그들은 우리와 같이 이런 진보되고 정신적으로 계발된 문명사회에서 살기를 바라고 있습니다.

   여러분이 고등한 의식(意識)의 원리에 통달하는 만큼, 당신들 또한 그러한 세상을 창조할 수가 있는 것입니다. 해가 갈수록 그것은 진전을 이룰 것입니다. 가까운 미래에 더욱더 많은 사람들이 우리가 나눠주고 있는 이런 정보들에 대해 그들의 의식을 열 것입니다. 이런 사람들의 숫자가 증가함으로써 여러분은 다소 재빠르게 변화하기 시작할 것입니다.

여러분도 알다시피 마음, 즉 명확한 의도가 현실을 창조합니다. 충분한 수의 사람들이 변화하기를 원하고 또 그들 자신과 인류 전체를 위해 새로운 현실을 창조하려는 확고부동한 의도를 공식적으로 천명할 때, 그러한 세계는 형성될 것입니다.

이런 중요한 시기에 여러분 각자가 자신과 인류, 더나가 행성 지구를 위해 사랑과 평화를 실천하고 조화의 상태를 이룬 대표자가 되는 것은 중요합니다. 또한 여러분이 가능한 한 주위의 다른 사람들과 더불어 정보를 공유하는 것이 중요한데, 왜냐하면 여러분의 정신적 자각이 삶속에서 변화를 만들어내는 원천이기 때문입니다.

여러분이 혼자 고치 안에서 침묵하고 있을 시간은 지났습니다. 여러분 모두는 인생행로에서 만난 모든 인연 있는 이들에게 자기가 가진 사랑과 빛, 그리고 지식을 전파하는 것이 필요합니다. 여러분이 자신의 새로운 깨달음이나 이해한 바를 남에게 전파하고 주위로 그 빛을 방사할수록 그것은 여러분의 내면과 이 지구상에서 더욱더 확장될 것입니다.

우리는 처음 출판된 우리의 책을 읽은 프랑스 주민들 사이에서 이런 변화를 알아차린 적이 있는데, 그곳에서는 상당한 인식의 전환과 각성된 삶에 대한 적잖은 욕구의 증가가 있었습니다. 또한 우리는 서로를 더욱 존중하려는 남성과 여성이 늘어났음을 주목하고 있습니다. 모든 사람들은 현재 자신의 육신이 남성이든 여성이든 내면의 신성을 깨달아 수용하고 자기의 성적극성(性的極性)에 치우침이 없이 합일된 조화로운 상태로 균형을 잡아야만 할 것입니다. 이 말뜻을 이해하시겠습니까?

예컨대, 여러분이 내면의 극성(極性)들과 공조돼 있는 상태에서 역시 스스로 자기 내면의 남성/여성과 조화를 이룬 누군가를 만난다면, 당신은 대단히 만족스러운 관계 속에서 새로운 삶의 경험을 시작하게 될 것입니다. 올바른 지식과 정보는 변형을 가져올 영혼의 식량을 만들어냅니다. 보다 많은 이들이 이런 개념들에 대해 이해하고 자신의 가슴을 여는 만큼 "100번 째 원숭이 효과"가 대중들의 의식에까지 파급될 것입니다. 머지않아 이 지구상의 사람들이 수용하게 될 의식(意識)의 도약과 새로운 생활방식을 준비하고 기다리십시오.

 장차 이러한 형태의 정보를 받아들일 엄청난 수의 사람들과 보다 빨라진 고등의식(高等意識)으로의 개화(開化)가 인류를 진화시킬 것입니다. 신성한 법칙에 관한 이런 개념들이 현재 소수의 사람들 가슴 안에서 발아기(發芽期)의 상태에 놓여 있습니다. 여러분이 새로 발견한 지식과 정보들을 거기에 마음이 열려 있는 사람들과 함께 나누었을 때, 그들 안에 있는 씨앗들이 싹이 트고 성장할 것입니다.

 일단 충분한 수의 사람들이 이런 의식의 도약을 이루려는 가슴에서 우러난 열망을 갖게 되면 그 성장의 움직임을 멈출 수가 없게 될 것인데, 지금 지구로 유입되고 있는 엄청난 에너지의 흐름이 그것을 뒷받침하고 있기 때문입니다. 이제는 단지 집필이나 가르침을 통해서 너무나 오랫동안 감춰온 진실을 세상에 알림으로써 현재 잠자고 있는 지상 주민들의 의식을 일깨우는 것이 시급한 하나의 과제인 것입니다.

당신이 사용하지 못하고 잃어버린 재능은 무엇인가요?
당신의 쓰지 못한 재능이 무엇이든,
그것은 발달하기 보다는 점차 쇠퇴할 것입니다.
당신이 신으로부터 받은 선물과 재능은
신체의 근육과 같습니다.
그것을 자꾸 사용할수록 그것은 더욱더 강해지고
완벽해지는 것입니다.

9장
텔로스의 동물들

- 아다마 -

텔로스에는 우리가 멸종에서 구해낸 수많은 종(種)의 동물들이 있습니다. 과거 우리는 레무리아 대륙이 침몰할 것이라는 사실을 알았을 때, 우리의 생명과 우리 문명의 기록들을 보존하기 위해 지하도시를 건설했습니다. 또한 우리는 당시 있었던 모든 동물 종의 일부씩을 피난시켜 구조했습니다. 이 점에 있어서 우리의 일은 옛날에 있었던 〈노아의 방주〉이야기에 비교될 수 있을 겁니다. 하지만 이것은 아틀란티스 대륙이 가라앉기에 앞서 한 종당 2마리씩의 동물을 구해 방주에 태웠던 성경상의 〈노아의 방주〉이야기의 좀 더 확장된 판(Version)이라고 할 수 있겠습니다.

이런 동물들의 대부분은 원래의 고향으로 돌아가기 위해 아직도 살아 있고, 오늘날까지 우리의 보살핌 하에 있습니다. 아틀란티스가 바다 속으

지상에서는 멸종된 코끼리의 원조인 맘모쓰가 지저세계에는 생존한다. 이것은 그 크기를 비교한 그림이다. 앞이 맘모쓰이고 뒤쪽에 있는 것이 현재 지상에 있는 코끼리이다.
(그림 -위키 백과에서 인용)

로 가라앉기 약 200년 전에 먼저 레무리아의 멸망이 일어났고, 당시 우리가 구조했던 동물 종들의 숫자는 아틀란티스의 최종적 침몰로 성경에 기록된 〈노아의 방주〉 이야기에 나오는 숫자보다 훨씬 더 많았습니다. 그리고 아틀란티스의 침몰 시기에, 이미 우리 레무리아 대륙이 파괴되기 전에 존재했던 많은 동물 종들이 지상에서 사라진 상태였습니다.

  여러분에게 말하건대, 동물들은 여러분과 똑같이 되풀이하여 지상에 육화(肉化)됩니다. 동물들의 태어남은 언제나 우주라고 하는 훨씬 거대한 전체가 보다 확장하고 발전하는 현상의 일환입니다. 동물을 포함한 우리 모두의 진화는 대단히 광대하고 경이로운 거대한 빛의 존재가 발전, 확장해 가는 것이고, 여러분이 참다운 신성에 대한 깨달음이 열릴 때 비로소 당신들은 절대적인 경외감 속에 서 있게 될 것입니다.

  다차원(多次元)의 상태라는 개념은 여러분의 3차원적 마음의 한계로 인해 완전히 이해하기가 매우 어려운 채로 남아 있습니다. 진정한 사랑의 상태에 있는 신(神)이라는 존재의 특성은 끊임없이 창조하고 보다 넓은 영역과 다양한 표현으로 스스로를 영원히 확장하고 확대해 가는 것입니다. 동물의 왕국은 단지 이런 신(神)의 수많은 무한한 팽창현상 가운데 한 측면일 뿐입니다.

친애하는 이들이여, 이처럼 모든 것은 전체인 신(God)의 일부인 것입니다.

그러므로 여러분이 대생명(神)의 한 부분을 손상시킬 때, 당신들은 자기 자신이 포함된 전체를 해치고 있는 것입니다. 깊은 내면의 차원에서 볼 때, 모든 동물들은 거대한 지성(知性)을 가지고 있고 인간이 현재 이해하고 있는 바를 통해 상상하는 것과는 많이 다릅니다. 모든 동물은 모든 인간이 그러한 것과 마찬가지로 일종의 대령(大靈), 또는 신성(神性)인 고등한 자아(Higher Self)를 가지고 있습니다. 다만 그것은 인간과는 약간 다른 상태입니다. 따라서 동물들은 또한 훨씬 거대한 의식체(宇宙意識)의 팽창현상이고 신성의 또 다른 한 측면인 것입니다.

우주의식은 신성의 가장 높은 차원에서부터 바위나 광물 같은 가장 낮은 1차원에 이르기까지 스스로를 펼쳐서 확장합니다. 그러므로 모든 것은 다양한 표현으로 나타난 신(神)인 것입니다. 고등한 차원의 보다 위대한 것은 사랑에 대한 깨달음이고 보다 확장된 인식입니다. 여러분 인간과 마찬가지로 동물들은 이 행성 지구를 공유하고 있는데, 그들 역시 이곳에 와서 3차원적 경험을 하기로 선택했기 때문입니다. 또한 동물들은 여러분이 아직 이해하지 못하는 방식으로 인류를 돕기 위한 조력자 내지는 교사로서 지구에 왔습니다. 그들이 여러분과는 다른 신체의 모습으로 이곳에 왔다는 것만으로 그들을 여러분보다 열등한 존재로 취급하지 마십시오.

또 비록 그렇다고 하더라도 지상에서 수많은 동물들에게 가해지는 잔혹한 학대행위들이 결코 정당화될 수는 없는 것입니다. 동물들의 신체는 단지 3차원적 현상계에서 인간보다 진동수가 좀 낮은 것뿐입니다.

여러분이 믿으라고 아주 오랫동안 가르침 받아온 것과 별 차이 없이 지상의 많은 인간들은 동물이 열등하다는 핑계를 가지고 그들을 착취하기 위한 수단으로 이용해 왔습니다. 또한 인간의 제한된 이해력으로 인해 여러분은 수많은 동물의 종들을 이기적 욕망충족의 수단 내지는 이익추구를 위한 소유물로 생각해 왔습니다. 그러나 황금률(마태복음 7:12)[12]은 반드시 인간뿐만이 아니라 살아 있는 모든 지각있는 존재들에 적용되는 것입니다.

만약 여러분이 보다 높은 진화의 단계로 올라서고자 한다면, 말과 생각, 감정, 행위에 있어서 이 지구상의 동,식물을 포함한 모든 생명들과 대자연에 대한 조건 없는 사랑에 의해서만 그 성취가 가능해질 것입니다. 우주의 창조물 가운데 사랑을 통하지 않고 나타난 것은 단 한 점의 먼지도 존재하지 않습니다. 그리고 여러분이 영적으로 전진하고자 한다면, 사랑을 실천하지 않고 선택해 나갈 수 있는 진로는 어디에도 없습니다.

영적세계에서 동물들은 4차원이나 5차원의 수준에서 활동합니다. 그들은 모두 높은 빛의 체(體)에 연결돼 있습니다. 모든 인간들 또한 자신들의 신적실재라고 언급되는 고등한 자아에 연결돼 있는데, 이것은 높은 차원 속에 존재하고 있고 또한 여러분 각자의 가슴 속에 살아 있습니다.

여러분 자신의 신적존재인 고등한 자아는 영광스럽고 위대한 지성체이자, 완전하고도 눈부신 강력한 무한의 존재입니다. 지구상에서 여러분의 3차원적 생명은 단지 여러분의 신성의 전체 모습 가운데 아주 작은 부분만을 반영하고 있는 것입니다.

---

12) 너희는 무엇이든지 남에게 대접을 받고자 하는 대로 너희도 남을 대접하라. 이것이 율법과 예언서의 본뜻이다[(마태복음 7:12]

10장

여러 가지 질문과 답변

-아다마 대사-

*우리는 종종 지구 내부의 존재들이 인간사회에서 일어나는 사건들에 관여한다는 말을 들었습니다. 언제, 어떻게 그런 결정이 내려졌으며, 누가 그런 개입을 하는 것인가요?

지구 내부의 존재들은 지상의 차원에서 발생한 일에 관여하거나 지상 주민들의 자유의지에 간섭하도록 허용돼 있지 않습니다. 우리 지저문명은 행성들로 구성된 "은하연합(Galactic Confederation)"의 회원국이고, 12인위원회의 지휘 하에 있습니다.

만약 지상에서 일어난 어떤 문제에 개입하는 것이 필요해질 때는 이 위원회가 통제합니다. 우리는 오직 지상 주민들의 요청에 의해서이거나 아니면 그들의 전적인 위임에 의해서만 개입할 수가 있습니다. 그렇다고 이것이 우리가 결코 어떤 식으로든 지상의 문제에 관여하지 않는다는 의미는 아닙니다. 다만 현재로서는 지상에서 이루어지는 "장대한 실험"이 완전히 끝날 때까지는 우리가 인류의 자유의지의 선택에 간섭하는 것은 적절하지가 않다는 점을 여러분이 이해하기 바랍니다.

우리는 (텔로스로 피난한 이후) 두 대륙의 침몰에 관여하지 않았고, 지상에서 인류가 벌였던 모든 전쟁과 파멸에도 일체 간섭하지 않았습니다. 그러나 이 행성 지구가 이제 막 겪으려하는 "신성한 간섭"이 있는데, 이것은 참으로 여러분의 창조주에 의해서 직접 지시된 개입인 것입니다. 이 때문에 몇 백만의 항성계로부터 여러분의 우주형제인 무수한 외계인들이 "지구의 거대한 전환기"를 대비하여 인류와 지구를 돕기 위해 현재 이곳에 와 있습니다. 인류를 돕기 위해 이곳에 와 있는 수많은 다양한 외계문명들 가운데는 아르크투루스인들(Arcturians)과 플레이아데스인들, 안드로메다인들, 시리우스인들, 그리고 금성인들, 알파 켄타우리(Alpha Centauri)에서 온 존재들, 긍정적 니비루인들(Nibirians), 오리온인들 이 밖에 기타 많은 외계존재들이 있습니다.

여러분중의 많은 이들이 실제로 다시 조우하기를 열망하는 우주형제들은 여러분 영혼가족의 일원들입니다. 그들은 미래에 여러분의 친구들이고 가족들인 것입니다. 우주인들은 수많은 파멸을 유발할 수 있는 중요한 우주적 재앙들로부터 지구를 보호함으로써 종종 인류에게 관여한 바가 있습니다. 여러분에게 알려져 있지 않은 사실이긴 하지만, 그들은 아직도 조건 없는 사랑과 참다운 형제애를 배우지 못한 일부 어둠의 외계인 세력에 의해 시도된 수없는 지구침략 행위로부터 여러분 모두를 보호해 왔습니다.

아르크투루스인들과 시리우스인들, 플레이아데스인들, 기타 많은 외계존재들은 여러분의 가장 중요한 우주 친구들이고 보호자들입니다. 그들은 다가오는 지구변동과 차원전환기 동안에 여러분을 돕고 행성지구를 안정시키기 위해 방대한 숫자가 아직도 이곳에 머물러 대기하고 있습니다. 또한 그들은 날마다 여러분에게 사랑의 에너지를 보내고 있는 중입니다.

여러분이 신(神)의 가족의 일원들인 어머니 지구와 서로에 대해서 함부로 대하는 모습을 바라볼 때, 우리는 커다란 슬픔을 느낍니다. 여러분이 고통과 슬픔, 불행 속에 있을 때, 지구 내부에 살고 있는 우리 모든 지저인들이 할 수 있었던 유일한 일은 우리의 사랑과 빛을 여러분에게 보내고 여러분을 마음으로 위로하는 것뿐이었습니다.

베일(Veil)의 저편에서 영겁의 시간 동안 지구 내부의 우리 모두는 묵시적으로 여러분을 인도해 왔고 정보를 전달해 왔습니다. 우리는 우리가 가진 지혜와 은총, 사랑, 그리고 평화와 번영을 위한 진정한 형제애를 지상의 여러분과 함께 나눠왔던 것입니다. 또한 우리는 여러분이 잠자는 동안 꿈속에서, 그리고 여러분이 지상에 태어나는 중간기간에 여러분과 함께 일해 왔습니다. 그리고 천년기 동안 거듭해서 인류의 의식을 일깨우기 위해 여러 예언자들과 현인(賢人)들, 아바타들(Avatars)들[13]이 지상에 파견되었습니다. 하지만 불행하게도 그들 대부분이 무시당하거나 박해받았고, 심지어는 살해되기도 했던 것입니다.

아주 오래전에 지저세계의 주민들과 지상의 3차원에서 진화하는 영혼집단 사이에는 일종의 합의가 있었는데, 그것은 여러분이 경험하는 분리의 실험에 우리가 간섭하지 않는다는 것이었습니다. 즉 여러분이 진화하기 위해, 또 자신들이 배워야 할 교훈을 배우기 위해 선택한 방식은 외부에 의해 간섭받지 않는다는 것이었습니다. 여러분의 어머니 지구 역시 마찬가지였습니다. 그녀는 자기 몸의 편안과 아름다움을 희생하는 대가(代價)로 여러분 모두의 선택을 허용해주기로 했습니다. 어머니 지구는 창조주께서 정한 날까지 여러분 모두가 선택한대로 할 수 있도록 들어주기로 했던 것입니다. 그런데 지구상에서 행해졌던 그 거대한 실험의 기간은 현재

---

[13] 인류를 돕기 위해 스스로 물질계로 내려온 높은 차원의 빛의 존재들을 의미한다.

거의 끝났습니다. 나의 친구들이여! 그리고 이제 인류문명의 대전환기가 다가와 있는 것입니다.

인류가 다시 깨어나 신성을 회복하라고 창조주로부터 내려진 포고령(天命)이 이 우주전역과 그 너머로까지 알려져 있습니다. 현재 지구상의 모든 것들은 "거대한 재통합"과 "대전환"을 위해 철저한 준비상태에 돌입해 있습니다. 지금은 앞을 향해 전진해야 할 때입니다. 후퇴하려 하지 마십시오. 이제 낡고 병든 것들을 던져버리고 새로운 세상을 맞이하도록 합시다.

*지저인들이 크롭 서클(Crop Circle) 제작에 관계하고 있다는 말이 있습니다. 그것은 여러분이 외계인들과 손잡고 함께 시도하는 일인가요? 만약 그렇다면, 그것의 목적과 역할은 무엇입니까?

크롭 서클[14]은 대부분 일종의 4차원이나 5차원의 정원입니다. 이것은 사실상 지저세계인들과 외계인들, 그리고 자연령(自然靈)들 간에 협력하여 만들어지고 있습니다만, 주로 외계인들의 작품이 많습니다.

크롭 서클은 인간들의 호기심을 자극하고 여러분의 마음 확장을 돕기 위해, 또 새로운 사고방식을 일깨우기 위해 임시로 만들어지는 것입니다. 이런 현상은 인간들 스스로 갇혀 있는 작은 마음의 상자로부터 여러분이 벗어나는 것을 돕기 위해 밀밭에 만들어지고 있습니다. 이제 창조와 우주라는 훨씬 더 거대한 밑그림을 이해해야 할 때입니다. 이 크롭 서클들에는 소리와 빛이 방사되도록 암호화되어 있는데, 이것은 여러분의 영혼과 신성한 의식이 다시 깨어나도록 도울 것입니다.

밀밭에 그려진 이 아름다운 문양(紋樣)의 정원들을 여러분이 미래에 창조하게 될 새로운 집의 미관과 같은 것으로 생각하십시오. 그것을 크롭

---

14) 흔히 <미스터리 서클>이라고도 하는데, 밀밭이나 들판에 생겨나는 다양한 기하학적인 문양들을 말한다. 전 세계 각처에서 생겨나지만 주로 영국에서 가장 많이 나타난다. 이것은 우주인들이 인간들에게 기하학적 도형을 통해 보내는 일종의 메시지라고 보면 된다.

서클에다 비교해 보세요. 그리 멀지 않은 미래에 지금 여러분이 크롭 서클이라고 부르는 이 낯선 현상이 매우 익숙해질 것이고 더 이상은 이상한 미스터리로 취급되지 않을 것입니다. 그것들은 빛과 소리와 색채로 가득 찬 여러분의 아름다운 미래의 정원입니다.

　당신들은 장차 자신들의 생각으로 진동과 암호가 담긴 멋진 정원을 만들게 될 것입니다. 여러분이 바라는 것이 무엇이든 그 정원에다 입력하게 될 것인데, 자신의 창의적인 생각으로 마음속에서 상상한대로 거의 쉽게 그것이 나타날 것입니다. 즉 그 정원에는 여러분이 다른 어떤 것을 원하게 될 때까지 바라는 꽃들과 과일나무들이 계속해서 다시 채워질 것이며, 새로운 것을 원할 때는 또 그것이 그대로 나타날 것입니다.

　크롭 서클들은 인류에게 잠시의 즐거움을 주기위해, 그리고 미래의 모습을 힐끗 보여주기 위해 제공되었습니다. 대전환기 이전에 일어나는 지구의 정화작용에 뒤이어 여러분 앞에 펼쳐지는 모든 경이로운 일들에 여러분의 가슴과 마음을 여십시오.

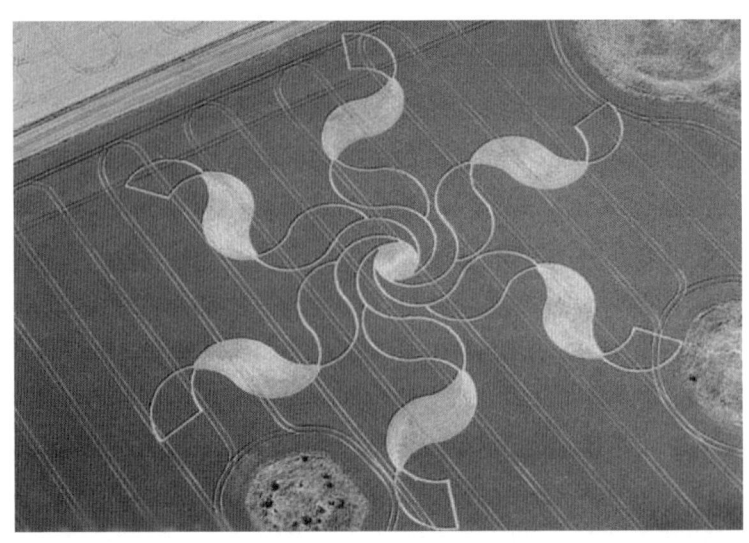

*다가오는 미래에 광물인 수정(水晶)은 어떤 역할을 하게 되나요?

수정들은 다양한 모양과 진동, 그리고 차원을 가지고 있습니다. 또한 수정은 그 고유의 지성과 의식(意識)을 지니고 있습니다. 그들은 여러분에게 봉사하기 위해 진화하고 성장하는데, 특히 여러분이 신성한 의식 속에 있을 때 그렇습니다. 여러분이 3차원적인 인식수준에서 수정에 대해 알고 있고 보고 있는 것들은 모두 매우 제한적인 내용들에 불과합니다.

4차원과 5차원 속에서 수정은 더욱 밝고 투명하고 좀 더 반짝이며 빛을 발하는데, 그 이유는 수정이 현재 여러분이 알고 있는 것 이상으로 훨씬 더 빛을 흡수할 수 있기 때문입니다. 그들은 여러분의 필요에 따라 어떤 형태나 크기, 진동, 그리고 색채를 취할 수가 있습니다. 이처럼 여러분은 자기 뜻대로 그것을 나타나게 할 수 있게 될 것입니다. 그리고 더 이상 여러분은 수정을 얻기 위해 터무니없는 가격을 치를 필요가 없을 것입니다. 그것은 여러분의 사랑과 빛의 수준에 따라, 그리고 신(神)이 제공하신 자원을 올바로 활용할 줄 아는 그 의식 레벨에 따라 여러분에게 주어질 것입니다.

장차 우리 지저인들이 지구 내부의 도시들에서 나오게 될 때, 수정은 여러분에게 전수될 진보된 기술을 활용하는 에너지의 주요 원천이 될 것입니다. 예컨대 당신들은 장차 이 우주내의 도처를 여행하는데 그것을 사용하게 될 것이고, 또한 "우주심(Universal Mind)"으로부터 정보를 검색해내는 데도 수정이 이용될 것입니다.

이제 여러분은 지구라는 "살아있는 도서관"의 모든 것들이 책이 아니라 거대한 수정 도서관에 저장돼 있다는 것을 알게 될 것이고, 어떤 장소에서도 매우 신속히 어떠한 정보에도 접근할 수 있는 기술을 보유할 것입니다. 지구의 수정 격자망은 활성화된 상승과정을 이미 받아들였고, 이 격자망은 현재 많은 이들이 치유 에너지와 정보를 얻는데 이용될 수가 있습니다.

여러분의 세계에 현재 태어나 있는 "크리스탈 아이들(Crystal Children)"15)은 그들의 DNA(유전자) 속에 이런 격자망을 통해 교신할 수 있는 직접적인 연결능력을 갖추고 있습니다. 여러분 역시도 이 거대한 깨어남과 전환의 시기 동안에 지상에 살고 있는 모든 이들과 마찬가지로 이런 형태의 의식을 열 수 있는 선택권을 가지고 있습니다. 전자기적인 격자망과 수정 격자망에 변화가 생김으로써 가장 위대한 전환, 즉 인류의식(意識)의 변화가 가능케 되었습니다.

앞으로는 개인주택이나 공공건물을 건축하는 데 있어서 목재나 벽돌, 시멘트 또는 합성물질 대신에 수정과 같은 다양한 형태의 재질이 사용될 것입니다. 또한 여러분은 마치 수정 궁전처럼 보이는 집에서 살게 될 것

---

15) 대체로 1995년 이후로 태어나고 있는 새로운 인종의 아이들로 우주에서 인류를 돕기 위해 태어난 특별한 영혼들이다. 이 아이들은 보통 사람과는 다른 여러 가지 특징이 있다고 하는데, 이 분야의 연구가인 도린 버츄 박사는 다음과 같은 사항들을 들고 있다.
1)깊고 큰 눈동자를 갖고 있으며 매우 관대하고 다정다감하다. 2)텔레파시 능력이 있거나 천사나 수호령과 대화할 수가 있다. 3)예술성과 창조성이 풍부하고, 채식이나 쥬스를 좋아한다. 4)전생을 기억하는 경우가 많다. 5)에너지 치유 능력을 보이고, 수정과 보석에 깊은 흥미를 가지고 있다.
그런데 이 아이들을 <크리스탈 차일드>라고 부르는 이유는 그들의 오라 색채가 수정(Crystal)의 프리즘과 같은 파스텔 색조를 띠고 있기 때문이라고 한다.

인데, 그럼에도 개인적 사생활은 보호될 수 있을 겁니다. 이런 수정으로 된 재질의 건축 구조물들은 여러분 고유의 에너지 체계를 강화시킬 것입니다. 아울러 이것은 5차원이나 그 이상의 진동으로의 상승을 신호해주는 여러분의 다차원적 DNA내의 많은 변화를 뒷받침해 줄 것입니다.

수정질의 에너지 격자망을 통해 여러분 자신의 텔레파시 에너지가 증가할 때는 더 이상 서로간의 통신을 위해서 물질적인 수정이 필요치 않을 것입니다. 즉 여러분은 간단하게 지구를 에워싼 에테르 격자망뿐만이 아니라 지구전체에 걸쳐있는 수정 격자망에도 접속할 수 있게 될 것입니다. 그리고 여러분이 우주여행을 할 때, 아직 필요한 수준의 우주 텔레파시 기술을 습득하지 못한 사람들은 행성간이나 은하계간의 통신을 위해 수정을 이용할 것입니다.

우주선내에서의 모든 통신 시스템은 수정을 기초로 구축될 것입니다. 이처럼 수정과 수정 에너지의 활용분야는 무궁무진하며 한계가 없습니다.

*포탈(Portal)과 통로(Gateway), 그리고 그곳을 지키고 통제하는 존재들에 관해 말해줄 수 있습니까?

여기서 우리는 이 주제에 대해서 기본적이고 일반적인 사항만 간략하게 언급할 수가 있습니다. 현 시점에서 우리가 이 부분에 대해 길게 논하는 것은 별로 적절하지가 않습니다. 만약 여러분이 그런 포탈들에 대해 호기심이 생긴다면, 그것은 여러분이 자신의 의식을 보다 넓은 우주적 차원의 깨달음으로 확장하고픈 욕구를 지니고 있다는 명백한 신호입니다.

여러분의 3차원적 인식 너머에 존재하는 많은 차원들에는 무수하게 뒤얽힌 복잡한 문제들이 존재하고 있습니다. 여러분은 반드시 아직 익숙하지 않은 통로(Gateway)라든가 에너지 보텍스(Vortex),16) 다차원적 회랑(回廊), 행성 및 은하 우주 격자체계, 타임캡슐(Time Capsule) 등과 같

---

16)지구에서 다른 차원들의 에너지장으로 연결되는 에너지의 중심이자 입구.

은 수많은 개념들에까지 인식을 넓혀야 합니다. 이런 것들은 모두 거대한 우주의 구조를 이루고 있는 관련 구성요소로서 함께 작용하고 있습니다.

나의 친구들이여! 이런 개념들과 그 실체들, 그리고 그것들이 유발하는 마법과 경이로움이 머지않아 여러분에게 발견돼 모습을 드러낼 것입니다. 이제 인류와 지구가 보다 높은 파동과 차원으로 진화함으로써 여러분은 현재 그것들 중의 일부를 이용할만한 시작단계에 서 있는 것입니다.

여러분의 질문이 그러한 포탈들(Portals)[17]과 통로들(Gateways)에 관한 것이기 때문에 나는 다음과 같이 거기에 대해 간략하게 설명하고자 합니다. 포탈이나 통로, 다차원적 회랑들(Corridors)은 우주의 원천인 신성(神性)의 가장 높은 수준에서부터 가장 낮은 1차원의 생명에 이르기까지 무수하게 존재합니다. 즉 창조된 우주들 도처와 모든 차원들, 그리고 각 차원의 하부 레벨 및 가장 작은 미립자의 생명 수준에도 그것들이 존재하고 있는 것입니다. 그것들은 또한 거대한 공간 속에도 있습니다.

포탈들과 통로들은 신(神) 또는 삼라만상을 이루는 에너지의 근원이 모든 창조물의 구석구석까지 에너지를 유통시키는 방법입니다. 이것은 또한 에너지의 근원이 단계적으로 에너지의 진동을 우주적 수준에서 은하계 수준으로, 또 태양계 수준 및 행성 수준으로, 더 나아가 모든 차원들과 생명주파수 등의 수준으로 낮추어가며 공급하는 방법이기도 합니다.

나름대로의 특수한 기능을 가진 각 포탈들이나 통로들, 다차원적 회랑들의 형태는 아주 다양합니다. 예를 들자면, 어떤 포탈들은 근원의 에너지 진동을 낮추어 내려 보내는 용도로 이용되는 반면에 다른 것들은 차원들과 행성들, 은하계와 우주 사이를 여행하는 데 이용됩니다. 이런 수십억의 포탈들과 입구들, 회랑들이 아주 정확한 수학적 정밀도로 기능하고 작용함으로써 무질서나 혼란은 일어나지 않습니다. 이 주제는 대단히 방대한 분야이기 때문에 여기서는 단지 일부분만을 다룰 수밖에 없습니다. 하지만 나는 차후에 이런 주제에 대해 어떻게 이 모든 것들이 함께 조화

---

[17] 우주에서 두 곳의 먼 장소를 연결시켜주는 마법적이고도 기술적인 차원의 출입구이자 에너지의 통로라고 한다.

되어 용이하고도 효과적으로 작용하는지 보다 포괄적으로 설명해 드리고자 합니다.

*이런 포탈들과 통로들을 지키고 감시하는 존재들은 누구입니까?

그들은 주로 여러분이 우주인이라고 부르는 존재들뿐만 아니라 천사계(天使界)로부터 온 진화된 존재들입니다. 다시말해 이들은 이런 임무를 수행하기 위해서 스스로 지원한 자원봉사자들이지요. 이런 존재들은 빛의 세계 속에 있는 각 그룹 내에 엄청난 숫자가 있기 때문에 그들은 번갈아가며 이 임무를 수행하며, 생각처럼 결코 그것이 지루하거나 따분한 고역처럼 되지는 않습니다.

우주의 포탈들과 회랑들에는 아름답게 꾸며진 각종의 놀랍고도 흥미로운 "쾌적한 정거장"이 들어서 있는데, 이런 곳들은 우주여행자들이 친구들을 만나거나 에너지를 재충전하는, 혹은 여행정보나 지침을 얻는 장소로 이용됩니다. 또한 때때로 이런 장소들은 수많은 차원들로부터 온 존재들이 대대적으로 조우하는 대회합과 만남의 장(場)이 되기도 합니다.

이어지는 내용들은 지구와 태양계, 그리고 은하계의 일부 포탈들에 관한 간략한 안내입니다. 여러분이 보다 높은 진동으로 진입했을 때를 제외하고는 더 고도로 진화된 수호자들이 지키고 있는 그 어디에서나 다음과 같은 동일한 원칙이 적용됩니다.

그 첫 번째 규칙은 아무도 자신들이 현재 도달한 의식 레벨 이상의 차원으로는 포탈이나 통로를 통해 자유로이 여행할 수가 없다는 것입니다. 여러분이 만약 어떤 곳을 가고자 한다면, 먼저 가고자하는 그곳에 살고 있는 존재들의 허락을 얻어야만 합니다. 이런 허락이 때때로 아직 수준미달의 영혼들에게 내려지는 경우가 있기는 한데, 하지만 이것은 높은 차원에서 온 존재가 목적지까지 함께 동행할 경우에 한해서입니다. 이를테면 높은 단계의 의식을 성취한 한 행성의 상승한 대사(Ascended Master)

는 여러분을 높은 차원으로 데려가는 일에 자원봉사자가 될 수 있을 것입니다.

예컨대 만약 당신들이 이 우주의 대중심태양 지역을 방문해보고자 한다면, 사난다(Sananda)나 성모 마리아, 생 제르맹(St Germain) 대사 같은 존재들이 여러분을 거기에 데려갈 수가 있습니다. 아니면 그 세계에서 파견된 특사(特使)가 여러분을 데리러 올 수가 있는 것이지요. 거기에 가기 위해서는 다차원적인 여러 행성과 은하 및 우주의 회랑들과 통로들을 통과해 여행해야 할 것입니다. 따라서 여러분이 우주를 여행할 수 있는 여권(旅券)을 소지한 누군가와 함께 하지 않는 한, 대중심태양으로 가는 여행은 허가받지 못할 겁니다. 이와 같은 인도자가 필요한 이유는 다양한 행성계와 은하계들, 그리고 우주들의 안정과 순수성을 보전하고 유지하기 위한 것입니다.

각 회랑과 통로, 포탈, 격자 시스템(Grid System)은 그곳의 진동주파수와 공명하는 존재들에 의해서 보호되고 있습니다. 이처럼 그곳을 통과하는 존재들이 그 공명주파수가 그곳과 맞지 않는 한은 그 입구가 봉쇄될 것입니다. 결과적으로 이러한 법칙들은 포탈들과 회랑들을 온전하고 순수한 상태로 효과 있게 방호할 수 있게 해줍니다.

만약 여러분이 이런 회랑과 같은 루트(Route)를 통해 대중심태양권이나 은하계의 중심지역을 여행했다면, 그곳은 지구에서 물리적으로 대단히 멀리 떨어진 거리임을 이해하기 바랍니다. 내가 모든 것을 세부적으로 다 이야기하자면 책의 몇 장(章)을 할애해야만 할 것이고, 그 때 비로소 당신들은 이것이 얼마나 복잡한 것인지를 알게 될 것입니다.

사실상 한 존재가 그러한 장소들로 여행하는 것이 필요할 정도의 진화단계에 이르렀을 때는 가기 원하는 곳이 그 어떤 곳일지라도 인간의 시간으로 단 몇 초밖에는 걸리지 않습니다. 이런 회랑과 같은 우주 항로들은 우주여행자들이 무수한 행성들과 은하계들 및 이 우주 너머로까지 방문할 수 있게 해줍니다. 그럼에도 당신들이 이 우주 고속도로를 따라 여행하면서 주위의 경관이나 사회활동을 즐기기 위해 몇 번 정지할 때를 제외하고는 눈 깜박할 사이에 우주여행이 이루어질 것입니다.

아주 오래전부터 우리 태양계와 은하수(Milky Way) 은하계 내에서는 아르크투루스 우주인들이 우리의 다차원적인 포탈들과 회랑들의 많은 부분을 건설하고 유지하는 일을 맡아 왔습니다. 그들은 이 분야에서 가장 숙달된 위대한 전문가들이 되었는데, 그들의 전문적 기술은 이제까지 이어져 왔고 또 이 우주 도처의 요구에 부응하고자 계속 지속될 것입니다.

포탈들을 지키는 수호자들의 역할은 여타 장소들로부터 유입되는 불필요한 에너지들을 막아내는 것입니다. 그것은 또한 다차원적인 여행을 배우고 있는 여행자들과 처음으로 회랑을 통해 여행하는 이들에게 지침과 안내, 휴식 및 정보를 제공하는 것이지요. 경우에 따라 여러분은 이들 수호자들을 "외교 관계팀"이라고 생각하고 싶어 할지도 모르겠습니다.

그런데 아무도 내가 현재 여러분에게 설명하고 있는 우주의 루트에 대해 정확하게 묘사할 수는 없습니다. 그 복잡함은 정말 3차원적 관점에서는 제대로 설명되거나 이해될 수가 없는 것입니다. 하지만 나의 이 설명은 여러분에게 그것이 어떻게 작용하는지에 대한 기본적 개념들을 제공할 겁니다. 우주선 역시 우주속에 존재하는 이런 회랑들과 통로망, 격자 시스템을 통해서 어떤 곳이든 엄청난 속도로 여행합니다.

앞서 내가 아르크투루스인들이 우리 은하계의 주요 포탈들을 관리하는 위대한 대가들이고 수호자들이라고 언급했습니다만 그렇다고 그들이 유일한 존재들은 아닙니다. 각 행성계에는 자체적으로 고유한 포탈과 회랑체계를 가지고 있는데, 이것들은 대개 그 행성계 출신의 진보된 영혼들에 의해 보호되고 유지되고 있습니다. 이런 다른 존재들 가운데 시리우스인들과 안드로메다인들 역시 이와 같은 방대하고도 무수한 다차원의 통로들을 보존하고 관리하기 위해 아르크투루스인들과 공동 협력하여 일하고 있습니다.

인류 가운데 다른 외계로부터 지구에 온 소위 "별의 종자(Star Seed)"

에 해당되는 이들은 이미 이런 포탈들이나 회랑 및 그곳을 지키는 존재들에 대해 잘 알고 있습니다. 그리고 여러분이 육체 안에 있지 않을 때는 그곳을 통해 어떻게 오고 가는지를 이미 알고 있습니다. 상승과 깨달음의 관점에서 볼 때 일단 여러분이 지구에서 마쳐야 할 자신의 진화과정을 끝내게 되면, 얼마나 이것이 쉬운지를 기억할 것입니다. 아울러 여러분의 우주 여권(Passport)은 여러분이 이전에 허가받았던 지역보다 훨씬 더 넓은 세계로 여행이 가능하도록 승인하는 도장이 찍힌 채 반환될 것입니다.

내가 여러분에게 약속하건대, 영원토록 결코 두 번 다시는 삶이 지겹거나 싫증나게 되지는 않을 것입니다. 이제 여러분은 우주의 모든 가능성들은 바쁘게 탐구하며 발전하고 있는 외계존재들과 자유로이 합류하게 될 것입니다.

자기 스스로를 훤히 빛나게 하기 위해서는 진실해져라.
-쉐익스피어-

인생에서 정직에 대한 대용품(代用品)이란 없습니다.
우리는 자신이 아는 것이 진실을 뜻하든가,
아니면 속임수의 함정에 빠져 있던가, 둘 중의
하나인 것입니다.

11장

우리는 늙어 죽지 않는 불멸(不滅)의 몸으로 변화되었다

- 아다마 대사 -

나는 현재 샤스타 산 내부에 있는 우리의 5차원의 도시에서 여러분에게 메시지를 전하고 있습니다. 내 자신이 포함된 텔로스의 〈레무리아인 12인 위원회〉는 여러분이 우리의 메시지를 읽어줌으로써 많은 이들과 친교를 나눌 수 있는 이런 기회에 대해 감사의 뜻을 표하고자 합니다.

우리가 여러분을 향해 우리의 가슴을 활짝 여는 것처럼, 우리는 여러분 역시도 우리와 마찬가지로 우리에게 가슴을 열어주기를 요청하는 바입니다. 우리는 여러분이 스스로 원하는 만큼 자주 우리와의 대화와 교감에 집중해 주실 것을 권고합니다. 우리는 좀 더 균형을 잡을 필요가 있는 여러분 삶의 상처 입은 다양한 측면들을 치유하는 능력을 지니고 있습니다. 우리가 언제나 기꺼이 수많은 방법을 통해 여러분을 도울 수가 있고, 또 도울 준비가 돼 있다는 사실을 믿어 의심치 마십시오. 여러분의 가슴과 마음을 우리에게 개방함으로써 우리는 통상적으로 훨씬 더 긴 시간이 소요될 수 있는 여러분 삶의 영적변형을 당신들이 신속하게 이룰 수 있도록 도울 수가 있습니다.

우리는 여러분 모두가 지름길을 매우 선호한다는 것을 알고 있는데, 우리와의 의식적인 교류는 여러분이 삶 속에서 수많은 지름길을 찾는 데에 많은 도움이 될 것입니다. 그리고 이것은 여러분이 짊어진 무거운 짐을 덜어주고 영적진보를 가속화시킬 것입니다.

여러분 중에 많은 이들이 우리가 아직도 여러분처럼 눈으로 볼 수 있고 손으로 만져볼 수 있는 육체적 존재인지에 대해 의문을 가지고 있습니다. 또 다른 이들은 우리가 전적으로 에테르적인(etheric) 존재라고 주장하는데, 이 의미는 우리가 더 이상 눈에 보이는 물리적인 존재이거나 인간적 차원의 실체가 아닌 영혼적인 존재라는 것이지요. 이 부분을 명확히 하기 위해 상세히 설명하도록 하겠습니다. 우리는 현재 5차원의 주파수로 진동하고 있는 존재로 진화했으며, 더할 나위 없이 이상적인 불로불사(不老不死)의 상태에 이른 몸을 가지고 있습니다.

우리가 모종의 무한한 영적체험을 함과 동시에 선택을 해야 하는 시기가 왔을 때, 우리는 어느 정도 가시적이고 실체를 지닌 밀도 상태의 몸을 유지하기로 선택했습니다. 우리 몸의 원래의 태양 청사진(Solar Blue Print)은 여러분의 신체와 동일합니다. 우리의 DNA 역시 기본적으로 당신들과 같은데, 다만 그것은 지상의 인간들이 오랫동안 경험해오고 있는 지금의 무거운 밀도상태로 바뀌기 이전의 DNA와 같다는 의미입니다.

우리의 DNA는 계속해서 진화했고, 우리의 신체는 더 이상 퇴화하거나 노화(老化)를 겪지 않았습니다. 비록 우리가 여러분처럼 우리의 몸을 육체로서 느끼기는 하지만, 우리의 진동주파수를 3차원의 수준으로 낮추는 것은 더 이상 우리에게는 편안하지가 않습니다.

우리들 대부분은 몇 개의 차원을 마음대로 넘나들며 이동할 수 있는 능력이 있으며, 이것은 우리에게 상당한 자유와 기쁨, 유연성을 부여합니다.

우리의 신체는 여러분 모두가 소망하는 완벽한 수준에 도달해 있습니다. 그런 까닭에 우리는 여러분 몸의 기능보다는 훨씬 높은 진동으로 움직이고 있습니다. 우리의 신체는 창조주께서 원래 의도한 바대로 완벽하게 작용합니다. 근본적으로 여러분의 몸과 우리의 몸은 동일한 잠재성을 가지고 있으며, 똑같은 신성한 청사진으로 창조된 것입니다.

사랑하는 이들이여, 이것이 의미하는 바는 멀지 않은 미래에 여러분의 의식(意識)이 지금의 3차원적인 한계와 분별 상태에서 5차원의 의식과 조건 없는 사랑의 상태로 옮겨갈 때 자신들 몸의 주파수를 우리와 같은 상태로 끌어올리는 법을 배우게 되리라는 것입니다. 여러분은 점차 비교적 짧은 시간 내에 바로 눈앞에서 자신의 몸이 확실히 변형되는 것을 보고 느끼는 체험을 하게 될 것입니다.

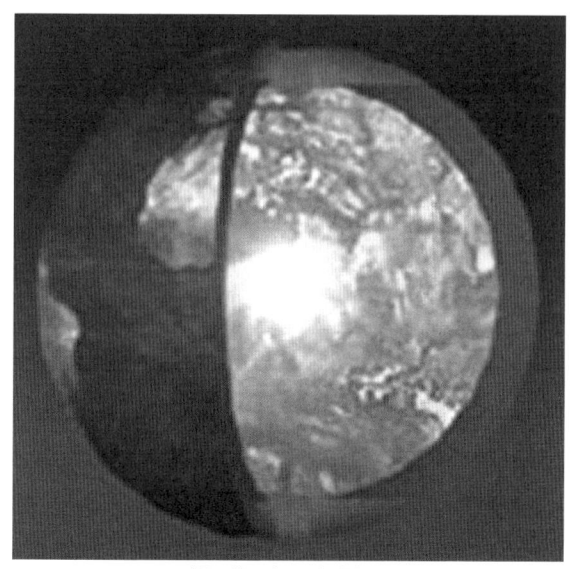

지구 내부의 중심태양

이런 현상은 사람에 따라 각 개인에게 독특하게 나타나게 될 것입니다. 그리고 지금까지 여러분을 고통과 시련, 그리고 결핍 상태에 묶어두는 원인이었던 여러분의 낡은 모든 제한된 신념들을 던져버릴 것입니다. 또한 여러분은 자기 몸이 다시 젊어지는 회춘(回春) 경험을 하기 시작할 것인데, 이것은 다시 원래의 태양 청사진에 따라 작동할 것이지만 거기에는 보다 많은 특성들이 추가됩니다.

일찍이 지구상에 존재했던 레무리아를 포함한 몇몇 황금시대에 우리 인류는 모두 5차원과 3차원의 진동 사이를 자유로이 넘나들 수 있는 몸을 가지고 5차원의 의식으로 살고 있었습니다. 이는 이 행성 위에서 일어났던 연속적인 대변동으로 인해 전 지구 주민들이 3차원의 의식과 진동으로 떨어지기 전까지는 대단히 즐겁고도 흥분되는 삶이었던 것입니다. 하지만 결과적으로 여러분은 더 이상 원래의 5차원의 현실과는 다시 연결될 수가 없었던 것이지요. 이제 곧 여러분의 의식이 사랑의 주파수 단계로 진화하고 그 상태를 계속 유지할 수 있을 때, 여러분의 몸 역시도 현재와 같은 밀도 상태와는 결별하게 될 것입니다. 이렇게 되면 여러분이 과거 레무리아 시대에 이미 경험해 알고 있었던 5차원이라는 "마법"의 상태로 복귀하여 낙원의 기쁨과 무한한 우주탐사 여행을 향유케 될 것입니다. 그리하여 여러분의 몸은 우리의 몸과 같이 수명의 한계가 없는 불사(不死)의 몸으로 다시 변화될 것입니다.

그리고 친애하는 이들이여, 이제 그 마법의 체험은 훨씬 더 엄청난 것이 될 것인데, 왜냐하면 여러분은 그토록 오랫동안 지상에서 마법의 삶이 무엇인지 망각하고 고난의 삶을 살아왔기 때문입니다. 그러한 선물을 잃어버린 이래, 여러분은 지상의 삶을 통해 많은 것을 겪었고 또 여러분의 영혼이 위대한 교훈을 배운 까닭에 당신들은 결코 두 번 다시는 "영생(永生)"이라는 신성한 선물을 당연한 것이라 여겨 소홀히 하지는 않을 것입니다.

육체는 의식(意識)의 상태를 그대로 반영한다.

*건강, 보건학 분야에서 미래에 어떤 새로운 발견이 이루어질까요? 인간의 건강관리를 위해 조언해 줄 수 있습니까?

　우리가 여러분이 선호하는 식습관(食習慣)이라든가 스트레스가 많은 삶, 감정적인 과부하, 또는 의료분야의 치료방식 등에 일일이 관여하지는 않습니다. 왜냐하면 여러분은 스스로 자유의지를 경험하기 위해 이곳에 태어났기 때문이지요. 다만 우리는 여러분이 자신의 삶속에서 무엇인가를 선택하는 방법이나 습관에 대해 넌지시 제안하는 정도는 할 수가 있겠습니다.

　그런데 우리가 건강이나 치료, 그리고 노화 문제에 접근하는 방식은 여러분의 것과는 상당히 다릅니다. 우선 텔로스에 살고 있는 우리들은 아무도 신체적인 허약이나 질병 같은 것을 알지 못합니다. 우리는 일상적인 삶속에서 생각하고(思), 말하고(言), 실천하는(行) 모든 행위를 통해 항상 신성한 원리를 적용합니다.

　우리가 신체에 대해 알고 있고 유지하고 있는 근본적인 신념체계는 다음과 같습니다. 즉 우리의 몸은 어떤 병약함이나 노화, 죽음의 징후도 없이 몇천 년을 살도록 완벽하고도 놀라운 기관으로 설계되어 창조되었다는 것입니다. 이런 생각은 우리들에게 있어 매우 자연스러운 것인데, 왜냐하면 이곳 텔로스에서 살고 있는 우리는 누구나 다 경험하고 있는 일이기 때문입니다. 우리 주민들 모두는 별다른 큰 노력을 들이지 않고도 죽지 않고 몇천 년 이상을 살 수가 있고, 또 현재 살고 있습니다. 우리는 완전히 생명의 불멸과 영원성을 받아들였고, 우리 세계의 주민들 중에 그 누구도 외모상으로 40세 이상으로는 보이지 않습니다. 비록 그 사람의 실제 나이가 15,000세이거나 그 이상이 되었더라도 그렇습니다. 텔로스에 있는 주민 가운데 일부는 나이가 30,000세가 넘게 먹었지만 그들은 35세 정도로 밖에는 안 보입니다. 우리들 세계에는 병원이나 요양원, 의사, 간호사, 건강보험, 기타 유사한 어떤 것도 존재하지 않습니다.

식사를 할 때 우리는 오직 자체 생산한 가장 순수하고 높은 에너지 진동이 담긴 음식만을 먹는데, 이는 전적으로 유기농법(有機農法)에 의한 무공해 식품이고 풍부한 미네랄로 완전히 균형 잡힌 것들입니다. 이런 먹을거리들은 우리의 신체를 영구적으로 건강하고 젊게 유지시켜줍니다.

하지만 여러분이 먹는 음식의 98%는 화학적인 방부제, 인공첨가물, 그리고 재배과정에서 뿌려지는 제초제, 살충제, 과격한 살균제 등등의 유독한 화학성분들로 뒤범벅돼있고 조작되어 있습니다. 이런 점들을 주목하기 바랍니다.

한마디로 지상의 주민들이 먹는 식품들은 불충분하게 성장한 것들이고, 또 자연의 생명력이 결여돼 있는 너무나 인공적인 합성식품(合成食品)들이라는 점을 지적하고자 합니다. 여러분이 그것을 먹을 때는 이미 그것들의 자연적 영양분이 변형돼 있고 어떤 생명력도 거기에 남아 있지가 않은 것입니다.

여러분이 무엇을 먹고 그것을 어떻게 먹을 것인가는 근본적으로 불사(不死)의 영구적인 상태로 강건한 몸을 유지하는 데는 크게 관계가 안 됩니다. 하지만 입에 집어넣는 모든 식품에 붙어있는 〈성분분석표〉를 꼼꼼히 읽어보는 습관을 새로 들이십시오. 그러면 여러분은 그것들이 얼마나 인공적이고 화학적인 합성물인가를 알아차릴 것입니다. 일반적으로 그 식품 〈성분분석표〉를 읽을 때 쉽게 알아볼 수 없게 표시돼 있거나 거기에 문제가 있다는 것을 알았다면, 지체 없이 그것을 내려놓고 사지 마십시오.

우리가 지상의 주민들이 무엇을 섭취하고 몸을 어떻게 관리하는가를 관찰해 보자면, 몸에 그 이상 해로울 수가 없는 짓을 스스럼없이 하는 것을 보고는 깜짝 놀라고는 합니다. 여러분에게 상기시키건대, 당신들 몸의 창조주는 매우 경외로운 존재라는 것과 자신의 몸을 당연한 것으로 여겨서는 안 된다는 사실입니다. 인간의 육체는 여러분이 지상에 태어나서 영적 진화를 하기 위해 필요한 중요한 도구인 것입니다. 그러므로 몸은 여러분의 신성한 사원(寺院)이자 신전(神殿)이며, 최상의 배려와 사랑으로 돌보아야할 가치가 있음을 인식해야 합니다.

당신들이 육체적으로 겪고 있는 "불편함이나 질병"은 자신들의 생활방식과 의식(意識)을 반영하는 것에 지나지 않습니다. 우리가 볼 때, 여러분이 먹고 사는 방식은 죽음의 올가미에 머리를 들이미는 것과 같습니다. 불행하고 안타까운 일이지만, 이것이 지상에 사는 여러분 대부분이 의심하지도 않고 보통 받아들이고 있는 삶인 것이지요. 사실상 여러분에게는 어떤 과학자들이나 이른바 "건강백서" 같은 것을 만들어 발표하는 보건위생국이 필요하지가 않습니다. 여러분에게 정말 필요한 것은 오직 의식(意識)의 각성과 자신의 몸에 대한 깊은 감사일뿐입니다.

여러분의 몸이 겨우 30세라는 고개를 넘은 직후부터 늙기 시작하는 것은 놀랄 일이 아닙니다. 나이 60세나 그것도 안 된 시기에 인간들 대부분이 여러 가지 건강문제에 시달리고 살기 위해 퇴직걱정이나 노후연금에 신경써야함도 이상한 일이 아니지요. 더욱이 지상 주민들 대부분이 결코 나이 90을 넘기지 못합니다.

여러분 신체의 조직은 태어날 때부터 이미 여러 세대에 걸친 잘못되고 빈약한 식습관과 스트레스 받는 삶, 그리고 강제적인 예방접종 등으로 약해져 있습니다. 따라서 인간의 몸은 결코 자체의 조화를 유지시켜 줄 양질의 식품을 받아들이지 못하는 것입니다.

여러분에게 질문하건대, 왜 당신들은 몸을 그렇게 소홀히 하고 활기찬 건강과 젊음을 유지하는데 필수불가결한 요소들을 거부하는 것인가요? 또한 왜 몸을 소중히 돌보지 않고 정말 몸에 필요한 성분들 대신에 기껏해야 임시방편의 해결책밖에 안 되는 잡다한 먹을거리를 섭취하는 겁니까? 거기에는 생명력의 정수(精髓)가 결여돼 있어 치유효과가 없습니다.

이런 문제는 여러분의 의식수준과 신념체계와 함께 모든 것이 시작됩니다. 육체에 영양을 공급해줘야 할 때는 여러분 스스로 적절한 먹을거리를 찾는 것이 최선입니다. 내가 "영양 공급"이란 말을 사용한다는 점에 주목하십시오. 그렇습니다. 특히 지상에서 여러분의 몸은 현재 스스로 자기에게 공급하는 것보다 훨씬 많은 영양과 사랑을 필요로 합니다.

친애하는 이들이여, 자연으로 돌아갑시다. 그것은 여러분을 실망시키지 않을 것입니다. 정신적 측면에서 지나치게 감정적인 부담을 가지는 것 역시 육체의 건강상태에 매우 깊은 영향을 미칩니다. 아울러 운동부족과 직장의 작업현장에서 접할 수밖에 없는 신선한 공기의 결여, 열악하고 유독한 환경, 스트레스 등의 이 모든 것이 여러분 몸의 쇠약에 관련돼 있습니다. 밀폐된 건물 안에서 일하는 미국과 전 세계의 수많은 사람들이 하루 종일 컴퓨터와 책상 앞에 앉아서 전화기를 든 채 탁한 공기를 호흡하고 있습니다. 그리고 퇴근해서 집에 오면 너무 피곤한 나머지 운동이나 "제대로 된 식사" 준비도 못하고, 종종 화학적으로 가공 처리된 생명력 없는 인스탄트(Instant) 식사나 전자레인지로 요리한 간이식사로 때워버리기 일쑤지요.

게다가 여러분이 마시는 음료수에 대해 한번 살펴보십시오. 여러분 거의 대부분이 합성염료, 불화물(Fluoride), 기타 몇 가지 오염제거 화학약품 같은 해로운 물질이 함유된 음료수를 마시고 있습니다. 여러분이 사용하는 물의 95%가 녹슨 수도관을 통해서 나오고 1~2가지 원인에 의해 오염돼 있습니다. 그 물이 원천적으로 어디에서 비롯된 것이고 또 물을 안전하게 마시려면 어떻게 해야 하는지 확인해 보십시오. 비록 그런 물들이 여러분이 정한 수질기준에 의해 안전하고 음용가능하다고 간주될 수는 있겠지만 거기에는 더 이상 치유나 회춘의 효력은 함유돼 있지 않습니다.

얼마나 많은 커피나 탄산음료, 맥주, 각종의 알코올, 기타 합성음료 등이 날마다 전 세계에서 팔리고 소비되는지를 생각해 보십시오. 여러분의 몸은 정기적으로 청소되고 깨끗이 순화돼야할 필요가 있습니다. 이처럼 여러분 몸의 지속적인 건강을 위해서는 날마다 순수한 수정과 같은 "합성되지 않은" 물을 마셔야 하는 것입니다.

모든 건강의 이상이나 질병은 동일한 원인에 의해서 유발되는데, 뭐라고 하던 그것들은 의료당국자들에게 책임이 있습니다. 병은 보통 유전적 요인이나 영양실조, 정신적 감정적 불균형과 독성의 감염에 의해 생깁니다. 이 모든 것은 약간의 지혜와 자기 몸과 육화된 스스로를 존중하려는 여러분의 자발성만으로도 아주 쉽게 바뀔 수가 있습니다. 인간세상의 의료기관이나 의학체제가 질병이라고 이름붙인 꼬리표들은 매우 상대적인 것입니다. 그것은 단지 어떻게 그러한 불균형이 개인적으로 여러분의 몸에 나타났는가를 인정한다는 의미에 불과합니다.

예측하건대, 향후 몇 년 이내에 가장 위대한 건강상의 발견이 이루어지게 될 것입니다. 그것은 바로 여러분의 모든 식습관을 바꾸고, 운동을 시작하고, 좀 더 밝게 웃는 시간을 많이 갖고, 육체적, 감정적 스트레스를 줄일 수 있다는 자각입니다. 아울러 그것은 여러분을 병들고 피로하게 만드는 낡은 신념들을 놓아 버리는 것입니다.

여러분은 보다 전인적(全人的)이고 통합적인 삶의 방식을 발견할 것인데, 그것은 자신의 몸을 언제나 완벽한 건강상태로 유지하는 데 대단히 효과적인 방법이 될 것입니다.

친애하는 이들이여, 진정한 치유는 오직 영혼과 의식(意識)으로부터 생겨납니다. 외부적인 물리요법들은 항상 2차적인 것에 지나지 않으며, 그것들은 다만 여러분 스스로 만드는 내면의 변화를 반영할 수 있을 뿐입니다.

나는 여러분의 육체라는 것은 여러분의 의식 상태를 그대로 비추는 일종의 거울이라는 것을 언급함으로써 앞서의 질문에 대한 답변을 마무리하고자 합니다. 즉 여러분은 이 행성 지구에서 육신이라는 "거울의 집" 속에서 살고 있는 것입니다. 여러분이 스스로의 감정을 치유하고 자신을 조건 없이 사랑하며 고차원 의식의 삶을 지향하여 일상생활 속에서 이런 법칙들을 적용할 때, 여러분은 그러한 변화와 변형을 그대로 반영할 것입니

다.

"인간이여! 너 자신을 치료하라."라는 옛 말씀은 당신들이 발견하게 될 참다운 지혜입니다.

어떻게 인간의 의식을 끌어올릴 것인가?

인간의 의식을 상승시키는 문제는 매우 광범위한 주제로서 만약 책으로 집필한다면, 한 권의 백과사전 전체를 채울만한 분량이 될 수 있습니다. 이 문제에 대한 해답은 수천 개의 절단 면(面)을 가진 다이아몬드(Diamond)와 같습니다. 예컨대 그 각각의 면은 여러분이 이 행성위에 존재하는 생명에 관한 여러분의 현 이해수준을 초월해 자신의 의식을 상승시키는 통로 내지는 수단을 상징합니다.

그런데 여러분이 자기 자신의 의식을 향상시키고자 하기 이전에 다음과 같은 몇 가지 질문을 스스로에게 반문해 보아야 할 것입니다.

*내 의식을 높인다는 것은 무엇을 의미하는가?
*왜 나의 의식을 높이고자 해야 하는가?
*인간이 자신을 향상시켰을 때, 무슨 일이 일어나는가?
*어떻게 그것이 나의 현생(現生)에 영향을 미칠 것인가?
*사실상 결코 영원히 끝나지 않는 이와 같은 영적여정(靈的旅程)의 결말은 무엇인가?
*인간이 신성을 완전히 깨닫는다는 것은 무슨 의미인가?

일단 여러분이 이러한 질문들을 가슴 속에서 깊이 숙고하기 시작했다면, 당신들은 이미 그 상승과정을 시작하고 있는 것입니다. 이윽고 여러분의 신적자아(神的自我), 즉 진아(眞我)는 여러분이 받아들일 수 있는 한도 내에서 관여할 것인데, 그 과정을 돕기 위해 여러분에게 암시를 주고 인도하기 시작할 것입니다.

친애하는 이들이여, 그것은 여러분 고유의 독특한 인생행로를 따라서, 또한 여러분이 거기에 쏟아 붓는 노력과 열정에 의해서 점차 드러나는 하나의 과정임을 기억하십시오. 적어도 여러분이 위에 열거된 질문들에 대해 보다 폭넓게 이해할 수 있게 되면, 자신의 의식을 끌어올리는 것은 훨씬 쉬워질 것입니다. 그리고 여러분은 대부분 "참나 찾기 여행"이라고 할 수 있는 그 과정에서 무한히 새로운 것들을 발견하는 재미를 경험할 수가 있습니다.

자, 이제 내가 앞서의 각 질문들에 대해 간략한 답변을 여러분에게 하도록 하겠습니다. 나는 여러분에게 이제 내가 설명할 답변들을 1,000배 정도 더 발전시키는 숙제를 드리고자 하는데, 이 숙제는 여러분의 마음보다는 주로 가슴을 통해 해야 합니다. 사랑하는 이들이여, 여러분의 가슴, 여러분의 신성한 가슴은 여러분 영혼의 으뜸가는 지혜인 것입니다.

인간의 의식을 상승시키거나 확장한다는 것은 무슨 의미가 있는가?

그것은 여러분 삶의 모든 수준과 측면에서 좀 더 의식적인 자각(自覺)이 일어나 깨어있게 되기를 시작한다는 것을 뜻합니다. 즉 더 이상은 자동조종장치에 의해 움직이는 것 마냥 기계적이고 타성적으로 살지 않고, 더 이상은 자신의 힘을 먼 타인에게 넘겨주지 않는 것입니다. 또 이는 스스로 선택한 인간경험이라는 삶속에서 여러분이 신성(神性), 또는 자신의 참모습인 경이로운 영적존재를 향해 한 걸음씩 찾아나가는 것을 의미합니다. 그리고 이런 영적 탐구과정은 여러분이 현생(現生)에서 배우기를 바랐던 교훈을 얻기 위해 이 세상에 태어나기 전에 선택한 것입니다.

또한 이것은 날마다 최소한 일정 시간만큼은 "참 자아(眞我)"를 탐구할 목적으로 행하는 명상 또는 묵상 속에서 여러분의 삶에서 겪고 있는 "혼란의 광기(狂氣)"를 잠시나마 중단하는 것을 뜻합니다. 이제 모든 가능성들을 향해 스스로의 마음을 여는 것부터 시작하십시오. 여러분의 내면은 물론이고 주변의 모든 곳과 자연, 그리고 눈에 보이고 느껴지는 어디에나 존재하는 경이로움과 은총을 찾아보세요. 그리고 여러분이 전에는 결코 눈여겨보지 않았던 지구상의 다른 동,식물의 왕국들에게 존재하는 복잡하고도 미묘한 신비를 탐구하십시오. 더 나아가 여러분의 가슴을 들여다보고, 그 안에 거하고 있는 당신의 참모습(眞我)이자 영원한 실체의 또 다른 측면인 황금의 천사를 발견하도록 하십시오.

여러분이 어머니 지구라고 부르는 존재의 장엄함과 또 그녀의 큰 사랑과 인내의 놀라움을 탐구하는 과정을 시작하세요. 여러분이 자기 자신을 공경하고 존중하는 만큼 또한 이것은 어머니 지구와 그녀의 몸을 공경하는 것이 됩니다. 왜냐하면 여러분 자신이 바로 그녀를 이루는 일부이고, 또 그녀는 여러분의 의식과 진동을 상승시키는 데 여러분을 강력하게 도와줄 수 있는 존재인 까닭입니다.

자, 이제는 잠시 인간의 경험을 하고 있는 무한하고도 신성한 한 존재로서 여러분의 진면목(眞面目), 즉 본성(本性)을 찾는 가장 경이로운 여행을 시작하십시오.

왜 나의 의식을 끌어올리고자 해야 하는가?

지난 몇 천 년 동안 인류의 삶과 경험은 고난과 수많은 난관으로 점철돼 왔는데, 주로 그것은 이 행성의 지상에 거주하는 주민들의 의식수준이 저급한 단계로 추락했기 때문이었습니다. 인류는 초기 황금시대에 구현했던 영광스러운 고등의식의 정점에서 스스로 점차 본래의 모습인 신성한 존재로서의 상태를 잃어버리고 지금의 천박한 삶의 방식으로 타락하게 되었습니다.

여러분의 대다수에게 있어 지금의 삶의 방식은 영적측면에서 볼 때 자연스러운 것이 아닙니다. 전반적으로 인간은 자신의 신성한 본성과의 접촉과 그것에 대한 기억을 상실해 버렸습니다. 여러분은 아직도 신(神)이란 존재를 자신의 외부에 있는 어떤 실체로 가정하고 갖가지 방식으로 숭배하고 있습니다. 하지만 여러분의 의식(意識)이 다시 신격(神格)의 수준까지, 즉 자신의 신성을 충분히 자각하는 정도까지 상승되었을 때 여러분이 천부적으로 부여받은 과거의 모든 선물들을 되찾게 될 것입니다. 또한 여러분은 안락한 일상적 삶속에서 자신의 참모습인 무한한 신의 불가사의한 힘과 기품을 드러낼 수 있게 될 것입니다. 그리고 여러분은 자기 자신을 이제까지 겪어왔던 한계로 인한 고통과 재난을 넘어선 영원한 존재로 끌어올릴 것입니다.

인간이 의식을 상승시켰을 때 무슨 일이 나타나는가?

여러분이 어떻게 현재와 같은 유한한 의식 상태로 하락했는가를 스스로 좀 더 자각할 수 있는 참구(參究)의 시간을 가지는 것은 당신들에게 도움이 될 것입니다. 그 다음에는 자유의 진정한 의미와 그것이 여러분에게 개인적으로 무엇을 의미하는지를 깊이 묵상해보는 시간을 가져 보십시오. 그리고 여러분이 자신의 인생에서 원하는 것과 삶에 대한 자기의 인생관(人生觀)이 무엇인지를 정립하십시오.

당신의 꿈은 무엇입니까? 육화되어 태어나 있는 현재의 삶 동안에 당신이 실현하고 싶고 되고 싶은 것은 무엇인가요? 또 당신의 목표는 무엇입니까?

여러분이 자신의 의식을 지금의 유한한 지각과 인식을 초월해 상승시켰을 때, 그 모든 것을 이룰 수 있고 가질 수 있다는 것을 깨달으셨습니까? 바로 이러한 상승된 높은 의식이 우리가 텔로스에서 낙원과도 같은 세계와 완벽한 삶을 창조한 비결인 것입니다. 우리는 원래 지구상의 생명체들에게 예정돼 있던 생활방식인 완전함과 무한성을 지각하고 수용하기 위해 우리의 가슴과 마음을 열었습니다. 그리고 이것이 인류가 의식이 추락하기 이전인 수백만 년 전에 기나긴 황금시대를 지상에서 구현했던 방법이었습니다. 인류의 타락은 일부 기독교인들이 아직도 믿고 있듯이, 성경에 나오는 이브가 선악과(善惡果)인 사과를 따먹어서가 아닙니다. 이것은 실제로 그렇다는 것이기 보다는 하나의 우화적(寓話的)인 이야기이고 일종의 은유(隱喩)일뿐입니다.

인류의식의 하락은 당시 고차원 의식에 도달해 있던 존재들의 합의에 관계된 문제인데, 다시 말하자면 선(善)과 악(惡)이라는 양극성(兩極性)을 경험하기 위해 일부러 그러한 상황이 만들어진 것입니다. 그리하여 인류는 그 당시 머물러있던 완전함의 상태에서 서서히 균열이 생겨나 이전에는 없었던 의심과 두려움을 마음에서 경험하기 시작했습니다. 여러분은 고차원 의식의 마법에 관한 지식을 의식적으로 포기했고, 점차 현재 인간이 겪고 있는 이원성(二元性)의 부조화 상태로 떨어지기 시작했던 것입니다. 여러분이 가지고 있던 이전의 지식들은 서서히 상실되어 외부의식에 남아있지 않게 되었으며, 통상 그 점진적인 기간은 수십만 년 내지는 그 이상이라고 해두도록 합시다.

하지만 사랑하는 이들이여, 이것이 의미하는 바는 여러분이 아직도 영혼과 잠재의식 깊은 곳에서는 이런 지식들을 간직하고 있다는 것입니다. 따라서 그것을 여러분의 현재의식의 표면으로 끌어올려 소생시킬 수가 있습니다. 여러분이 스스로를 그토록 오랫동안 유한한 존재로 제한시켰던 원천인 왜곡된 믿음들을 놓아 버릴 때, 여러분은 옛날의 상태를 기억해낼 수 있을 것이고 그것을 현재의 삶속에서 완전히 구현하게 될 것입니다.

의식상승이 어떻게 나의 현 삶에 영향을 미칠 것인가?

여러분이 자신의 의식을 상승시키기 시작할 때 여러분의 욕망들이나 관심사, 우선사항들이 바뀔 것입니다. 그리고 당신들은 모든 다른 외적 요인들이 있음에도 불구하고 오직 당신만이 자기 삶의 창조자이고 으뜸가는 주인이라는 사실을 깨닫기 시작할 것입니다. 또한 항상 지금처럼 외부의 경험에 의해 우왕좌왕하거나 아무렇게 하기 보다는 대사들(Masters)이 그러하듯이 점차 자기 인생에 책임을 지기 시작할 것입니다.

당신들은 의식 확장을 통해 성취되는 새로운 자각과 지식을 활용할 것인데, 그럼으로써 자신들이 언제나 원했던 새로운 현실을 한계 없이 창조해낼 것입니다. 그리하여 여러분이 언젠가는 이룰 수 있다고 생각했던 아름다움과 기쁨, 안락함, 풍요, 사랑과 행복으로 충만한 삶을 창조하기 시작할 것입니다. 바로 이것이 여러분의 의식이 상승됨으로써 현재의 삶에 미쳐지는 파급효과인 것이지요.

점차 여러분의 가슴이 열려 이와 같은 새로운 현실구현에 대한 가능성을 받아들이는 만큼, 여러분은 낡아빠진 믿음이나 생각들로 오염된 여러분의 감정체(Emotional Body)와 이지체(Mental Body)를 깨끗이 정화하기 시작할 것입니다. 이런 오래되고 잘못 왜곡된 신념체계들은 더 이상 여러분에게 도움이 되지 않으며, 현재 당신들이 가진 유한성이라는 한계를 지속시키는 요인입니다. 이제 여러분이 원하는 바가 무엇이던 자신이 항상 소망했던 삶을 자유로이 구가하게 될 것입니다.

나의 의식이 상승됨으로써 나타나는 결과들

그 결과들은 헤아릴 수 없을 정도로 무진장하며 한계가 없습니다. 여러분의 우주적인 진화노정에 있어서 여러분의 의식은 영원무궁토록 끊임없이 상승하기를 계속 할 것입니다. 여러분은 자신의 참모습을 영원한 불멸(不滅)의 한 존재이자 사랑에 의해 창조되고 사랑 그 자체로 이루어진 신(神)의 한 자녀로서 인식할 것입니다. 그리고 여러분은 자신이 사랑에서 생겨나왔고, 또 그 위대하고도 크나큰 사랑이 여러분을 영원히 확장해 나갈 것이라는 사실을 알게 될 것입니다.

인간은 누구나 전지전능(全知全能)하고 찬란한 신(神)의 자녀들이고, 하나님의 모든 속성과 특질 그대로 (여러분의 말대로라면 신의 모습대로) 창조되었습니다. 이제 이런 여러분의 상실된 모든 기억들이 회복될 것입니다.

비록 여러분이 가야할 상승의 여정 초기에 다소의 어려움이나 넘어야 할 고비가 있다고 하더라도 당신들은 스스로 갇혀 있는 3차원이라는 제한된 세계를 벗어나거나 지구상의 여러분에게 유용한 그 밖의 것들을 탐구하고 싶지 않으십니까? 이러한 진리에 대한 구도(求道) 여정은 여러분의 그 어떤 상상조차도 넘어선 커다란 기쁨과 놀라움을 선사하며 인생을 꽃피우게 할 수 있습니다.

여러분 스스로에게 한 번 반문해 보십시오. 여러분이 살고 있는 지상세계는 이 지구 행성에서 홀로 격리되고 고립된 문명입니까? 아니면 지상과 지저의 우리 모두가 똑같은 사랑의 창조주로부터 태어난 한 형제,자매입니까? 당신들은 외톨박이인가요? 아니면 천차만별의 다양성으로 이루어진 광대하고 무한한 창조주의 한 부분인가요?

여러분이 이제까지 갇혀 살아온 3차원이라는 유한한 작은 상자에서 벗어났을 때, 비로소 그 작은 상자가 환영(幻影)이었음을, 그리고 여러분이 분리되거나 홀로 있지 않음을 깨달을 것입니다. 여러분은 끝없는 사랑으로 이루어진 존재하는 모든 것, 즉 신(神)의 일부인 것입니다.

상승의 파동을 탄다는 것은 무슨 의미인가요?

여러분은 결국 자신의 의식을 영원을 향한 보다 위대하고 영광스러운 상태로 상승시키도록 예정돼 있습니다. 지상의 대부분의 사람들은 자기들이 죽을 때 천국(天國)에 갈 거라고 꿈꾸고 있습니다. 하지만 이 지구상에는 새로운 우주의 주기(週期)가 펼쳐지고 있으며, 따라서 인간은 더 이상 죽을 필요도 없고 천국에 갈 필요도 없을 것입니다. 왜냐하면 천국은 다름 아닌 바로 이곳 지구상에서 상승의 물결을 타기로 선택할 모든 이들 앞에 곧 전개될 것이기 때문입니다.

여러분 생애에 가장 멋진 여행을 지금 떠나보지 않으시렵니까? 아니면 혼란과 갈등으로 가득 찬 지금의 의식(意識)을 계속 유지하는 길을 선택하실 건가요? 일단 여러분이 이런 질문들을 깊게 탐구했다면, 자신의 신성한 여정을 새로 시작하거나 계속해서 나가십시오.

여러분의 가슴과 의식을 지구상의 다른 동,식물의 왕국들을 향해 여십시오. 열린 눈과 가슴으로 그들 세계를 들여다보면, 얼마나 그들이 불가사의하고 조화로운지를 깨달을 것입니다. 동물들의 진정한 실체가 무엇인지, 그리고 이 행성에서 그들의 역할이 무엇이고 또 어떻게 동물들이 여러분을 도울 수 있는지를 이해하기 위해 노력해 보세요. 사실 인간은 동물들을 종(種)이나 외형, 크기 등으로 분류해 놓은 것 외에는 그 이상 별로 알거나 이해하고 있는 것이 없습니다.

가슴을 열고 하늘과 땅, 그리고 전에는 전혀 관찰해 본 적이 없는 여러분 주위의 가시적(可視的)이고 비가시적(非可視的)인 세계들을 지각함으로써 여러분은 조건 없는 사랑을 배우고 수많은 경이로운 대상들을 향해 마음을 열기 시작할 것입니다. 그리하여 여러분은 지금 이 행성으로 밀려들어오고 있는 거대한 상승 에너지의 파동에 발맞추어 자신의 의식을 끌어올리게 될 것입니다.

대자유를 향한 인류의 상승, 즉 영혼이 힘들게 진화하는 윤회환생의 과정으로서 여러분이 이 지구상에서 보낸 수천 번의 생애를 결산하는 최고의 졸업식이 이제 코앞에 닥쳐왔습니다. 지구역사상 지금 인류에게 주어진 상승의 기회만큼 쉬운 적이 없었는데, 사실 이번의 차원상승의 사이클은 어머니 지구를 위해 천상에서 결정된 것입니다. 그러니 여러분은 어머니 지구와 더불어 상승의 파동을 함께 타지 않으시렵니까?

여러분의 영적자유를 성취하기 위한 상승은 태초 이래 여러분이 수없이 지상에 태어나기를 반복했던 모든 환생(肉化)의 최종목표였습니다. 또한 그것은 여러분이 지구상에서 윤회하는 동안 얻은 수많은 교훈과 지혜의 목적이기도 한 것입니다. 지구의 모든 역사상 이번처럼 극히 짧은 기간

내에 달성될 가능성만으로 자유와 신성한 은총의 삶을 위한 상승이 일어난 적이 없었습니다.

　이제 여러분은 이번 상승의 기회를 이용하실 겁니까? 아니면 그토록 오랫동안 지겹게 겪어왔던 똑같은 고난을 경험하며 나중에 다른 행성에서 있게 될 다음 주기(週期)의 상승을 이용하기 위해 25,000년을 기다리실 겁니까? 친애하는 이들이여, 선택은 여러분의 몫입니다. 사랑과 자비로 나는 여러분에게 깨어나라는 메시지를 보내고 있습니다.

언젠가 당신이 도움의 손길이 필요할 때, 당신은 항상 가까이서 그 도움을 받을 수가 있습니다.
여러분이 나이를 먹어 성장할수록,
자신이 두 손을 가지고 있음을 깨닫게 될 것입니다.
그 두 손 가운데 하나는 자신을 돕기 위한 것이고,
다른 하나는 타인을 돕기 위한 것입니다.

> 여러분이 스스로 완전한 확신의 상태에 있게 될 때,
> 우주는 거기에 응답하여 즉시 당신이 원하는 바를
> 이루어주기 위해 움직이기 시작합니다.
> 하지만 내가 의미하는 "완전한 확신"이란
> 일말의 의심이나 두려움 같은 것이 섞인 믿음이 아닌
> 것입니다.
>
> -아다마-

12장

귀향하라! 사랑하는 이들이여, 5차원의 세계가 여러분이 귀환하기를 기다리고 있다.

지구 내부의 깊은 곳에 살고 있는 매우 진보된 다른 문명들의 도움과 지원으로 일찍이 우리 텔로스인들의 문명은 5차원의 의식으로 이동했습니다. 그럼에도 우리는 어느 정도 물질적 수준의 밀도를 유지하는 몸으로 남아 있기로 선택했습니다. 우리의 몸이 물질상태에 있는 여러분의 몸과 유전적으로 동일합니다만 우리가 여러분이 볼 수 있고 만질 수 있는 실제적 몸의 상태로 유지하고 있는 것은 우리의 임무 때문입니다. 그리고 이것은 지구의 상승과정을 도우려는 우리의 약속에 관계되어 있습니다.

우리는 생명과 이 지구행성에 대한 우리의 봉사로서 언젠가 합의를 한 바가 있었습니다. 그것은 미래의 언젠가 지상의 주민들이 우리의 가르침에 따라 우리를 받아들일 준비가 되었을 때 이처럼 어느 정도 물질상태

수준을 유지하는 것이 우리가 지상에 나타나 과거의 친구이자 형제,자매로서 여러분과 함께 있기 위해서 필요해질 것이라는 생각 때문이었습니다.

유전적으로 우리는 같기 때문에 우리가 우리의 육체로 진화해온 물리적 발전상과 무한성은 여러분이 자신들의 발전을 위해 참고하고 이용할만한 역할 모델이 될 것입니다. 현재 우리의 DNA 암호화(Coding)는 여러분이 알고 있는 완전히 활성화된 12가닥 DNA와 인간과학자들이 이제 막 잠재적으로 발견하기 시작한 추가적인 24가닥 DNA가 작용하고 있습니다. 지상의 주민들의 대부분은 단 2가닥의 DNA만이 활성화되어 있고 나머지 10가닥은 과거에 있었던 유전조작으로 인해 잠자고 있는 상태입니다.

여러분의 신성한 잠재력의 상당 부분이 잠정적으로 묻혀 있는 상태인 까닭에 인간은 현재 자신이 가진 전체 잠재능력의 약 5~10% 밖에 사용하지 못하고 있습니다. 하지만 우리는 우리가 가진 잠재력의 100%를 활용하고 있습니다. 이런 잠재능력은 또한 누구에게 있어서나 그들이 높은 차원으로 진화하는 만큼 영원히 계속해서 확대됩니다.

레무리아 시대에 모든 인류와 레무리아인들은 완전히 작용하던 36가닥의 DNA를 가지고 있었다

인류가 추락하던 시기 동안, 인간은 수천 년간에 걸쳐서 점진적으로 의식이 낮아지며 내리막길을 걸었습니다. 그리고 원래의 36가닥의 DNA 가운데 단지 12가닥만이 남을 때까지 다른 24가닥은 퇴화되는 과정이 진행되었습니다. 게다가 레무리아와 아틀란티스, 이 양 대륙의 침몰과 함께 추가로 10가닥 마저 작용하지 않게 되었던 것입니다. 하지만 지금 작용하지 않는 과거의 모든 DNA 기능들이 다시 활성화될 수가 있는데, 그것은 여러분이 조건 없는 사랑의 진동이나 고등의식(Higher Consciousness)

의 성취와 같은 방식을 통해 자신의 의식(意識)이 열릴 때입니다.

그런데 인간을 통제하려는 욕망을 가진 외계인들에 의해 인류의 유전자 코드에 조작이 가해졌다는 많은 이야기가 있습니다. 이런 이야기들은 지구상의 일부 문명들에게 있어 어느 정도는 진실입니다. 하지만 그것 또한 그 당시 인류의 카르마(業)로 인한 것이었음을 알도록 하십시오. 그리고 사실 이러한 조치는 지구를 관리하는 고위 수준의 영단(Hierarchy)의 동의하에 벌어졌던 것입니다.

이렇게 인류는 그 때 낮은 수준의 의식으로 하락했고, 그 이후 지금까지 12가닥의 DNA로 활동하는 것이 불가능했습니다. 인류의 DNA 가닥이 축소된 결과로서 다가온 것은 견디기 어려운 고통이었습니다. 그러나 이러한 결정은 당시 가장 높은 지혜를 지닌 존재들의 유일한 선택일 수밖에 없었습니다. 만약 인류가 이와 같이 낮은 수준의 의식으로 추락하지 않았다면, 이런 DNA 변질은 일어날 수 없는 일이었습니다.

"덮개(Veil)"라고도 부르는 인간의 비활성화 상태의 DNA를 싸고 있는 막은 여러분의 진화를 통해서 다시 한 번 벗겨질 것인데, 이것은 인류가 아틀란티스와 레무리아 시대에 잠재능력을 오용했던 실수에서 벗어나 올바른 관점을 정립했을 때입니다. 또한 그렇게 함으로써 여러분은 과거처럼 신성한 힘과 사랑을 오용한 업보(業報) 없이 자유의지를 행사할 수가 있고 자신의 경험에서 영속적인 위대한 지혜를 얻는 것입니다.

인간의 내면 가슴 속에는 신성한 사랑과 지혜, 힘의 3가지 부분으로 이루어진 생명의 불꽃이 존재하는데, 이것은 여러분의 오라(Aura) 장(場)을 직경 9피트 한도로 확대하는데에 이용되고 인간의 신성한 천부적 권리인 모든 능력을 발휘하게 해줍니다. 원래 인간은 보통 20,000~30,000년의 수명을 누릴 수가 있었고, 얼마를 사느냐를 선택하는 것은 자신의 몫이었습니다. 자기가 원하는 한은 언제나 자기 마음대로 본래의 몸을 그대로 유지한 채 오래 살 수가 있었습니다. 말하자면 이 3부분으로 구성된 불꽃은 여러분의 선천적인 "불사(不死) 상태"를 가능케 하고, 여러분이 가진 신성의 모든 마법과 특성들을 자연법칙에 따라 이용하게 해주는 것입니다.

여러분은 원래 창조주의 모습대로 창조된 아무런 한계가 없는 "죽지 않는 신들(gods)"입니다. 이것이 바로 머나먼 과거시대에 인간이 지구상에서 수십만 년 동안 삶을 누렸던 방법이었습니다. 당시 신성한 존재들로서 여러분에게 불가능한 것은 아무 것도 없었습니다. "우주심(Universal Mind)"에서 나온 모든 지식은 여러분의 천부적 권리에 따라 쉽게 손에 넣을 수가 있었습니다. 하지만 한 문명집단으로서 인류는 이러한 특권을 크게 오용했던 것입니다.

인류가 이런 신성한 선물을 크게 남용했기 때문에 그들은 점차 그 남용수준을 줄이기 시작했습니다. 친구들이여, 이런 선물들은 인류가 오직 원래의 의식수준을 회복했을 때만이 되찾을 수 있고 유지할 수가 있습니다. 즉 그것은 인간의 자각(自覺)과 감정, 그리고 행위를 통해 조건 없는 사랑과 자비를 실천하고 조화 속에서 올바르게 신성한 의지와 힘, 지혜를 사용했을 때 얻을 수 있는 능력인 것입니다.

레무리아와 아틀란티스 대륙이 가라앉고 두 대륙에 있던 주요 문명들이 사라졌을 때, 어버이 신(神)에 의해 다음과 같은 천명(天命)이 내려졌습니다. 그것은 인류가 본래의 온전함과 신의식(神意識)으로 되돌아갈 수 있는 유일한 길은 이 3부분의 생명 불꽃을 단지 16분의 1 인치(inch) 크기로 축소하는 것이라는 포고령이었습니다.

그리하여 인류는 더 이상은 자신들이 저질렀던 신의 힘과 에너지를 함부로 오용하는 행위를 할 수가 없었습니다. 친애하는 이들이여, 그때 이후 여러분은 단지 2가닥의 DNA와 심장에서 고동치는 매우 작은 크기로 축소된 생명의 불꽃을 가지고 살아왔던 것입니다. 그리고 본래의 온전함으로 되돌아가는 여러분의 길은 길고도 고통스러운 영적 여정이었습니다.

하지만 그것은 신(神)이 여러분을 구하는 유일한 길이었음을 아십시오.

여러분을 본래의 온전한 상태로 되돌려 놓기 위해 천상에서 시도했던 다른 모든 노력들은 실패했는데, 그것은 신의 에너지를 오용하는 인간의 자유의지조차 간섭받지 않고 전적으로 존중받았기 때문이었습니다.

지금 지평선 위에 거대한 밝은 희망의 태양이 떠오르고 있습니다. 상당한 비율의 인류가 오랜 기간에 걸쳐 지상에서 경험했던 분리의 탐험여행을 통해 지혜와 지식을 얻었습니다. 여러분은 이제 자유의지에 따라 본래의 상태로 돌아가겠다는 여러분의 소망을 보여주었습니다. 여러분의 어버이이신 창조주께서는 여러분이 모두 다시 돌아와 원래의 선물을 돌려줄 수 있는 날이 오기를 큰 사랑과 기대로 기다려 오셨습니다. 그러한 되찾음의 시간이 가까이 와 있으며, 외견상 잃어버린 것처럼 보였던 모든 것들이 완벽히 여러분에게 다시 복구될 것입니다.

여러분의 신성은 결코 당신들로부터 박탈될 수가 없는데, 왜냐하면 그것이 여러분의 진정한 본성(本性)인 까닭입니다. 그것은 오직 여러분이 보다 진보된 신성한 지식에 관한 교훈과 경험을 얻기 위해서 일시적으로 베일에 가려졌던 것입니다. 여러분은 단지 다시 귀향하기 위해 집을 떠났던 것이고, 이제 인류는 바로 자신들의 참모습인 우주 전체와의 장대하고도 영광스러운 재결합을 시작하려는 문턱에 서 있습니다.

텔로스에 있는 우리는 어떤 면에서 여러분과 매우 다른 것처럼 생각되는데, 우리는 언제나 우리의 충만한 신성을 자연스럽게 나타내기 때문입니다. 우리가 진화하기 위해 선택한 노정으로 인해 우리의 신성에 관계된 모든 특성들은 아주 오래 전에 회복되었습니다. 우리처럼 여러분의 신성이 회복되면, 당신들은 우리 텔로스인들이 성취한 진화단계에서 우리가 누리고 있는 은총의 수준으로 신속히 옮겨가게 될 것입니다.

우리 지저인(地底人)들은 지저문명이 지상의 차원과 통합될 날을 기다리며 현 상태로 남아 있기로 선택했습니다. 그리고 이런 결정은 또한 지상의 인류가 12,000년 동안 이룩하지 못한 5차원 문명의 본보기로서 우리가 역할모델 노릇을 하기 위한 것이었습니다. 이런 우리의 조언자 역할은 여러분이 빠르게 자신에게 충만한 신성을 깨닫고 그것을 일상적 삶속에서 구현하는 것을 도울 것입니다. 그때 비로소 여러분은 우리가 같다는 것을 알게 될 것입니다.

우리는 단지 여러분의 손위 형제,자매일 뿐이며 여러분을 형제애로서 깊이 사랑합니다. 얼마나 우리가 여러분과 얼굴을 마주하고 함께 있게 되기를 동경했는지, 또 고향에서 내내 기다리며 여러분 모두가 집으로 돌아오는 것을 도울 수 있기를 갈망했는지 아십니까? 우리의 손을 잡으십시오. 우리는 여러분을 놓치지 않을 것입니다. 빛의 세계에 있는 모든 존재들은 여러분의 도와달라는 손짓과 요청에 대비하고 있고 여러분의 귀향을 돕기 위한 준비를 하고 있습니다.

나의 사랑하는 이들이여, 집으로 돌아오십시오. 이제는 귀향하도록 하세요. 5차원의 세계가 지금 여러분이 돌아오기를 기다리고 있습니다. *그러나 우리는 당신들을 여러분 자신도 모르게 집으로 데려갈 수는 없습니다. 여러분이 귀향하기 위해서는 자신의 가슴과 마음을 스스로 열어야만 하고 날마다의 실천을 통해 집으로 돌아가기를 선택해야 합니다.*

지상의 주민들 가운데 이러한 선택을 할 사람들은 현재 자기의 신체를 그대로 가지고 귀향하게 될 것입니다. 모든 생명이 본래의 자리로 복귀하는 과정을 밟는 때인 이 지구 역사상 가장 중대한 시기에는 과거 몇천년 동안 인간이 그래왔듯이 이 세상에 육신을 남길 필요가 없습니다. 다시 말하자면 여러분은 더 이상 육체적으로 죽을 필요가 없는 것입니다. 여러분의 육체는 우리의 것과 마찬가지로 무한한 불사(不死)의 몸으로 변형될 것입니다. 이제 정신을 똑바로 차려서 그 길을 선택하십시오. 그리고 그 때를 대비해 스스로의 마음을 열고 천상의 어버이 신으로부터 오는 이 신성한 은총을 받으십시오.

***지구의 대전환 이후에도 이 3차원은 계속 존재하게 될까요?**

이런 질문은 아직 우리가 여러분이 듣고 싶은 대로 정확하고 완벽하게 답변해 줄 수는 없습니다. 그 이유는 많은 부분이 아직 결정되지 않거나 알려져 있지 않은 까닭입니다. 3차원이 향후 어느 정도의 시간까지는 계속 존속할 것이라는 점은 분명합니다. 하지만 여러분에게 말하건대, 지구의 전환 이후 매우 오랫동안 지구라는 물리적 행성은 계속해서 그녀 스스로 다시 균형을 회복하고자 변동을 일으킬 것입니다. 따라서 여러분이 이곳 지구의 차원에 머물러 있는 것은 매우 바람직하지 않습니다.

이것이 우리가 여러분에게 지구의 대전환과 더불어 보다 상위차원으로 옮겨가야 한다고 촉구하고 격려하는 이유입니다. 이 행성 지구에는 몇 가지 잠재적 예정표가 동시에 존재하며, 여러분 각자는 서로 다른 시나리오들을 경험하게 될 것입니다. 무슨 말인가 하면, 사람들은 그 몇 가지 예정표 가운데 그들의 의식과 공명하는 시나리오를 경험하게 될 것이라는 의미입니다.

앞으로 이곳 3차원에 그대로 머물러 있기를 선택할 사람들이 있게 될 것인데, 우리는 그들이 수많은 어려움에 봉착하게 될 것으로 보고 있습니다. 이런 상황은 대다수 인류와 관련해 우리가 마음속에 그리거나 바라는 것이 아닙니다. 하지만 그렇다고 하더라도 여러분은 자유의지를 가지고 있고 여러분의 자유의지는 끝까지 존중받을 것입니다.

지구를 위해서 바람직하고 또 어머니 지구 스스로 자신의 3차원적인 몸에 일으키려는 작용은 결국 상처받고 오염된 모든 부정적인 것들을 완전히 청소해내고 치유하는 것입니다. 그리고 지금의 낮은 차원에서 벗어나 가장 높은 차원으로 상승하고자 하는 것이며, 거기에 전적으로 머무르는 것입니다. 그녀는 자신의 몸이 완전히 회복되는 것을 보고자하며, 자신이 태초에 창조된 모습대로 신성한 완벽함과 조화, 절묘한 아름다움을 표현하고 싶어 합니다.

지구의 대전환 이후에 이 지구상의 3차원에서 더 이상의 진화가 일어나지 않을지라도 지구는 수많은 동,식물의 왕국들과 고차원 문명의 존재들이 원할 때는 언제나 그들을 위해 3차원 내에서 높은 수준으로 표현되는 물질적 아름다움을 즐길 수 있는 기회를 계속 살리고 싶어 합니다. 아마도 이것은 인류가 지금의 저급한 수준으로 "타락"하기 이전의 시대에 지구상에서 인간과 천사들, 마스터들이 자유자재로 자신들의 진동을 낮추었던 그 당시와 같은 방식으로 이루어지게 될 것입니다.

그들은 스스로 원하는 한은 이른바 일종의 "휴가(休暇)"의 형태로 그와 같은 3차원 경험을 즐길 수가 있고, 다시 원래의 상위 차원으로 마음대로 돌아갈 수가 있습니다. 게다가 일단 지구상의 모든 부정적 요소들이 완전히 청소되거나 제거되어 본래의 상태로 회복되면, 이 행성의 모든 차원들과 저 너머에서 온 모든 존재들이 우주가 제공한 이 가장 호화롭고 뛰어난 "휴양지"를 경험하기 위해 이곳 지상으로 올 수 있게 될 것입니다.

친애하는 이들이여, 하지만 이것은 어디까지나 잠정적인 계획이며 아직 확정적인 것은 아닙니다. 그리고 만약 인류가 지금처럼 지구를 닥치는 대로 파괴하고 쓰레기장처럼 계속 오염시키거나 또 지구의 자원들을 약탈하는 행위를 멈추지 않는다면, 지구의 회복이 불가능할 수도 있습니다. 이런 야만적인 짓들은 현재 지상에 육화해 있는 여러분 모두가 자기들을 이제까지 사랑과 너그러움으로 부양해준 "우주의 어머니"인 지구를 공경하지 않을 때만 자행될 수 있는 것입니다. 그녀는 여러분에게 독특한 진화의 무대를 제공해 왔는데, 이런 놀랄만한 장소는 이 우주의 그 어디에서도 결코 경험할 수가 없습니다.

지구상의 여러분 모두는 지금 당장 그녀의 환경보존과 복구를 주장하고 행동에 나서야 합니다. 대단히 광범위한 면적의 토양과 물이 심하게 오염되고 황폐화된 채 고갈돼가고 있으며, 여러분의 행성은 지금 "되돌아 올 수 없는 지점"으로 다가가고 있습니다. 당신들은 바로 이 지구 행성의 3차원 환경이 생존하느냐의 미래 운명을 결정할 "당사자"들입니다. 그리고 여러분 중에 많은 이들이 사실상 지금 이 시기에 지구를 돕겠다는 바로 이 목적으로 지구에 태어나기로 선택한 것입니다.

당신들이 자신들의 "어머니"인 지구를 함부로 대우하는 광기어린 태도를 바꾸지 않는다면, 이제 곧 그녀는 더 이상 자기 몸 위에 서식하는 생명들을 부양할 수 없게 될 것입니다. 우리는 이미 이전에 말한 내용을 다시 한 번 반복하고자 합니다.

"여러분의 어머니 지구는 의식(意識)이 있고 살아서 숨 쉬는 우주적 장엄함을 지닌 빼어난 존재입니다. 이 시점에서 볼 때 그녀는 더 이상 인간들에게 학대받을 수가 없으며, 자신의 3차원적인 몸으로 계속해서 인류에게 봉사할 수가 없습니다."

*당신은 레무리아가 오늘날 아직도 고차원의 세계 속에 존재한다고 했는데, 거기에 사람들이 계속 살고 있다는 말인가요? 또 잉카사회가 아직도 5차원 속에 존재하고 있습니까?

우리의 사랑하는 레무리아 대륙이 가라앉았을 때, 어버이 신(神)께서는 우리의 대륙을 4차원의 수준으로 들어 올렸고, 거기서 우리는 계속해서 번영하고 진화했습니다. 나중에 우리가 진화해서 고차원 생활방식과 의식(意識)으로 돌아갔을 때 우리는 다시 5차원의 진동으로 상승되었습니다. 즉 레무리아는 단지 3차원의 측면에서만 파괴되었던 것입니다.

여러분은 우리가 그 이래 지금까지 모든 차원들 속에 동시에 존재한다는 사실을 깨달아야만 합니다. 레무리아 및 다른 대륙들과 문명들이 그때 같이 존재했었고, 뿐만 아니라 오늘날에도 4차원과 5차원 속에 동시에 존재하고 있다는 사실입니다. 인류의 의식이 하락하기 이전인 레무리아 시대에는 모든 사람들이 의식적으로 그런 차원들을 마음대로 여행했습니다. 인간들은 자기가 있고자 원하는 바에 따라 의도적으로 진동을 조절해 3차원과 5차원 사이를 쉽게 넘나들 수 있었던 것입니다.

그 당시 모든 생명이 완벽한 조화 속에서 계속 번성했으며, 또 그 때는 오늘날처럼 차원 사이에 존재하는 막이 없었습니다. 그리고 이런 차단막들은 바로 인류가 타락해서 신성한 신의 선물을 오용함으로써 만들어진 것입니다. 비록 이런 오용의 경험이 결국 우리에게 커다란 지혜를 가르쳐 주기는 했지만 말입니다. 이 차원들 사이의 막은 3차원 세계의 현 물질적, 감정적, 영적 독성으로부터 다른 차원들이 영향 받지 않고 현 상태로 남아 있기를 바라는 보호기능으로서 존재합니다.

우리가 과거 레무리아가 4차원과 5차원으로 들어 올려졌다고 언급할 때, 그것은 레무리아가 그러한 차원들 속에 이미 존재했었다는 사실에 대한 이해를 바탕으로 한 것입니다. 사실상 들어 올려진 것은 대륙의 에너지와 에테르적인 청사진(靑寫眞)입니다. 또한 여전히 빛의 봉사를 행하고 있었던 신전(神殿)들과 신의 계획에 협력하고 있던 사람들이 거기에 해당됩니다. 다시 말해 그것은 한 때 고차원의 의식 수준으로 존재했던 모든 레무리아인들의 에너지와 문화가 들어 올려진 것입니다.

대륙이 침몰되던 시기에 3차원의 레무리아 내에 아직도 남아 있던 빛과 사랑에 속한 모든 것, 당시 고차원의 수준으로 이행될 수 있었던 모든 것들이 끌어올려졌습니다. 그것은 3차원의 나머지 에너지들을 4차원과 결합하고 융합한 것이었습니다. 잉카문명은 아주 오래전에 5차원으로 상승했으며, 거기서 그들은 계속 진화하고 있고 여러분을 환영하기 위해 기다리고 있습니다,

*장차 레무리아 대륙이 태평양에 다시 출현하게 될까요? 그리고 지구의 지형은 완전히 변하게 됩니까?

레무리아 대륙 전체가 태평양상에 3차원적으로 다시 융기할 것 같지는 않습니다. 잘해야 과거 레무리아 시절에 한 때 산의 정상 부분이었던 태평양에 있는 몇 개의 섬들이 융기함으로써 그 면적이 훨씬 거대하게 주위

로 확대될 것입니다. 지구의 지형(地形)은 인류가 보다 고차원 의식으로 전환될 때 어느 정도의 대변화를 겪게 될 것입니다, 하지만 그렇다고 해서 지구 전체가 완전히 다 바뀌지는 않을 것으로 봅니다.

지구는 이제 막 중대한 변화를 시작하려고 하고 있습니다. 여러분의 어머니 지구는 이제 4차원으로, 그리고 나중에는 5차원으로 끌어올려지기 전에 청소되고 생기를 회복해야 할 필요가 있습니다. 우리는 여러분에게 그녀의 이런 변동들이 그녀에 대한 어떤 원망 없이 잘 치러질 수 있도록 견뎌주기를 요청합니다. 그녀는 수백만 년 동안 자신의 몸에 가해졌던 인류의 수많은 학대행위들을 관대히 용인해 왔으며 여러분이 자유의지를 경험할 수 있도록 지금까지 인간의 모든 만행을 허용하고 있습니다. 하지만 그녀는 그 답례로서 인간으로부터 어떠한 감사나 존경도 거의 받지 못했습니다.

그런데 앞으로 그녀가 장차 상위단계로 진화하는 일부 인류를 계속 부양할 수 있기 위해서는 스스로 자신을 쇄신하는 길 이외에는 다른 어떤 선택의 여지도 없습니다. 그러므로 장차 일어나는 모든 일들을 지구의 육체와 에테르체를 정화하는 과정에서 불가피한 일종의 "치유를 위한 진통"으로 생각하십시오. 대신에 우리는 여러분이 좀 더 자비심을 보여주기를 바랍니다. 또한 지구의 정화작용과 재생(再生)을 허용하고 인내해줄 것을 요청하는 바입니다. 비록 일시적으로 대혼란의 상황이 오더라도 그것이 여러분에게도 역시 유익할 것입니다. 여러분이 알다시피 이 행성 위의 생명들은 머지않아 일련의 중대한 변형과정을 경험할 것입니다.

인류의 고난과 고통으로 점철된 역사적인 한 시대의 종막을 알리는 벨이 울리고 있습니다. 대변화 이후에 인류는 우리와 같은 일정한 물리적 진동상태를 유지할 수 있게 될 것입니다. 그리고 여러분은 바로 지금과 똑같이 생생한 자신의 실체를 경험하게 될 것입니다.

여러분의 삶과 여러분 주위의 모든 것들이 온전한 상태로 되돌려지고 깨끗이 청소되어 확장된 새로운 모습으로 탈바꿈할 것입니다. 그리고 여러분은 통합된 새로운 수준의 의식과 완벽한 상태를 유지할 것입니다. 여러분의 의식이 바뀌는 만큼 여러분 주변의 모든 것들이 더불어 조정되고 변화할 것입니다.

인류의 중대한 운명과 함께 지구는 지금 위대한 모험의 여정에 나서고 있습니다. 여러분 가운데 많은 이들이 매우 오랫동안 하늘에다 여러분 세계에 신성한 개입을 해주기를 기원하고 요청해왔으며, 지금은 이제 이러한 기도가 막 응답받으려 하는 시점입니다. 우선 여러분은 현재 더럽혀져 있고 또 지금도 계속 오염시키고 있는 3차원 세계의 모든 불결상태를 청소해야 하고 여러분의 어머니 지구가 그녀의 몸을 스스로 정화할 수 있도록 허용해야 합니다. 아울러 당신들은 지구가 자신들에게 진화의 무대를 제공해준 자비로운 "우주적 어머니"라는 사실을 인정해야 합니다.

인간들이 아까운 줄도 모르고 마구 소비하면서 그것을 당연한 것으로 여기는 지구의 자원들이 현재 그녀의 몸에서 대대적으로 고갈돼가고 있음을 부디 깨달으십시오. 당신들은 인간들이 거리낌 없이 대규모로 잘라내고 있는 나무숲이 그녀의 폐이고, 수정(水晶)들이 그녀의 동맥기관이라는 사실을 아십니까? 그리고 당신들이 가차 없이 땅에서 뽑아내 엄청나게 낭비해대는 석유가 바로 그녀의 혈액임을 아시나요? 또 여러분이 별다른 생각 없이 소유하고 있는 지구의 광물들과 보석들 역시 그녀의 에너지 체계를 이루는 일부인 것입니다.

여러분은 지구의 모든 자원들을 지금까지 여러분이 지녀왔던 방식보다 훨씬 더 신중하게 활용하는 법을 배워야합니다. *또한 당신들은 이제 새로운 세계로의 진입을 허락받기 위해서는 상위 차원의 의식을 깨닫기 시작해야만 하는 것입니다.*

가슴속에 평화와 사랑을 품으십시오.

- 텔로스의 갤라티아 -

친애하는 이들이여, 안녕하십니까? 저는 텔로스에서 아다마의 부인으로 알려진 갤라티아(Galatia)라고 합니다. 또한 저는 텔로스에서 별명인 캐라이어(Kaelaea)라는 이름으로도 알려져 있습니다. 저는 이 아름다운 날에 이 감미로운 분위기속에서 여러분 모두와 더불어 나의 사랑과 평화를 함께 나누게 된 것을 기쁘게 생각합니다. 참으로 오늘 이곳에서 이루어진 우리의 만남은 가장 성스러운 행사이고 우리는 장차 이러한 모임이 훨씬 더 많아지게 될 것임을 잘 알고 있습니다.

이것은 저의 개인적 바람입니다만, 우리가 오늘날 레무리아의 메시지를 지구상의 대중들에게 알리는 것이 얼마나 중요한가를 여러분이 좀 더 인식해주었으면 합니다. 현재 자기가 레무리아인 뿌리를 가진 후손임을 망각한 이들의 잠든 가슴을 깨우려는 많은 존재들이 활동하고 있습니다. 예컨대 그들은 내 자신을 포함하여 아다마, 아나마르(Ahnahmar), 셀레스티아(Celestia), 안젤리나(Angelina), 그리고 몇몇 다른 존재들입니다.

지구역사의 아주 중요한 부분들을 기억하는 것이 인류에게 너무나 고통스러웠던 까닭에 오랜 기간 동안 그것들이 상실돼야만 했던 것은 참으로 슬픈 일입니다. 지금 우리는 레무리아와 텔로스 출신의 여러분의 과거, 현재, 미래의 형제자매로서 과거 레무리아의 실상에 관한 여러분의 기억을 일깨우기 위해 함께 모였습니다. 우리는 여러분에게 우리의 소중한 것들과 우리의 역사, 우리의 가슴, 그리고 우리의 기억들을 제시할 것인데, 이것은 모두 당시 레무리아에 살았던 이들 뿐만이 아니라 거기에 없었던 이들에게도 가슴어린 역사의 추억을 다시 회상하도록 점화시키고 점차 불어넣기 위해서입니다.

빛과 사랑, 자비와 조화로 이루어진 한 문명으로부터 높은 수준의 정보

샤스타 산의 장엄한 모습

를 얻기를 갈망하는 사람들에게 이제 우리는 점차 우리의 역사를 밝히고자 합니다.

우리는 여러분과 같은 대변자들이 자신들의 목소리를 통해 새로운 지구가 창조되고 탄생하는 과정에서 지구상의 사람들을 도와주기를 요청합니다.

친애하는 이들이여, 수많은 세월 동안 당신들은 자기들이 무엇을 위해서 기도했는지, 그리고 그것이 어떻게 여러분의 세계에서 실현될 수 있는지를 진정 모른 채 하늘에다 기도했습니다. 여러분 모두가 알다시피 매우 오랫동안 지구상의 삶은 그리 용이하지가 않았습니다. 여러분의 삶은 천국이라기보다는 지옥을 걷는 여행 같다고 수없이 느껴졌습니다. 그리고 "지상천국"이란 단지 기도문 속에서 낭독되는 단어이거나 무슨 놈의 삶이 이와 같을 수 있을까라고 덧없이 흘러가는 생각들 속에서나 떠올리던 말이었습니다. 그러나 단순히 이런 말을 통해서 지상천국의 원형을 기억하는 것만으로는 충분하지가 않습니다. 가슴의 에너지를 통해서 지상천국의 원형을 기억해 내는 것이 훨씬 더 중요합니다.

지상천국이었던 레무리아에 관한 가슴의 기억들을 다시 일깨우기 위해 오늘 다함께 여러분의 집단이 모인 것은 잃어버린 역사의 일부로만 한 때

치부되던 이런 기억들이 회복되는 것을 계속 돕습니다. 게다가 이런 기억들은 지금 이 순간에도 살아서 움직이며 성장하고 있고 계속 존속해 나가고 있습니다. 이제 그것은 지금 다시 연결되었고 새로운 세계를 공동 창조하는데 도움이 될 수가 있습니다. 텔로스에 있는 우리들은 여러분을 돕는 일을 영예롭게 여기며, 그것은 또한 우리에게 흥분되는 일이기도 합니다.

　우리는 지상과 지저세계가 통합되는 새로운 지구의 미래를 위해 우리가 할 수 있는 역할에 가슴 뛰는 흥분을 느끼고 있습니다. 많은 이들의 변형을 위한 이런 정보와 지혜를 받아들일 준비가 돼있는 사람들과 함께 일하는 것은 우리의 최상의 영예이고 기쁨인 것입니다.

　오늘 우리는 여러분 모두에게 우리의 신성한 사랑과 축복을 전합니다. 여러분에게 말하건대, 우리는 모든 지상 주민들과의 위대한 재통합의 시간을 오랫동안 기다려왔다는 사실입니다. 우리는 여러분이 인류의 개인적인 깨어남과 행성지구의 진화를 돕기 위해 제공될 새로운 가르침과 사상들을 열린 마음으로 수용할 것을 요청합니다. 여러분 행성의 미래와 여러분이 창조해서 살고자 하는 세계에 대한 비전(Vision)을 높게 품으십시오.

　지금 여러분이 중요하게 생각하는 자신들의 먹고사는 생계는 큰 문제가 되지 않습니다. 여러분의 가슴 속에서 귀를 기울이라는, 그리고 기억하고 사랑하고 사랑을 느끼라는 울림이 올 때 하던 일을 멈추기를 주저하지 마십시오.

　사랑하는 이들이여, 여러분이 평화와 사랑, 번영을 바란다면 이런 신성한 특성들을 의식의 완전한 조화와 통일 상태에서 가슴속에 간직하십시오. 여러분이 진정으로 이루고 싶어 하는 것이 무엇이든 여러분은 먼저 큰 사랑과 더불어 서로 하나가 되어야 합니다.

　지구의 전환기인 이 중대한 시기에 우리는 여러분에게 다음과 같은 요청을 드리고자 합니다. 그것은 여러분의 인생에서 참으로 가치 있게 여기는 것들과 우선사항들을 다시 재고해보라는 것입니다. 여러분이 무엇을 우선시하거나 가장 중요한 가치들로 여기느냐가 자신이 이 세상에 태어나기에 앞서 세워놓은 목표의 실현 여부를 좌우한다는 것을 의심치 마십시오.

사랑하는 이들이여, 여러분이 지구상에서 세속적으로 벌이는 모든 계획과 활동들은 이 지구의 변동기에 있어서 그저 일시적인 덧없는 것들이고 단지 부분적인 일에 불과합니다. 그러나 여러분이 자신의 신성한 본성을 자각함으로써 전개하는 것은 그 무엇이든 여러분과 더불어 영원히 남습니다. 하루하루의 매 순간을 자신이 인간경험을 하고 있는 신성한 존재라는 의식적인 자각을 가지고 사십시오.

여러분은 스스로 지금 이 시기에 이런 육신으로 이곳 지상에 태어나기로 선택했다는 사실을 기억해 두십시오. 또한 당신들의 신성(神性) 전체를 이루는 모든 성스러운 특성들을 완전히 실현함으로써 자신의 육체를 불사(不死)의 체(體)로 바꾸고 영원한 존재로 거듭나겠다는 것을 굳은 의지로 결심했다는 사실입니다.

여러분의 신성은 강인한 의지와 매순간의 깨어있음, 그리고 실천 없이 결코 저절로 실현되는 것이 아니라는 점을 충분히 알아 두십시오.

*여러분이 날마다 삶의 현장에서 무엇을 하든 항상 그 행위를 사랑의 마음으로 하십시오.
*여러분이 무슨 말을 하든 언제나 지혜와 사랑, 자비와 깨달음에 관한 말들을 나누십시오.
*하루하루 이루어지는 내면의 대화 속에서 스스로 무슨 생각을 하든 신(神)의 의식(意識)과 빛의 세계에 관해 인식하십시오.
*머지않아 여러분이 희구하는 낙원세계가 커다란 기쁨으로 다가와 이루어질 것입니다.

이런 대략적인 내용을 여러분에게 전하면서 저는 텔로스의 우리 모두가 지상의 여러분을 깊이 사랑한다는 사실을 알려드리고 싶습니다. 우리는 여러분이 우리와 연결되는 교신을 할 때마다 너무나 기쁩니다. 텔로스의 레무리아 자매들을 대표해서 저는 여러분 모두에게 우리의 깊은 우정과 사랑을 전하는 바입니다.

모든 창조는 여러분의 상상 속에서 처음 시작됩니다.
상상력은 의식적으로 무엇인가를 실현시키는
여러분의 도구입니다.
그 도구를 여러분이 무엇인가를 창조하는 데
적극적으로 이용하십시오.
그러면 여러분의 미완의 꿈들이 이루어질 것입니다.

-아다마-

13장
텔로스의 레무리아 <대 비취(Great Jade) 사원>과 5번째 광선의 작용을 통한 치유의 불꽃

- 아다마 -

◎ 아다마는 우리에게 치유와 레무리아에 관해서 이야기한다. 깊은 명상은 우리를 텔로스에 있는 거대한 <비취(翡翠)18)의 신전>으로 데려가는데, 거기서 우리는 믿을 수 없는 치유와 원기회복을 경험한다고 한다.

안녕하세요, 여러분, 텔로스의 아다마입니다. 텔로스에 있는 우리 모두는 여러분의 텔레파시 초대에 따라 여러분과 접촉해서 우리의 가르침을 제공할 때마다 늘 큰 기쁨과 만족을 느낍니다. 오늘 우리는 새

---

18) 보석인 옥(玉)의 일종으로서 옥에는 "연옥(軟玉)"과 "경옥(硬玉)"이 있는데, 보통 경옥을 "비취(Jade)"라고 한다. 화학성분은 NaAlSi2O6이고 단사정계에 속하는 알칼리 휘석(輝石)이다. 굳기는 6.5~7, 비중은 3.2~3.3이며 무색, 백색, 녹색, 청록색을 띤다. 미얀마, 티베트, 프랑스, 멕시코 등이 주산지이다. 옥은 그 신기한 효능으로 인해 예부터 왕실에서 귀하게 여겨왔다. 중국의 <본초강목(本草綱目)>이나 우리나라의 <동의보감(東醫寶鑑)>과 같은 의서(醫書)에서도 옥을 치료효과가 있는 "약석(藥石)"으로 분류하여 언급하고 있다.
옥의 성분은 묘하게도 인간의 신체 구성성분과 일치하여 가루를 내어 환약으로 만들어 복용해도 부작용이 전혀 없다고 한다. 옥은 인체의 순환기 장애기능을 원활하게 해주고, 소화계통 질환, 기관지천식, 체내 노폐물 배출, 신열을 내리는 등의 효과가 있다고 알려져 있다.

로운 치료법에 대해 논의하고 싶고, 아울러 텔로스에서 "거대한 비취의 신전"이라고도 불리는 놀라운 치유의 사원(寺院)에 관해 여러분에게 소개하려 합니다.

그런데 과거 우리의 대륙이 멸망한 이래 지상주민들이 이 경이로운 사원에 접근하는 것은 금지되어 왔습니다. 하지만 최근에 이 거대한 〈치유의 사원〉 입구가 다시 이곳을 방문하기 원하는 모든 이들에게 개방되었습니다. 여러분은 이제 자신의 원기 재충전과 정화를 위해 에테르체로 이곳에 올 수가 있습니다. 그리고 여기서 높은 단계의 새로운 치료법에 관해 배울 수가 있는 것입니다. 이러한 새로운 결정은 참으로 지금과 같은 대변화의 시기에 여러분 자신과 지구를 치유할 수 있는 기회로서 지상의 여러분 모두에게 베풀어진 일종의 특전(特典)입니다.

〈대 비취 사원〉은 레무리아 시대에 물리적으로 존재했었고, 그 주요 기능과 목적은 정확히 말해 "치유(Healing)"였습니다. 이 사원은 영광스러운 레무리아 시대에 처음 세워졌고 수십만 년 동안 그 에너지는 사람들의 삶에 축복을 내린 바가 있습니다. 이 사원 안에는 항상 무한의 치유 불꽃이 타올랐습니다. 꺼지지 않는 이 불멸의 화염은 천사왕국과 성령에 의해서, 그리고 또한 레무리아인들의 사랑에 의해서 그 연료를 공급받았습니다. 그리하여 이 사원의 에너지는 행성 자체와 그녀의 몸 위에 살고 있던 주민들 및 어머니 지구에 대해서도 늘 에너지적인 균형을 잡아줌으로써 진정한 치유의 작용을 했던 것입니다.

우리가 그 당시 우리의 대륙이 위험에 처해 있고 결국은 파괴되리라는 것을 알았을 때, 우리는 또한 이 위대한 사원 역시 그 물리적 실재가 상실될 것임을 인식하고 있었습니다. 따라서 우리는 텔로스에다 그 사원과 외형적으로 똑같은 복제 사원을 건설하고자 시도하게 되었던 것입니다.

비록 이 복제된 사원이 원래의 사원보다 약간 작기는 합니다만, 그것이 레무리아에 세워진 이래 행해졌던 "불멸의 치유 불꽃"에 관계된 그곳의 모든 에너지들이 이곳 텔로스로 옮겨졌습니다. 그리고 오늘날까지도 이 사원은 그런 에너지를 축적하고 있습니다. 이 놀라운 치유 에너지는 레무리아 대륙의 파괴에도 불구하고 결코 이 행성에서 상실되지 않았던 것입니다. 이처럼 그 모든 에너지와 보물들은 레무리아의 멸망에 앞서서 텔로스로 이전되었습니다.

이 복제사원을 건설하고 그 원래 사원의 모든 에너지를 옮기는 작업에 관한 계획은 사실상 레무리아가 가라앉기 2,000년 전에 행해졌습니다. 그 당시 레무리아 대륙에 있던 많은 다른 중요한 사원들 역시 그 복제품들이 동일한 방법으로 텔로스에다 세워졌습니다. 우리는 우리의 문화와 더불어 가능한 한 많은 주민들을 구하기 위해 예견된 대재앙의 실제 시기보다 약 5,000년 앞서서부터 이에 관한 작전을 짜고 계획을 구상해야만 했습니다.

지금 이 시기에 여러분 모두에게는 치료가 대단히 필요합니다. 그리고 그런 이유로 해서 우리가 인류를 돕기 위해 〈대 비취 사원〉의 문을 열었던 것입니다. 우리가 한밤에 여러분을 에테르체의 상태로 이곳에 오도록 초대하는 것은 우리의 큰 즐거움입니다. 그리고 이곳에서 당신들은 현재 인간세상에서 통용되는 치료법보다 훨씬 진보된 기법과 진정한 치유에 대한 가르침을 받을 수가 있습니다.

여러분이 이곳에 오게 되면 기꺼이 여러분을 영적으로 보호해줄 수 있는 우리 텔로스인들로 구성된 수많은 인도자들이 대기하고 있습니다. 그들은 전생과 현생에 겪었던 여러분의 깊은 정신적 충격들이나 슬픔들이 치유되도록 돕습니다. 여러분이 자기 내면의 고통이나 상처들을 치유했을 때, 또한 여러분의 삶이나 육체에 얽혀 있는 어려운 문제들이 풀리고 치유될 것입니다.

외부적인 고통이나 어려움들은 항상 내면에 있는 어떤 고통과 두려움의 반영입니다. 즉 그런 외부의 증상들은 여러분의 의식 안에 존재하는 치유되고 변형될 필요가 있는 것들을 그대로 나타내는 것입니다. 우리는 이곳을 방문하는 여러분 각자에게 3명의 상담자들을 배정할 수가 있는데, 그들은 여러분이 가진 문제가 무엇이든 여러분이 온전한 상태로 회복되는 데에 가장 긴요한 도움을 줄 수가 있습니다.

이 3명의 상담자 가운데 1명은 여러분의 감정체(感情體)를 치료하는데 초점을 맞추고, 나머지 2명은 각각 여러분의 이지체(理知體)와 육체의 치료에 집중하게 됩니다. 그리고 이러한 치료는 3명 모두가 조화를 이루어 동시적으로 이루어집니다. 이런 방식의 치료는 내면에 얽혀 있는 문제들을 통찰하거나 변형시키는 작업 없이 한 가지에만 초점을 맞춰 행해지는 지상에서 하는 식의 치료보다 훨씬 더 균형 잡힌 치료가 됩니다. 여러분도 알다시피 인간의 한 가지 측면에만 집중하는 것은 완전한 균형에서 벗어난 것이며, 3가지 가운데 1가지가 반드시 다른 쪽에 영향을 미치기 마련입니다.

*그러면 지상에 있는 남,녀들이 어떻게 해야 자기의 에테르체로 〈대비취 사원〉에 갈 수 있겠습니까?

친구들이여, 그것은 마음의 집중을 통해서입니다. 여러분이 해야 할 것은 명상을 할 때나 밤에 잠들기 전에 이 사원에 가겠다고 하는 자신의 의도를 명확히 설정하는 것입니다. 다시 말하면 일종의 강한 자기암시를 주는 것이지요. 한 가지 예로서, 자신의 신적자아(God Self)나 지도령, 대사들(Masters)에게 다음과 같은 내면의 기도를 올려도 좋습니다.

"나의 내면에 거하신 신(神)의 이름으로 요청하노니, 오늘밤 저를 텔로스에 있는 〈대 비취 사원〉으로 데려가 주십시오. 저를 인도해 주시는 모든 지도령과 대사님들, 그리고 천사들이시여! 제가 잠자고 있는 몸에서 벗어나 그곳에 갈 수 있도록 도와주시고 인도해 주십시오."

여러분은 또한 이러한 요청의 기도를 공식적인 말로 나타낼 수가 있습니다. 이곳에 와서 원기를 재충전하고 정화하고 치료하고 상담하거나 아니면 치유의 불꽃 에너지 안에서 우리와 교감을 나누고 대화하고 싶다는 굳은 마음을 가지십시오. 그리고 그렇게 될 것이라고 믿으십시오.

우리는 일단 여러분이 거기에 도착하면 당신들을 어떻게 돌봐야 하는지를 잘 압니다. 그리고 기본적으로 여러분의 높은 영체(靈體)는 이곳에 오는 방법을 스스로 잘 알고 있습니다. 설사 잠에서 깨어났을 때 아무런 경험도 기억나지 않는다고 하더라도 그냥 단순하게 그렇게 이루어지고 있다고 확신하십시오.

여러분의 에테르적인 몸은 그것이 좀 더 완전하다는 점을 제외하고는 외형상 여러분의 육체와 똑같습니다. 여러분이 에테르체로 이곳에 있을 때 그것은 또한 여러분에게 물질적인 것처럼 느껴집니다. 그리고 이 몸이 바로 여러분이 미래에 가지게 될 빛의 체(體)에 가까운 것입니다. 장차 변형될 여러분의 몸 역시 밀도가 상당히 경감되고 그 주파수가 훨씬 더 높은 수준에서 진동하게 되겠지만, 매우 물질적으로 느껴지기는 마찬가지입니다.

여러분의 의식과 육체의 변형과정에서 여러분이 잃게 되는 것은 아무 것도 없습니다. 당신들은 더 높고 보다 섬세한 진동 및 빛과 융합하는 것입니다. 여러분 모두가 잃게 될 것은 단지 불필요한 무거운 밀도뿐입니다. 여러분의 몸은 훨씬 더 순화되고 아름답고 한계가 없는 상태가 되고 불로불사(不老不死)하게 될 것입니다. 그리고 그것은 모종의 유한한 경험을 할 필요가 없을 것이라는 점을 빼고는 마치 지금의 육체처럼 느껴질 것입니다. 여러분은 생각의 속도로 여행할 수 있을 것이고, 아마도 그것은 엄청난 재미를 당신들에게 안겨주게 될 것입니다. 그 점은 제가 보증하겠습니다.

*누군가 가장 적절한 치료를 받기 위해 그 사원에 가게 된다면, 어떤 치료를 받게 되나요?

기본적으로 지상에 있는 대부분의 사람들은 어떤 종류의 육체적 문제와 잠재된 상당한 두려움을 지니고 있습니다. 그리고 이 공포심은 일상생활에서 현실적인 많은 어려움을 유발하게 됩니다. 여러분은 또한 잠재의식과 무의식의 마음속에 함정처럼 놓여 있는 부정적 감정들을 가지고 있는데, 이것들은 단순히 괴로운 정도가 아니라 매우 충격적인 정신적 외상(外傷)에 해당되는 수많은 과거의 경험들로 인해 여러분의 영혼에 각인된 것입니다.

하지만 이런 경험들은 또한 여러분의 영적진화를 위해서 필요했던 교과과정이고 교훈들이었습니다. 인간은 누구나 다 수많은 환생의 과정에서 생겨나는 자신의 감정체에 축적된 정서적인 상처들을 지니고 있습니다.

자 이제 필요한 것은 최종적인 정화와 치유를 위해서, 그리고 이런 경험들을 통해 창출되는 커다란 지혜를 얻기 위해 결단을 내리는 것뿐입니다. 그런데 만약 어떤 부정적 경험이 그 생(生)에서 정화되지 않으면, 동일한 프로그래밍이 그 다음 생에서도 되풀이되어 재연됩니다. 즉 영혼의 깊은 수준에서 진정한 치유가 일어나고 지혜와 각성이 일어날 때까지는 다음의 생에서도 잠재의식과 무의식에 저장된 미해결의 문제 때문에 똑같은 문제의 상황이 반복된다는 것입니다.

자연 그대로의 순수한 기쁨, 행복, 지복의 황홀경을 반영하지 않는 여러분이 지닌 슬픔, 고뇌, 후회, 비탄 기타 모든 감정적 상처들은 내면의 치료가 필요하다는 표시입니다. 또한 의식과 잠재의식 내의 두려움은 인간을 얼어붙게 만들며, 반드시 제거돼야 할 필요가 있습니다. 그리고 잘못된 믿음들을 받아들이거나 왜곡된 심성이 형성됐던 생애들에서 유래하는 정신적 독소들은 이제 어떤 방식으로든 청소되거나 치유되어야 한다는 것을 보여주고 있습니다. 여러분의 영혼이 보내는 암시를 알아차리고 주의를 기울이십시오. 바로 그 순간에 자신에게 가장 중요한 문제를 포착할지도 모르며, 또 그 해결책을 찾기 위해 그 문제를 가지고 우리 사원에 올 수도 있습니다.

우리 사원(寺院)에 대기하고 있는 상담자들은 여러분의 의식 속에서 이해될 필요가 있는 교훈들과 지혜에 대해 여러분과 논의할 것입니다. 아울러 여러분의 영구적이면서도 진정한 치유를 돕기 위해서 무슨 조처를 취해야만 하는가 하는 점도 말입니다. 여러분을 치료하는 일은 수백 개의 껍질 층을 가진 거대한 양파의 껍질을 벗기는 일에 비교될 수 있는데, 여러분에 대한 완전히 치료가 끝날 때까지 하나씩 하나씩 그 껍질을 벗기듯 치료해 나갈 것입니다. 그 때 비로소 여러분은 신성(神性)의 순수한 거울이 되고 모든 것들이 여러분의 미완의 꿈들을 넘어서서 여러분에게 열려질 것입니다.

이런 작업들의 전부는 아닐지라도 많은 부분이 여러분의 몸이 잠자는 동안에 이루어질 수 있고, 또 나중에 일상적 삶속에서 통합될 수가 있습니다. 그렇다고 여러분이 자신이 가진 두려움이 무엇이고 과거에 있었던 경험들이 무엇인지에 대해 낱낱이 알 필요는 없습니다. 그것을 뭐라고 부르든 여러분 모두가 의식적으로 이런 부정적 에너지들을 방출한 필요성이 있는 것입니다. 그리고 그것들이 여러분 의식(意識)의 표면으로 떠오를 때는 느껴질 것입니다.

이 모든 과정은 우리의 상담자들이 여러분의 "아카식 레코드(Akashic Record)"[19]에 접근했을 때, 여러분과 함께 행할 수 있는 종류의 치료 작업입니다. 그들은 여러분에게 치료에 대한 많은 통찰을 제공할 수가 있습니다. 그리고 여러분의 신성한 실재와 함께 이루어지는 명상수행은 자신의 의식 속에 보다 커다란 자각을 불러올 것입니다.

---

[19] "아카샤(Akasha)"란 우주의 원초 물질을 뜻한다고 하는데, <아카식 레코드>란 바로 이 아카샤에 새겨진 모든 기록을 의미한다. 이 아카샤는 우주 공간에 존재하는 대단히 정묘한 질료로서 아주 미세한 진동조차도 여기에 모두 기록된다고 한다. 이것은 우주 그 어디에나 존재하는 보편적인 것으로서 우주심(宇宙心) 안에 존재한다고 하며, 따라서 아카식 기록은 일종의 <우주도서관>이라고 해도 무방한 것이다.

예컨대 지구라는 행성의 경우, 그 태초부터 현재까지 이 지구상에서 일어났던 모든 역사적 사건들이 하나도 빠짐없이 지구 주변의 아카샤라는 에너지 장(場)에 고밀도의 진동수로 각인되어 있다는 것이다. 또한 개인의 경우에도 지구에서 윤회한 모든 전생(前生)의 기록들이 여기에 존재하는 것이다. 그리고 이 불멸의 우주기록들은 영적수행을 통해 적어도 이니셔트(3비전)나 아라하트(4비전)의 단계에 이른 존재들은 언제라도 접근하여 볼 수가 있다고 한다.

여러분의 내면에서 행해지는 이 모든 작업은 지금 이 시기에 자신의 영적진화를 가속화하고 여러분의 귀향길을 열기 위해 요구되는 가장 중요한 조치이자 절차입니다.

사원에 있는 우리의 상담자들은 영혼의 수준에서 왜 당신들이 어떤 건강상의 문제들을 겪고 있는지에 대해 보다 넓은 통찰력을 얻을 수 있도록 도와줄 것입니다. 또한 그들은 왜 여러분의 인생에서 어떤 어려움들이 되풀이하여 나타나고 있는지, 또 그것을 여러분이 어떻게 만들었고, 그것이 육체나 감정, 정신 가운데 어느 쪽에 관계된 것인지를 보여줄 것입니다. 이와 같은 우리 상담자들의 도움으로 당신들은 자기 자신과 영혼에 새겨진 모든 고통과 왜곡들을 치유할 것입니다.

어떤 완전하고도 영구적인 육체적 치료가 이루어지기 전에 여러분이 가진 신앙이나 믿음체계 내에 있는 감정적 원인과 왜곡들이 제거되거나 방출되어야 합니다. 나는 임시변통의 해결책을 언급하고 있는 것이 아니라 영구적인 치유를 말하고 있는 것입니다.

모든 육체적 문제들은 비록 그것이 우발적인 증상으로 나타난다고 하더라도 항상 그 원인은 감정체나 이지체(理知體) 안에 뿌리를 두고 있음을 알도록 하십시오. 정신적 스트레스와 정신질환 역시 그 근본원인은 감정들에 있습니다. 감정체는 여러분의 치료를 시작하는 데 있어서 가장 중요한 분야입니다.

과거 레무리아와 아틀란티스의 멸망에 관계된 정신적 상처들이 있습니다. 즉 그 당시 자신의 사랑하는 이들이나 가족들과 하룻밤 사이에 생사(生死)의 기로에서 헤어져야 할 때의 상황은 인류의 영혼 속에 엄청난 공포와 슬픔, 고통, 절망을 낳았습니다. 그리고 여러분은 이런 정신적 외상(外傷)들을 그 이후의 수많은 전생(前生)과 현생(現生)에 이르기까지 잠재의식 속에 그대로 간직한 채 운반해 왔던 것입니다.

여러분의 인생과 지구를 위해 과거를 완전히 치유하고 새로운 사랑의 패러다임과 무한하고도 전례 없는 은총을 받아들일 때는 지금입니다. 텔로스에 있는 우리는 여러분의 형제, 자매들이며 여러분 모두를 너무나 사랑하는 절친한 과거의 친구들입니다. 지금 이 시대에 여러분의 완전한 변형과 부활, 그리고 빛과 사랑의 세계로의 상승을 위해 우리가 할 수 있는 모든 지원을 여러분에게 확대해 나가는 것은 우리의 기쁨입니다.

지상에서의 삶의 고초가 너무 큰 까닭에 여러분 대부분의 가슴이 닫혀있음을 우리는 잘 알고 있습니다. 이것은 고통을 더 이상 감내해 낼 수 없음으로 해서 자기보호의 수단으로서 그런 것이지요. 여러분은 삶의 기쁨을 깨닫는 대신에 각박한 생존모드(Survival Mode)로 살기로 선택했던 것입니다.

*우리는 3차원 세계인 이곳 지상에서 살아남기 위해서 애쓰다 보니 우리 자신의 수많은 경이로운 측면들과 분리되어 있습니다. 어떻게 하면 우리가 이제 남아있는 짧은 시간 안에 내면의 문제들을 치유하고 거대한 지구변화에 대비할 수 있겠습니까?

여러분은 모든 것을 치유하기 위해 요구되는 내면의 과정에 그저 깊이 몸과 마음을 전적으로 내맡김으로써 이것을 이룰 수가 있습니다. 인간 개개인의 "신적현존(I AM Presence)"[20], 즉 신아(神我)는 여러분의 전체

---

20) 이 용어는 마스터들의 메시지에 대단히 자주 언급되는 말인데, 우리말로 직역해서 옮기기에는 좀 부자연스러운 면이 있다. <아이 엠 프레즌스(I AM Presence)>란 모든 신의 자녀들, 즉 인간 각자에게 내재된 "신적 자아(God Self)"이고 "신(神)의 현존"을 의미한다고 한다. 이를 영어로 달리 "I AM THAT I AM"이라고도 하는데, 굳이 우리말로 표현하자면 "개별된 신성(神性)" 또는 "대아(大我)" "진아(眞我)"라고 할 수 있겠다. 그리고 이것은 불멸의 빛의 체이고 전자체(電子體)로 이루어져 있다고 언급된다.
태초에 근원자(절대자)는 자신을 분화하여 개별화된 무수한 영적 불꽃들을 창조했는데, 이것이 곧 <아이 엠 프레즌스>라고 한다. "작은 창조주들"이라고 할 수 있는 이 신성한 불꽃들을 곧 <모나드(Monad)>라고도 하고 <영(靈:Spirit)>이라고도 부르는데, 이 각 <아이 엠 프레즌스>가 다시 12개의 고등한 자아로 분화되고, 이것이 다시 물질 우주를 체험하기 위해 각자 12개의 개체화된 영혼들(Souls)을 창조했다고 한다. 그리고 이 지구상에 태어나 삶을 경험하고 있는 우리들 각자의 인격체들은 이러한 12개의 분화된 영혼들 중의 하나이고, 이 12명의 영혼들이 본래 한 영혼가족, 또는 영혼그룹이라는 것이다. 이 나머지 11명의 영혼들 역시 이 지구나 우주의 어딘가에 태어나 진화하고 있다고 한다. 추측컨대 아마도 이 <아이 엠 프레즌스> 또는 <영>이 12개의 영혼들을 분화하여 창조할 때

〈신적현존(神我)〉과 고등한 자아(상위자아), 그리고 인간적 에고(하위자아)와의 관계를 나타내 주는 그림. 맨 위에 위치해 있는 빛나는 존재가 진아(眞我)인〈신적자아(IAM Presence)〉이고 그 아래 가운데가 고등한 자아, 맨 아래 있는 것이 인간적 에고(Ego)이다.

적 치료를 위해 어떻게 도와야 하는지를, 또 어떻게 하면 최소한의 산고(産苦)만으로 여러분을 고향으로 데려갈 수 있는지를 정확히 압니다.

과거의 모든 아픔들을 치유하는 것은 일종의 점진적인 과정이고 이 지상에서의 여러분의 수많은 윤회환생에 관계된 가장 거대한 모험적 시도이기도 합니다. 이렇게 해서 여러분은 한 걸음 한 걸음 자신의 보다 거대한 "신적현존(神的現存)"인 대아(大我)의 모든 경이로운 측면들과 의식적으로 다시 연결되는 것입니다. 이 과정에서 여러분의 가슴은 지금의 상태보다 약 1,000배 정도 더 크게 열리게 될 것입니다. 그리고 가슴이 열리는 만큼 여러분은 일어났던 모든 일들을 영혼의 눈으로 보고 이해하기 시작할 것입니다.

알다시피 인간의 가슴은 영혼의 위대한 예지(銳智)이고 신(神)의 마음과 함께하는 부분입니다. 가슴은 모든 것을 알고 있고 태초 이래 여러분의 모든 측면에 관한 기억들을 간직하고 있습니다. 따라서 그것은 결코 여러

앞서 언급한 "트윈 플레임(Twin Flame)"이라든가 "소울 메이트(Soul Mate)" 같은 밀접한 인연의 영혼들이 생겨나는 것이 아닌가 생각된다.

분을 잘못 인도하지는 않을 것입니다. 여러분의 가슴은 반복해서 느끼고 신뢰하기를 배울 수 있는 인간 본성(本性)의 한 부분입니다.

　사랑하는 이들이여, 여러분은 자신의 가슴을 닫은 채로 살고 있는데, 이것은 당신들의 고통과 두려움이 그만큼 크기 때문입니다. 다시 말해서 이와 같은 가슴의 폐쇄는 과거의 아픔으로부터 자신을 보호하려는 자기방어의 한 형태로 현재까지 지속돼 오고 있는 것이지요.

　그것은 나름대로의 방식으로 여러분의 영적진화에 도움이 되었고, 그 방식의 의미에 대해서는 언젠가는 이해하게 될 것입니다. 하지만 지금 이 시기에 그것은 더 이상은 여러분에게 도움이 되지 않습니다. 지금은 여러분 모두가 최종적으로 빛과 사랑으로 이루어진 신성(神性)으로 귀향해야 할 때입니다.

　여러분 중에 많은 이들이 아직도 자신의 해묵은 아픔과 두려움들에 단순히 집착하고 매달리고 있는데, 그것은 여러분이 조건 없는 사랑으로 가슴을 열거나 시대에 뒤진 낡은 믿음들을 떨쳐버리는 것이 두렵기 때문입니다. 여러분에게는 자신의 가슴을 무조건 세상을 향해 열게 되면 자기의 아픔이나 상처가 더 심해지지 않을까하는 두려움이 있습니다. 즉 당신들은 오히려 낡은 두려움과 고통 속에서 안도감과 만족을 느낄 만큼 오랫동안 거기에 길들여지고 익숙해져 있는 것입니다.

*우리가 실제로 가슴을 열고 감정체가 치유과정에 착수되도록 할 수 있는 방법은 무엇입니까?

　거기에 만인이 이용할 수 있는 특별한 비법 같은 것은 없습니다. 개개의 사람들이 다 독특하며 치료해야할 각기 다른 문제들을 가지고 있습니다. 그리고 여러분 각자가 다르게 형성된 감정적인 부분들을 지니고 있고, 따라서 그 치유과정이 다른 이들과 다릅니다.

　여러분이 이 과정을 시작하는데 있어서 올바른 기본적 토대들은 우선 그것을 해내겠다는 지속적인 굳은 의지, 그 다음에는 깨어있는 적극적인 명상수행, 그리고 날마다 열심히 자신의 신성한 고등자아(Higher Self)와 내면적인 소통을 하는 것입니다.

　지금 이 순간, 치유를 위해 필요한 것과 여러분에게 의식적인 자각을 가져다 줄 수 있는 것이 무엇인지를 여러분 내면에 있는 신성하고도 완전한 존재에게 물으십시오. 개체인 여러분이 다시 전체가 되기 원한다는 진지한 생각으로 그곳에 신호를 보내세요. 또 여러분 자신의 모든 부분들이 조화와 일체(一體)의 상태로 통합되고자 한다는 의념으로 자신의 신적 현존(I AM Presence)에게 신호 보내기를 시작하십시오. 그 치유를 받기 위해 필요한 전적인 신뢰, 확신, 사랑, 내맡김과 같은 그 어떤 과정이라도 여러분 스스로 기꺼이 따르십시오. 그리고 여러분의 신성한 고등자아와 빛의 세계 전체로부터 전폭적인 협력을 받을 것임을 믿어 의심치 마십시오.

　여러분의 치유과정은 그때부터 모든 수준에서 일어나기 시작할 것입니다. 여러분의 신성한 고등자아는 매우 오랫동안 여러분이 은총어린 삶으로 돌아서기를 기다려 왔습니다. 다시 언급하지만 고등한 자아로부터 전적인 협조가 있음을 확신하십시오.

　절대로 여러분 스스로 이 과정을 추측하지는 마십시오. 그리고 언젠가 훗날에 여러분이 매우 오랫동안 동경하고 꿈꿔온 이 경이로운 세계 속에서 그 과정의 다른 면을 알게 될 것입니다. 여러분의 신성한 고등자아는 여러분의 감정을 통해서 여러분과 의사소통을 합니다. 이것이 의미하는 바는 여러분이 항상 자신이 느끼는 것에 대해 매우 주의 깊어야 할 필요가 있다는 것입니다. 만약 여러분이 뭔가 만족스럽지 않고 행복하지 않다면, 가슴의 열정을 통해 묵은 체증들을 발산하고 여러분이 다시 온전해질 때까지 계속해서 그 다음 단계의 치료를 밟아나가십시오.

여러분의 고등한 자아는 여러분이 읽어야할 책을 당신이 손에 잡도록

이끌 것이고, 당신이 만나야할 적합한 사람이나 필요한 사건 및 기회를 접하도록 유도할 것입니다. 여러분이 지속적인 의지와 부지런함으로 자신의 치유를 위해 마음과 가슴을 연다면, 그 과정은 축복 속에서 순조롭게 이루어져 나갈 것입니다.

여러분의 치유과정은 그것을 해내겠다는 스스로의 의지에 집중하는 만큼 계속 진전될 것입니다. 처음에 그것은 복잡한 작업처럼 보일 수도 있고 별 의심이 없이 진행될 수도 있습니다. 이 과정을 여러분이 존재의 근원인 "태양"으로 돌아가는 하나의 여정이라고 이해하고, 그 여행길 내내 보상과 성취감이라는 짐이 가득 실어져 있음을 알도록 하세요. 이 여행에서 여러분은 결코 외롭지가 않습니다.

여러분이 내딛는 한 걸음 한 걸음마다 신(新) 레무리아에 살고 있는 우리는 물론이고 여러분의 모든 천사들과 지도령들, 대사들(Masters)이 함께 동행하고 있습니다. 이 행성 지구의 영단(Spiritual Hierarchy)과 여러분의 어머니 지구, 그리고 빛의 세계 전체가 여러분의 치유과정을 돕기 위해 당신들의 손짓을 기다리며 대기하고 있습니다.

여러분의 치유가 진전되는 만큼 여러분의 에너지가 회복될 것입니다. 여러분의 육체는 과거의 고통들과 상처들을 털어내기 시작할 것이고 다시 젊어지는 회춘(回春) 현상이 나타나기 시작할 것입니다. 여러분은 스스로 자신이 점점 더 생기 있고 활기차게 변화되고 있음을 느끼기 시작할 것입니다. 인류는 이제까지 신성한 존재로서 원래 가지고 있던 전체 잠재력의 약 5~10% 밖에 사용하지 못했습니다. 그 나머지 잠재력은 그 동안 작동되지 않고 잠자고 있었던 것입니다. 여러분 스스로 그러한 능력들을 일깨우고 치유하십시오.

여러분이 자신의 가슴을 열고 과거의 아픔들을 내보냈을 때, 여러분은 더욱더 생명력이 가득차게 될 것입니다. 그리고 여러분이 느끼는 기쁨은 수백 배로 증폭될 것입니다. 여러분의 정신 능력들은 더욱 계발될 것이고, 그때 여러분은 "와! 이것 참 우리 모두가 이제 천재가 돼가고 있는 것 아니야! 인생이 너무 즐거워지네."라고 생각할 것입니다.

지금 내려지고 있는 이런 은총에 대해 의식적으로 여러분 스스로를 여십시오. 그리고 날마다 그런 에너지들을 몸으로 받아들일 수 있도록 하세요.

***우리가 실제로 계속해서 그 최종적인 목표지점에 이를 수 있을까요?**

물론입니다. 친구들이여, 일단 여러분이 이 과정을 시작한 이상 날마다 당신들은 내면의 부정적 요소들을 밖으로 방출하고 더욱더 깊은 상태로 들어갑니다. 여러분은 앞서 비유한대로 양파의 껍질을 계속 벗겨나가고 있는 것이며, 그것 중에 어떤 것들은 매우 깊숙한 곳에 자리하고 있습니다. 인간은 누구나 다 벗겨내야 할 고유한 형태의 껍질들을 가지고 있습니다만, 그것들 중에 많은 부분들이 대개 과거의 상처에 연관돼 있는 것으로 언급되고 있습니다.

여러분이 내면의 안 좋은 요소들이 많이 방출되었다고 생각하고 또 훨씬 좋아졌다고 느끼기 시작하면서 이 과정이 끝났다고 생각할 때, 사실 그것은 훨씬 더 깊은 수준에서 진행되는 치유로 다시 돌아갑니다. 그런 이유 때문에 여러분 중에 많이 이들에게 있어 마지막 태어남인 이 특별한 시대에 이 과정은 이전에 경험해본 어떤 것보다도 더 끝이 없는 과정처럼 보이는 것입니다.

현생(現生)에서 당신들이 가진 문제는 여러분의 과거 생(生) 가운데 단지 1~2생(生)이나 6회 정도의 전생(前生)에만 연관돼 있는 것이 아니라 여러분이 지구상에 태어났던 과거의 모든 생들과 관계되어 있습니다. 즉 과거생의 모든 문제들이 현재의 여러분의 삶 속에서 치유되기 위해 나타나는 것입니다. 아주 사소한 것들조차도 말입니다.

치유과정에서 그것들이 지금 일시적으로 더 악화되었다고 보일 수도 있습니다만 실제로 그것은 훨씬 더 경감되고 있는 것입니다. 그렇게 되면 여러분은 이제 이전과는 달리 자신의 문제들을 의식적이고 객관적으로 볼 수가 있습니다.

*우리의 일상적 삶 속에서 부딪치게 되는 부정적 요소들은 그 치유과정이 진행되는 속도에 영향을 미칩니까?

예, 그렇습니다. 그것은 여러분의 부담을 가중시킵니다. 이 부분에 대해 설명하도록 하겠습니다. 인간은 육체 이외에도 이른바 정묘한 체(體)들이라고 하는 다양하고도 수많은 다른 형태의 복체(複體)들을 가지고 있습니다. 여러분은 또한 육체, 감정체, 이지체, 에테르체라는 주요 4대 몸의 체계로 이루어져 있습니다. 그리고 이 각각의 4가지 몸들은 역시 또 방대한 숫자로 이루어진 하부수준의 몸들을 거느리고 있지요. 그렇기 때문에 우리가 9가지 정묘체(淨妙體)들이나 12가지의 정묘체, 또는 그 이상의 수많은 몸들에 대해 말을 하는 것입니다.

이것에 대해 지금 논하는 것은 너무 복잡한 까닭에 우리가 이 모든 몸들에 관해 살펴보려는 것은 아닙니다. 다만 우리는 전체의 25%씩을 차지하고 있는 4가지 주요 체(體)들에 대해서만 언급할 것입니다. 이 4가지 몸들은 함께 작용하는데, 예를 들어 여러분이 그 4가지 가운데 한 가지 몸을 억압하면 나머지 몸들도 억압하는 것이 됩니다. 마찬가지로 그중 한 가지 몸이 치유되면 나머지 몸들도 회복되는 것입니다. 여러분이 독성의 화학물질을 복용하거나 들이마셨을 경우, 몸에서 그것을 아주 쉽게 제거할 수 있는 모종의 물질이 있다는 것을 아십시오. 다른 것들은 그와 같은 제거기능이 없습니다.

21세기의 화학약품들과 환경오염 물질들은 너무나 철저하게 여러분이 섭취하는 음식과 물, 공기 같은 것에 합성돼 있어서 몸으로부터 그것들을 제거하기가 상당히 어렵습니다. 그리고 여러분 체내의 독성 수준은 계속해서 증가하고 있습니다. 인간의 몸이 처음 설계되었을 때는 당연히 이런 인공의 독성물질들이 존재하지 않았습니다. 그런 물질들은 주로 세포 속에 들어가서 박히는 경향이 있고, 오직 적절한 동종요법(同種療法)[21]을 이용하거나 진동요법(振動療法)에 의해서만 그런 바람직하지 않은 진동들을 제거할 수가 있습니다. 또 그런 물질들은 체내에서 아주 복잡하게 얽혀질 수가 있습니다. 그러니 무엇이든 가장 깨끗한 물과 가장 순수한 형태의 음료와 먹을거리들만을 섭취하십시오.

그리고 여러분의 육체를 정화할 수 있는 방법이라면 그 무엇이든 하도록 하십시오. 여러분이 육체적으로 건강하지 못하고 편안하지 않다면, 감정 역시 흥분되거나 정신능력도 둔감해지기 마련입니다. 또한 반대로 여러분이 감정적으로 안정돼 있지 못하면, 육체 역시 건강하지가 않습니다. 왜냐하면 육체와 감정이 모두 서로 연결돼 있기 때문인 것이죠. 이처럼 인간의 어떠한 부분도 따로 떼어놓을 수가 없으며, 서로 영향을 미치면서 하나의 전체로서 작용하는 것입니다.

가장 중요한 것은 우리가 깨어날 때까지는, 그리고 우리가 4가지의 각 몸들을 치유할 때까지는 결코 온전히 건강해질 수가 없다는 사실을 깨닫는 것입니다.

만약 여러분이 에너지로 구성된 여러분의 어떤 한 부분의 치료를 회피하는 한은 전체적으로 건강해질 수가 없습니다. 여러분이 모든 수준에서

---

[21] 대체의학의 분야 하나이다. 동종요법(homeopathy)이라는 말은, '같다'라는 의미의 그리스어 homois와 '질병'을 의미하는 pathos가 합쳐진 합성어이다.
  이 요법은 같은 종의 물질을 써서 치료한다는 〈유사성의 법칙(Law of Similar)〉에 근본을 두고 있어 유사요법이라고도 한다.
  동종요법에서는 질병의 증상은 질병을 없애려는 인체의 자구노력을 반영하므로 증상을 질병의 일부가 아니라 치유과정의 일부로 파악한다. 증상을 억누르거나 부족한 것을 보충하는 현대 서양 의학의 치료법과 달리, 환자의 병적 상태와 유사한 증상을 유발시키는 자연약품을 복용케 함으로써 자가면역 능력을 각성시켜 스스로 치유되도록 한다.

균형 잡힌 치료를 해냈을 때, 비로소 참되고 영구적인 치유가 일어납니다.

　세상에는 육체적으로 병든 사람들이 많은데, 예를 들어 암환자를 가지고 이야기해 봅시다. 그들이 만약 돈을 많이 가지고 있다면, 육체적인 치료효과를 얻기 위해 의료기관에서 행하는 암세포 절제수술이나 방사선 요법, 항암제 투여 등의 유독한 치료법들을 통해 그들의 모든 재산만 탕진될 것입니다. 그럼에도 처음으로 암을 일으킨 감정적인 부분에 대해서는 결코 검토되거나 논의되지 않습니다. 사실상 암은 이미 과중한 부담을 안고 있는 감정체에 과다한 스트레스와 상처받은 감정들이 추가된 데에 원인이 있는 것입니다. 이처럼 인간의 자아(自我)의 기본적인 측면에 대한 전적인 부정과 무지 속에서 어떻게 영구적인 치료 같은 것을 기대할 수 있겠습니까?

　현재 인간 세상에서는 수십억 달러의 비용이 매년 임시변통의 치료를 하는 데 낭비되고 있습니다. 물론 일부 사람들은 일시적으로 병이 치료되거나 경감되는 경험을 할 수도 있습니다만 병의 근본 뿌리는 치유되지 않고 남아 있는 것이지요. 설사 일시적이거나 단기간의 치료효과가 나타난 경우라도 그 개인의 영혼이 그 병으로부터 새로운 지혜나 교훈을 배우지 못했다면, 진정한 치유는 일어나지 않습니다.

　만약 그 환자가 절제수술이나 방사선 요법, 기타 유독한 치료방법에 의해 사망했다면, 감정체 안에 자리 잡은 그 문제의 뿌리가 무시되었기 때문에 영구적 치유나 교훈은 얻어지지 않는 것입니다. 최초의 자리에 암을 유발했던 감정들이 무엇이든 만약 한 번의 생(生)에서 그 위험신호가 당사자에게 전달되지 않거나, 아니면 그 사람이 그 병에서 교훈을 배우지 못했거나, 또는 감정체의 수준에서 치유되지 않을 때는 그 영혼이 보다 깊은 이해와 지혜에 도달할 때까지 그 병은 이후에 환생할 때마다 계속해서 반복되어 나타날 것입니다.

여러분의 신적 현존(I AM Presence), 즉 신아(神我)는 여러분이 완전한 영적자유를 얻거나 "전체(Wholeness))" 또는 "근원(根源)"이라고 하는 어버이 신(神)의 집으로 귀환하기 이전에 지혜와 진리에 관한 모든 교훈들을 배우기를 요구합니다. 이런 이유 때문에 당신들은 이 지상에 그렇게 수많은 육화(肉化)를 해야만 했던 것입니다.

천사들과 빛의 세계로부터 온 수많은 다른 존재들이 지구에서 인류와 함께 일하고 있고, 또 지구의 정화와 재충전을 위해 정기적으로 이곳에 옵니다. 그들은 물론 우리에게 어떤 상담을 받을 필요는 없습니다. 단지 〈대 비취 사원〉은 그들에게 있어 오염제거의 한 수단으로 활용되며, 그것은 그들이 지상의 인류와 접촉하는 과정에서 생겨나는 부조화의 에너지를 씻어내기 위한 일종의 장치입니다.

여러분의 신아(神我)는 창조의 수준에서 작용합니다. 그것은 여러분의 치유를 위해 우리와 협력하는 과정에서 천사들과 승천한 대사들(Ascended Masters)[22], 그리고 별에서 온 형제들과 함께 매우 밀접하게 작업하고 있습니다. 우리는 결코 여러분의 신아(神我)의 허락이 없이는 여러분에 대한 치유작업에 동의하지 않습니다. 자기 자신을 치유하기 위해 노력하는 모든 과정 속에서 항상 여러분은 자신의 신성한 진아(眞我)를 찾으려는 구도행(求道行)을 통해 그것과 다시 연결되어야 합니다. 그리고 이유야 어찌되었든 당신 자신이 영적성취를 원하고 치유를 바란다는 스스로의 생각을 분명히 언명(言明)해야 합니다. 만약 우리가 당신들을 위

---

[22] 승천한, 또는 상승한 대사들은 일찍이 이 지구상에 태어난 적이 있는 존재들로서 윤회환생의 과정에서 물질계의 교훈을 배우고 카르마의 균형을 잡은 이들이다. 아울러 그들은 수많은 이타행(利他行)과 구도행(求道行)을 통해 진리에 통달함으로써 물질계의 한계를 뛰어넘은 초월적 존재들이라고 할 수 있다.

이들은 신적자아(神我), 즉 〈아이 엠 프레즌스〉라는 개별화된 내면의 "신성(神性)" 또는 "불성(佛性)"과의 합일을 성취했으며, 모든 생명들에 대한 조건 없는 사랑을 가지고 인류의 교사로서 봉사한다. 그리고 지구상의 모든 인간들의 목적 역시도 궁극적으로 승천한 대사들처럼 "상승(Ascension)"에 도달하여 이 지구계를 넘어선 영적진화 단계로 옮겨가는 것이라고 한다.

해 일방적으로 그것을 대신 해준다면, 어떻게 여러분이 장차 신성을 구현하는 한 사람의 마스터(大師)가 될 수 있겠습니까?

때때로 세상에는 승천한 대사들이나 천사들과 같은 존재들에게 화를 내는 사람들이 있습니다. 왜냐하면 그들은 자기들이 기도를 통해 들어달라고 요청했던 일들이 기대한대로 응답받지 못했다고 느끼기 때문이지요. 그러나 그들의 문제점은 무엇인가를 얻기 위해서는 스스로 우선 원하고 구해야 한다는 실현법칙의 근본을 계속 부정하고 있으며, 게다가 그들은 자신의 가슴을 닫고 있다는 것입니다.

아마도 여러분은 예컨대 여행갈 경비를 마련하게 해달라고 어떤 마스터에게 기도를 통해 요청했을 것이고, 그 여행이 실현되지 못했을 것입니다. 아니면 어떤 한 특정한 사람과 관계가 맺어지기를 원했지만 역시 그것이 이뤄지지 않았을 겁니다. 이와 같은 경우 무엇이 최선의 선택인지를 알고 있는 신성한 은총이나 여러분의 신성이 지닌 위대한 지혜에게 그 문제를 의탁하는 대신에 당신들은 신(神)이나 마스터들에게 화부터 내고 있는 것입니다. 결국 여러분은 대사들이나 그 누구에게 어떤 것도 받지 않겠다고 결정한 것이 되고, 마음의 문을 닫아 걸은 것입니다.

사랑하는 이들이여, 이런 식의 태도는 인류 사이에 흔히 볼 수 있는 보편적인 모습이지요. 하지만 이와 같은 마음가짐으로는 아무리 무엇인가를 간구해 보아야 수많은 하늘의 은총과 지원, 축복을 오히려 당대에 스스로 거절하는 꼴이 된다는 사실입니다. 여러분이 깨닫지 못하고 있는 점은 어떤 대사들이나 천사들과 같은 존재들이라 할지라도 아무도 여러분 영혼의 행로를 마음대로 좌지우지할 수는 없다는 것입니다. 여러분의 "참나(眞我)"는 여러분의 현생에서 설정한 어떤 목표를 배우거나 이루기 위해 필요한 것이 무엇인지를 정확히 알고 있습니다.

모든 천사들과 상승한 대사들은 항상 여러분의 위대한 계획과 궁극적인 운명을 돕기 위해 여러분 내면의 신성한 자아와 전폭적으로 협력하여 일할 것입니다. 여러분이 3차원 세계에 태어나 있는 동안은 모든 것이 베일에 가려져 막혀 있고 자신의 육화에 관해 입체적인 시각으로 보지 못합니다.

여러분의 "진아(眞我)"는 여러분의 통치자이고, 여러분의 영혼은 여러분이 경험한 모든 것의 총계를 나타냅니다. 상승이라는 것은 이 모든 것을 일체의 상태로 통일하는 과정입니다. 즉 개체인 여러분이 다시 완전히 전체가 되는 것입니다. 여러분은 자기 내면의 신성한 자아를 구현하게 되고 여러분이 지닌 신성의 완전함을 드러내게 됩니다.

상승의 마지막 단계는 한 개인의 영적진화 과정에서 이제까지 일어날 수 있는 것 가운데 가장 경이로운 사건입니다. 수많은 생(生)들 동안 여러분은 그 한 가지 목표를 향해 전진해 왔고, 이제 바로 현생(現生)에서 그것을 완전히 성취할 수가 있습니다. 당신들이 일찍이 되고 싶고 이루고 싶었던 그 모든 것을 할 수가 있는데, 왜냐하면 과거 수백만 년 동안 결코 열린 적이 없었던 상승의 문이 지금 활짝 열려 있기 때문입니다.

지금은 여러분이 이 크나큰 절호의 기회를 잡아, "그래, 그것을 해내고 말거야"라고 말해야 할 때입니다. 여러분이 필요로 하는 모든 도움과 원조가 주어지게 될 것입니다. 좀 더 현명해 지십시오. 그리고 이 드문 기회를 잡으십시오. 상승의 문은 다양한 진화의 주기(週期)에 따라 닫히고 열립니다. 이제 그 문이 지금처럼 다시 활짝 열리려면, 앞으로 매우 오랜 시간이 걸릴 수도 있습니다.

내가 여러분 모두에게 말하건대, 만약 여러분이 현생에서 영적인 자유를 얻고 싶거나 완전히 무한한 존재가 되고자 한다면, 그리고 상승의 과정을 통해 여러분의 영혼과 신아(神我)와의 연금술적 결합을 경험하고자 한다면 지금 보다 더 좋은 시기는 없습니다.

여러분은 그 무엇보다도 스스로 그것을 의식적으로 자기 의지에 의해 선택해야 하고, 원해야만 합니다. 여러분은 결코 그것을 하라고 누군가에 의해 강요받지는 않을 것입니다. 인류는 지금 가장 위대한 절호의 기회를 부여받고 있습니다. 여러분은 우리가 내민 손을 잡고 우리의 도움을 받아들이실 겁니까? 그렇게 함으로써 우리는 여러분의 귀향을 도울 수가 있습니다. 우리는 이미 고향에 와 있습니다. 어떻습니까? 어서 고향으로 돌아와서 우리와 함께 합류하지 않으시렵니까?

「대 비취 사원」을 향한 의식적인 명상

〈대 비취 사원〉은 이 지구행성의 모든 차원들에서 온 존재들이 모이는 놀랄만한 성스러운 장소이고, 더 나아가 치유를 위해 오는 곳입니다. 또 인류를 현재 직접 돕고 있는 빛의 세계로부터 온 존재들은 자기들의 에너지를 정화하고 다시 충전하기 위해 이 사원에 옵니다. 은하계의 존재들 역시 마찬가지 이유로 이곳을 이용하고 있습니다. 이 유명한 사원은 수많은 우주적 존재들에 의해 매우 훌륭하게 이용되고 있으며, 주로 가장 순수하게 응축된 비취(翡翠)를 소재로 건축되었습니다.

지금 여러분에게 요청하건대, 스스로 자신의 가슴 속에다 정신을 집중해 보십시오. 편안하게 앉아서 눈을 감은 채 우선 긴장을 풀고 몸과 마음을 이완시키세요. 그리고 가슴에 집중해서 치유의 에너지를 받아 보십시오. 자 이제 여러분은 의식(意識)을 통해서 이루어지는 샤스타 산 아래에 위치한 대 비취 사원을 경험해보기 위해 우리와의 동행여행에 초대받은 것입니다. 여러분은 이제 에테르체로 이곳을 향해 여행하게 될 것입니다.

자기의 가슴에 계속 집중하면서 여러분의 신성한 고등자아와 영적 인도자들에게 〈대 비취 사원〉으로 여러분을 데려가 달라고 분명히 말하십시오. 거기에는 여러분을 맞이하기 위해 기다리고 있는 수많은 우리 레무리아인들이 있습니다. 이처럼 여러분의 인도자들에게 텔로스에 있는 〈대 비취 사원〉의 입구로 데려가 달라고 의식으로 부탁하십시오. 그러면 그들은 그렇게 할 것입니다. 여러분의 모든 인도자들은 이 장소를 매우 잘 알고 있으며, 또한 그들은 여러분을 그곳으로 데려가는 방법을 정확히 알고 있습니다.

자신의 몸을 완전히 이완시키고, 〈대 비취 사원〉에 가고자 하는 생각에 집중하면서 매우 깊게 심호흡을 하십시오. 자 이제는 의식 속에서 그곳에 있는 자기 자신을 보십시오. 가장 순수하고 최고 양질의 비취석으로 건조된 4면체의 피라미드인 이 거대한 사원의 입구에 도착하는 여러분 자신을 보십시오. 이 사원의 수석사제이자 수호자인 존재가 여러분에게 인사를 건넵니다. 사원 건물의 바닥은 비취와 순수 금(金)으로 된 타일이 깔려있습니다. 황금빛을 발산하는 분수탑들은 몇 갈래의 물줄기를 공중을 향해 약 30피트 높이로 분출하며 매우 신비로운 분위기를 자아내고 있습니다. 그곳에 있는 여러분 자신을 느껴보시고 눈에 보이는 그 무엇이든 둘러보십시오. 여러분이 지금 호흡하고 있는 그 사원내의 공기를 느껴보고, 도처에 충만한 순수 치유 에너지의 원천들에 의해 생성된 생기있는 에너지를 느껴보세요. 그것이 여러분의 온 몸에 얼마나 새 활력을 불어넣고 다시 젊어지게 하는가요? 비록 여러분이 에테르체로 그곳에 가 있을지라도 당신들이 다시 돌아올 때는 그곳의 어떤 진동을 자신의 육체로 가져올 것입니다. 그런 이유 때문에 당신들이 깊게 호흡하여 가능한 한 그 치유 에너지를 많이 흡수하는 것이 매우 중요합니다.

각양각색의 꽃들이 아주 다양한 에메랄드색의 식물들과 함께 매우 매혹적인 분위기를 자아내는 거대한 옥(玉)으로 구획된 지역 안에서 자라나고 있습니다. 여러분이 매우 독특한 이 아름다운 광경을 가만히 바라볼 때, 여러분은 이 장소의 신성함을 느낍니다. 여러분 스스로 이 곳 환경의 에너지를 느낄 수 있도록 하고 계속해서 가능한 한 많이 그 에너지를 흡수하십시오.

이제 사원의 수석사제가 여러분이 이곳을 둘러볼 때 안내하고 도움을 주게 될 인도자들과 보조원들을 여러분 각자에게 소개합니다. 여러분이 안내인을 따라 사원으로 들어갈 때, 타원형으로 생긴 직경 10피트, 높이가 6피트 정도 되는 순수 비취로 만들어진 매우 거대한 돌을 보게 됩니다. 이 돌은 가장 순수하고도 최고 양질의 치유 진동을 가지고 있습니다. 그 돌의 꼭대기에는 둥근 황금과 옥(玉)으로 된 성배가 보입니다. 그것은 10인치 높이를 가진 평평한 좌대(座臺) 위에 놓여 있습니다. 이러한 거대한 비취석은 에메랄드 색채를 띤 무한의 치유 불꽃을 공급하고 있는데, 이 치유 불꽃은 수백만 년 동안 인류를 돕기 위해 끊임없이 타오르고 있습니다. 자, 이제는 이 거대한 불꽃을 여러분의 영혼으로, 가슴으로, 그리고 여러분의 감정체로 느껴보십시오. 그렇습니다. 여러분은 또한 자신의 감정체를 그곳에 가져갈 수가 있습니다. 이 경외로운 불꽃은 영구히 타오르면서 지구를 위한 중요한 치유 에너지 기반을 형성하고 유지하고 있는 것입니다.

친구들이여, 놀라지 마십시오. 이 불꽃은 인간처럼 의식(意識)을 가지고 있습니다. 이것은 성령(聖靈)과 천사왕국들로부터 끊임없이 사랑의 에너지를 공급받을 뿐만 아니라 우리가 주는 사랑 에너지도 받고 있습니다. 당신들은 이미 치유의 불꽃의 수호자에 의해서 초대받은 것이니 비취석 가까이로 다가가 순수 비취로 만들어진 그곳의 의자에 앉으십시오. 그리고 깊은 명상에 들어 당신 삶속에서 가장 치료가 필요한 부분을 치유하십시오. 당신이 자진해서 스스로를 치유함으로써 만들어내고자 하는 의식내의 변화는 무엇입니까?

명상을 하는 동안 여러분은 자신을 인도해주는 존재들로부터 텔레파시적인 지도와 도움을 받고 있는 것이며, 이러한 지도는 여러분의 가슴과 영혼 속에 새겨집니다. 이제 우리는 진행을 잠시 멈출 것이고, 여러분의 치유를 위해 여러분이 자신의 영적 인도자들이나 고등한 자아와 대화를 가지도록 할 것입니다. (※잠시 중지된 침묵 상태)

보석들과 수정(水晶)들, 사원의 치유 에너지들을 보고 느껴 보시고 그 기운을 호흡을 통해 들여 마시세요. 이 치유 에너지를 가능한 한 매우 깊게 들여 마시십시오. 즉 이런 방법을 통해 여러분은 돌아갈 때 이 에너지를 자신의 육체로 가져갈 것입니다. 계속 그것을 호흡을 통해 들이키십시오. 현재 여러분은 이 지구행성에서 가장 신성한 치유의 진동이 있는 장소에 머물러 있는 것입니다. 서두를 필요 없이 여러분에게 필요한 만큼 여유 있게 머무십시오. 명상이 끝났으면 의자에서 일어나 당신에게 배정된 안내인과 함께 사원 주변을 걸어보십시오. 모든 아름다운 과정을 잘 살펴보고 그 치유의 에너지를 흡입하세요. 그리고 여러분 가슴에 눌려있는 괴로움이나 걱정거리들에 관해 안내인에게 마음껏 털어놓는 대화의 자유를 만끽하십시오. 혹시 여러분이 이런 에테르체로 이루어지는 여행에 대해 나중에 의식적으로 기억하지 못하더라도 크게 신경 쓰지는 마십시오. 여러분 대부분에게 있어 아직까지는 처음부터 반드시 이렇게 잘 될 것이라는 것은 아니며, 어떤 면에서 여러분은 현재 이런 정보를 얻고 있는 것입니다.

  모든 것이 끝났다고 느껴지면, 다시 육체의 의식으로 돌아와 여러 번 깊이 호흡을 하십시오. 그리고 원할 때는 언제든지 다시 그곳으로 돌아갈 수 있다는 점을 알아 두세요. 언제나 매 번 이런 식으로 여러분은 도움을 받게 될 것입니다. 여러분이 좀 더 자주 그곳으로 돌아갈수록 당신들은 우리와 보다 친밀한 신뢰관계를 쌓는 것입니다. 우리는 할 수 있는 최선을 다해 여러분에게 도움의 손길을 뻗치고 있습니다. 우리는 이제 여러분도 손을 내밀어 우리의 손을 잡음으로써 우리에게 응답해줄 것을 요청하는 바입니다. 이 일은 오직 양쪽의 합심과 협력에 의해서만 성공할 수가 있습니다.

  우리는 이제 여러분에게 사랑과 치유의 에너지를 전하며 이 명상을 마무리하고자 합니다. 우리는 여러분을 돕고 인도하는 가운데 함께 사랑을 나누고 있습니다. 그리고 우리 텔로스인들은 여러분의 가슴 안에서 항상 가까운 곁에 있습니다. 그것은 진정 그러합니다.

  나는 아다마입니다.

3부

엘 모리야의 메시지
텔로스의 토마스의 메시지
레드우드의 메시지
아다마의 마지막 전언(傳言)

숙고해야할 한 가지 중요한 문제가 있습니다.
여러분이 날마다 시간을 보내며 하는 일은
모두 중요합니다.
그것이 일시적인 만족이나 성취감을 가져다주니까요.
하지만 여러분이 일생 동안 신성한 한 존재로서
이루어 내는 것은
당신과 더불어 영원히 남습니다.

14장
엘 모리야 대사의 메시지

타성에 빠진 의식(意識)은 상승의 문을 향해 나가지 않는다

사랑하는 지상의 여러분! 안녕하십니까? 나는 엘 모리야(El Morya)[1]이며, 신(神)께서 이 행성 지구에 대해 품고 계신 뜻을 받들고 있는 수호자입니다. 샤스타 산 내부에 있는 우리의 거처에서 아다마와 나는 사랑이 담긴 메시지를 여러분에게 전하고자 합니다. *친애하는 이들이여, 또한 우리의 메시지는 인류를 깨우기 위한 또 다른 "경종(警鐘)*

---

[1] 현재 영단에서 제1광선을 담당하여 수호하고 있는 마스터이다. 엘 모리야 대사는 쿠트후미 대사와 더불어 1875년에 블라바츠키 여사가 <신지학회>를 창설할 수 있도록 배후에서 인도하고 후원했던 인물이었다. 그 후 그는 20세기에 들어와서도 지속적으로 이런 신지학적 운동과 후속 단체들의 활동을 배후에서 지원했다. 비교적 널리 알려진 이 마스터는 전생에 유대민족의 선조 아브라함이자 6세기 영국의 전설적인 아더(Arthur)왕이었으며, 15세기에는 <유토피아>의 저자인 토마스 모어로도 환생했다고 한다. 또한 16세기에 인도의 무굴제국을 세운 실질적 황제인 악바르(Akbar) 대제였다고도 하는데, 그의 마지막 환생은 19세기 인도 라지푸트의 왕자로서였다. 이때의 이름이 바로 <엘 모리야 칸(El Morya Khan)>이였고 그 생에서 해탈하여 영적인 상승을 성취했다고 알려져 있다.

엘 모리야 대사. 인도인으로 마지막 환생했을 때의 모습.

의 소리"이기도 한데, 왜냐하면 우리는 지금 여러분 모두에게 매우 짧은 시간만이 남아 있다는 것을 알고 있기 때문입니다.

뒤에 이어질 아마다의 마지막 메시지에서 그는 의식(意識)의 어떤 상태 내지는 태도에 대해 언급하고 있습니다. 그와 같은 의식으로 지구상의 너무나 많은 귀중한 영혼들이 조는 것 같은 영적인 침체상태에 빠져 그들 스스로 자동 조종 장치에 의해 움직이는 듯한 멍한 삶을 살고 있습니다. 그런 의식상태 속에서 사람들은 자신의 미래 현실을 의식적으로 창조해 나가겠다는 욕구가 전혀 없거나 자신의 영혼의 명령에 따라 "마음먹은 의지"로 자기 인생을 살아 나가려고 하지 않습니다.

우리 모두는 여러분을 너무나 사랑하는 까닭에 장차 2012년경에 5차원의 입구에서 여러분 모두를 맞이하는 것이 우리의 큰 소망입니다. 우리가 여러분의 입장(入場)을 위해 그 입구를 활짝 열고 여러분의 도착에 대비해 황금 카펫을 깔음으로써 빛과 사랑의 세계로 들어오는 여러분을 맞이하고 환영하는 것은 우리의 큰 기쁨이 될 것입니다. 이 날은 우리와 이 5차원의 문을 통해 걸어들어 올 인류 모두에게 얼마나 멋지고 즐거운 날이 될까요? 또 그것은 모든 이들에게 얼마나 행복한 재회(再會)가 되겠습니까? 성대한 환영행사가 현재 준비돼 있습니다. 이 중대한 날에 많은 이들이 눈물을 보이게 될 것입니다. 하지만 친애하는 이들이여, 이 눈물은 슬픔의 눈물이 아니라 순수한 기쁨과 환희의 눈물인 것입니다.

잠시 동안이나마 여러분이 장차 경험하게 될 그 즐거운 만남의 순간을 상상해 볼 수 있겠습니까? 그때 여러분은 변화된 불로불사의 몸으로 여러분의 삶 동안에 지구를 떠났던 사랑하는 이들과 얼굴을 마주하고 만나게 될 것입니다. 다시 말해서 현생에서 여러분이 끔찍이도 사랑했으나 먼저 세상을 등졌던 사람들과 다시 만나게 될 것입니다. 또한 여러분은 잘 기억하지 못할 수도 있는 이들을 만날 것인데, 그러나 이들은 바로 여러분의 전생(前生)에서 가깝게 지냈거나 진정으로 사랑했던 사람들입니다. 이 사람들은 당신들과 약 1,000년간에 걸쳐서 알고 지내던 이들입니다. 좀 더 부연하자면, 그들은 당신들을 너무 사랑하는 여러분의 영혼가족의 한 식구일 뿐만 아니라 당신들이 반복해서 지상에 태어날 때마다 같이 환생했던 영원한 친구들인 것입니다.

우리는 이런 정보를 여러분에게 알리면서 이미 그 놀라운 날에 벌어질 사람들의 기쁨과 흥분을 느끼고 있습니다. 여러분의 사랑하는 이들은 지금 크나큰 기대감을 안고 다시 한 번 여러분과 포옹하기를 기다리고 있습니다. 그들은 "5차원의 문" 근처에서 영광스러운 빛의 옷을 입고 여러분이 들어올 때 두 팔로 여러분을 맞이하기 위해 기다리고 있는 것입니다.

우리의 채널인 오릴리아 루이즈가 나의 이런 말을 수신하면서 벌써 그녀의 뺨에는 눈물이 흘러내리고 있군요. 왜냐하면 현생에서 그녀의 부모님이었던 돌아가신 빛의 영혼들을 머지않아 다시 상봉하게 된다는 생각 때문입니다. 그리고 또한 그녀의 어린 시절에 일찍 세상을 하직하여 "영계(靈界)"에서 영적변형을 이룩한 그녀의 다른 가족과 친척들과도 만나게 될 것입니다.

그녀가 기록하기를 멈추고 눈물을 닦는 동안, 그분들 역시 영혼의 상태로 그녀를 주시하고 있습니다. 그들은 그녀에게 사랑을 보내면서 장차 있을 "대 재회(再會)의 날"을 큰 기대감으로 기다리고 있습니다. 그리고 그 날은 삼라만상의 창조계 전체가 주목하게 될 너무나 경이로운 날이 될 것입니다.

앞서 언급한 말을 다시 한 번 반복하도록 하겠습니다. 여러분 모두가 이 신성한 5차원의 입구에 도착하여 그 문으로 들어서는 모습을 보는 것이 바로 지구 행성의 영단과 어머니 지구의 큰 바람입니다.

친애하는 이들이여, 영단에 소속된 우리는 여러분에 대한 커다란 사랑의 심정에서 다음과 같은 사실을 다시 한 번 상기시켜 드리고자 합니다. 즉 5차원으로 들어가기 위해서는 그 입구에서 제시해야 할 "출입 암호"가 있다는 것입니다. 여러분의 세상에는 천국(天國)의 문 앞에 서서 누구를 들여보내고 말 것인지를 결정한다는 "베드로(Peter)"2)에 관한 우스개 소리들이 있습니다.

그런데 친구들이여, 지구상의 이 우스개 소리들은 이곳에서는 더 이상 농담만은 아니며 농담 이상의 의미가 있습니다. 즉 거기에는 이 시대에 여러분이 생각할 수 있는 것 이상의 진실이 담겨져 있는 것입니다.

내가 이런 말을 하는 이유는 5차원 세계에는 인간이 반드시 입장 허가를 받아야만 하는 문 또는 입구가 있기 때문입니다. 그리고 나, 엘 모리야는 사실 과거 예수 그리스도 시대에 그의 사도였던 "베드로(Peter)"로 지상에 태어났었습니다. 게다가 지금 나는 초한(Chohan)3)이 되었고, 지구인들에게 작용하는 신(神)의 의지의 측면인 제1광선의 수호자가 되었습니다. 이것은 또한 내가 그 5차원 입구의 수호자라는 사실을 의미합니다.

친애하는 이들이여, 신의 뜻은 인간이 올바른 영적행로로 나가기 위해서는 반드시 이 첫 번째 입구를 통과해야만 한다는 것입니다. 여러분의 저급한 인간적 에고(Ego)와 인성(人性)을 버리고 신(神)의 뜻에다 모든 것을 내맡기지 않는 한, 그리고 심성이 정화되어 신성(神性)으로 변형되지 않는 한, 당신들이 나아갈 진정한 영적인 길은 어디에도 없습니다. 신성

---

2) 예수 그리스도의 12 사도중의 한 명이고 수제자(首弟子)이다. 예수의 승천 후, 야고보와 더불어 그리스도교의 주도적인 지도자가 되었으며, 네로의 치하에서 순교하였다. 원래 이름은 '시몬(Simon)'이라는 그리스식의 이름이었는데, 예수가 그에게 '케파(Cephas:반석이라는 뜻)'라는 아람어 이름을 지어 주었다. 이 이름을 그리스어로 옮긴 것이 '페트로스'이고, 영어식 발음의 이름이 '피터'이며, 번역된 이름이 베드로이다.
3) 마스터(Master), 주님(Lord)과 같은 의미인데, 7대 광선을 수호하는 역할을 맡은 대사들을 특별히 <초한(Chohan)>이라고 부른다. 따라서 영단 내에는 모두 7명의 초한들이 있고, 이들의 수장격(首長格)인 1명의 마하초한(Maha Chohan)이 있다.

한 의지가 이 첫 번째 입구에 적용되고 있는 것입니다.

　거기에는 추가로 6개의 다른 입구들이 있는데, 이 입구들 역시 여러분이 행성 지구의 차원상승에 발맞추어 5차원으로 진입하기 전에 통과해야만 하는 문들입니다. 이 첫 번째 입구를 통과하기 위해서는 다음과 같은 방법이 적극 권고되고 있습니다. 그것은 여러분이 밤에 내면의 세계에서 내가 진행하는 수업시간에 참석하거나 신의 뜻에 따라 지금 나를 돕기 위해 자원한 내 동료들의 학습반에 출석하는 것입니다. 그리고 당신들은 다음 입구로 이동하기 전에 깨어 있는 상태에서 나의 시험들을 통과해야 합니다. 그런데 이 메시지를 읽고 있는 여러분 가운데 다수가 현생이나 전생에서 이미 이 첫 번째 입구를 통과했으며, 또 그중 일부 사람들은 다른 입구들 역시도 통과할 자격을 얻었습니다.

　우리는 아직도 인류의 많은 주민들이 마치 "자동 조종 장치"에 의해 움직이는 것처럼 자신의 삶을 살고 있다는 사실이 서글프고도 안타깝습니다. 그들은 지금 자기가 어디로 가고 있는지, 왜 이 지구상에 태어났는지를 전혀 알지 못하며, 또 자기가 원하는 바를 얻기 위해 아무런 노력조차 하지 않고 있습니다. 이 사람들은 아무런 의식적 목표도 없이 하루하루 허송세월로 자신의 인생을 허비하고 있는데, 그저 무위도식(無爲徒食)하거나 흐리멍텅한 상태에서 이리저리 방황하고 있을 뿐입니다.

　현재 인류는 수십만 년 동안 그토록 고대하고 갈망해온 이 장대한 사건을 목전에 두고 그 출발점에 서 있습니다. 그럼에도 인류 가운데는 내가 담당하고 있는 그 차원의 입구에 관해 아직 들어보지도 못한 너무나 많은 귀중한 영혼들이 존재하고 있습니다. 나와 나의 동료인 아다마는 우리가 조금이라도 더 잠자고 있는 인류에게 깨어나라는 경종을 울려줄 수 있을까하는 생각에서 함께 협력해 일하고 있습니다.

　이제 남아 있는 시간은 점점 더 줄어들고 있는 상태입니다. 따라서 만약 당신들이 아직 "신(神)의 뜻"으로 이루어진 차원의 문을 통과할 준비를 못했다면, 우리는 다음과 같은 사실을 알려드리고 싶습니다. 즉, 그것은 여러분이 지금 그렇게 하려고 선택한다면, 아직도 뒤진 것을 모두 만회하여 5차원으로 들어가는 모든 입구들을 제 시간에 통과하는 것이 가능하다는 사실입니다.

그러므로 더 이상 꾸물거릴 시간이 없습니다. 당신들은 지금 시급히 깨어나야만 합니다. 그리고 매우 성실하게 우주적이고 영적인 법칙들을 지키면서 날마다 부지런히 사랑의 실천을 시작해야 합니다. 여러분이 가진 모든 두려움들을 방출하고 신(神)에 대해서 미리 생각해 보십시오. 또한 이제까지 여러분이 회피해온 진실들을 기꺼이 받아들이십시오. 지금 즉시 여러분이 생각하고 말하고 행동하는 그 모든 것을 사랑으로 실행함으로써 자신의 참모습인 신(神)이 되십시오. 왜냐하면 여러분 역시 본래 신(神)의 자녀들이니까요.

사랑은 여러분의 차원상승 과정을 단축시킬 수 있는 유일한 지름길입니다. 사랑은 5차원의 문을 여는 가장 위대한 열쇠인데, 거기에는 자기 자신에 대한 사랑, 신(神)에 대한 사랑, 그리고 지구상의 전 인류에 대한 사랑, 동,식물의 왕국에 대한 사랑이 포함됩니다. 창조주의 대생명 안에서 숨 쉬고 있는 모든 것들을 사랑하고 공경하십시오.

남을 함부로 심판하려는 교만함을 버리고 선의(善意)를 가슴에 품으세요. 여러분은 가슴 속에 충만한 사랑으로 모든 상승의 입구들을 통과할 수가 있습니다. 하지만 타성에 빠져 계속 자신의 인생을 기계적으로 살고 있는 이들에게는 아무 것도 일어나지 않음을 명심하십시오. 상승의 문을 향해 성실하게 나가는 모든 사람들은 필요한 출입 암호와 자격을 취득하기 위해 요구되는 7가지 입문 시험들을 통과할 것입니다. 그 7가지 입문식(入門式)들은 각각 7 단계의 수준으로 나누어져 있습니다. 그런데 과거에는 부단한 영적수련을 통해 이러한 입문들 중 1~2개를 통과하는 데만도 보통 여러 생(生)이 소요 되었습니다. 하지만 지구역사상 대단히 중대한 지금 이 시기에는 천명(天命)에 의해 전례 없는 특혜가 인류에게 주어졌습니다. 즉 지금은 여러분의 진지하고도 성실한 노력에 의해 이 모든 입문과정을 단 몇 년 안에 성취할 수가 있는 것입니다.

나, 엘 모리야는 그 때 여러분에게 친숙한 "베드로"라는 이름으로 지구영단의 나머지 존재들과 그 입문식장에 서 있을 것입니다. 물론 거기에는 여러분 모두의 "귀향"을 환영하는 당신들의 사랑하는 이들도 함께 할 것입니다.

나는 여러분의 영원한 친구인 엘 모리야입니다.

- 「엘 모리야 대사의 마지막 메시지」-

우리 지구 행성의 광명화(光明化)는 시작되었다!

텔로스에 대한 정보를 읽을 모든 독자들에게 메시지를 전하는 것은 나의 큰 기쁨이고 영광입니다. 여러분 모두는 내가 진정 가슴으로 친애하는 이들임을 알아주셨으면 합니다. 이런 정보들은 시기적으로 볼 때 대단히 중요하며 특별한 의미를 지니고 있습니다. 그리고 나는 여러분이 이와 같은 정보들을 매우 깊이 자신의 가슴과 의식 속에 받아들여 음미해 볼 것을 권고하고 싶습니다. 그것은 고차원에 대한 여러분의 자각(自覺)을 열어주고 사고(思考)의 폭을 넓히는데 큰 도움이 될 것입니다.

그리고 이런 자료들은 여러분에게 이 지구상의 생명들이 마땅히 구현해야 할 자연스러운 본래의 상태가 어떠한가에 관한 아이디어를 줍니다. 나 역시 여러분에게 지구가 생각하고 있는 인류의 미래의 모습을 간략히 제공하고자 합니다. 인류의 앞에 놓여있는 현실은 너무나 놀랄만한 것이어서 간단히 한 권의 책으로는 다 묘사할 수가 없습니다. 그 계획의 전모 역시 현 시점에서 모두 다 밝혀질 수는 없습니다. 현재 당신들이 읽고 있는 이 텔로스에 관한 책은 인류가 스스로 고등한 의식(意識)으로 개화되고 신성이 발현되었을 때 여러분을 기다리고 있는 경이로운 일들을 아주 훌륭히 소개하고 있습니다.

이런 정보들에 대해 마음이 열려 있거나 관심 있는 사람들과 그것을 함께 나누는 것 역시 대단히 중요합니다. 친구들이여, 이것은 여러분이 마땅히 해야 할 숙제의 일부입니다.

이제 레무리아인들의 의식(意識)이 다시 부흥되고 지구상에 알려져야 할 때가 왔습니다. 그것은 "창조주 에너지의 원천"에 관계된 의식을 의미합니다. 그것은 바로 삼라만상 일체를 포용하는 실천행을 통해서 그리스도 의식(Christ Consciousness)4)으로 복귀하는 것입니다. 신(新) 레무리아는 단지 가야할 어떤 물리적 장소가 아닙니다. 그것은 무엇보다도 5차원의 진동 속에서 구현된 존재의 상태이고, 완전한 신성의 상태입니다. 또한 그것은 지속적으로 유지되는 각성된 의식(意識)이며, 완벽한 수준으로 표현된 물질의 상태인 것입니다.

여러분이 그렇게 오랫동안 기다려온 시간이 지금 바로 눈앞에 다가와 있습니다. 이 행성과 저 너머 우주의 모든 상승된 문명들은 지금 여러분의 어머니 지구와 인류의 차원상승을 돕기 위해 화합과 조화 속에서 함께 협력하고 있습니다. 지금 이 시점은 여러분이 그렇게 수많은 윤회환생을 하면서 기다려온 바로 그 때입니다. 제가 여러분에게 권고하건대, 여러분

---

4) 그리스도란 말은 본래 "빛이 부어진 자" 또는 "빛의 예배"라는 뜻을 지닌 희랍어인 "크리스토스(Christos)"에서 유래한 것이라고 한다. 그리고 이것이 나중에 구세주를 의미하는 "기름부음을 받은 자"라는 뜻으로 연결된 것이다.

따라서 〈그리스도 의식(Christ Consciousness)〉이란 한마디로 "인간내면의 빛(神性, 佛性)이 완전히 발현된 의식(意識)"을 말한다. 이를 달리 표현하면 "신성의식(神性意識)" "우주의식(宇宙意識)"이라고 해도 좋고, 불교인들은 이 말을 〈붓다의식(Buddha Consciousness〉, 즉 불심(佛心)으로 이해해도 무방하다.

예수와 석가의 가르침은 사실상 동일한데, 그것은 인간이 미망(迷妄)을 극복하고 누구에게나 내재된 빛, 즉 신성 또는 불성을 완전히 자각하고 발현시켰을 때 사실상 누구나 그리스도적인 존재나 붓다가 될 수 있다는 것이다. 기독교에서 주장하듯 예수님만이 유일한 그리스도라고 말하는 것은 후세의 성직자들에 의해 철저히 변조되어 왜곡된 교리이다.

은 지구의 변동과 정화기 내내 자신의 가슴에 집중하여 지속적으로 내면의 신성한 존재에게 초점을 맞추십시오. 여러분이 그토록 소망한대로 탈바꿈된 "새로운 세상"이 지금 막 태동하려 하고 있습니다.

제가 여러분에게 보증하는 바이지만 두려워할 것은 아무 것도 없습니다. 여러분의 창조주께서는 이 행성 지구에 뒤덮여 있는 원한과 증오의 에너지를 걷어낼 것이고, 머지않아 다시 평화와 사랑의 진동이 지구를 지배하게 될 것입니다.

빛의 세계의 모든 존재들은 여러분이 새로운 세계로 변형되고 전환되는 과정을 돕기 위해 모든 지원을 아끼지 않고 있습니다. 또한 이 순간 여러분의 행성에서 일어나고 있는 일들이 너무나 놀라운 까닭에 이 우주 전체와 수많은 다른 우주들이 여러분에게 관심을 집중하고 있습니다. 요컨대 지금 막 지구에서 발생하려고 하는 사건은 그 어떤 세계나 태양계, 은하계에서도 이루어진 적이 없었다는 사실입니다.

여러분이 곧 경험하게 될 변형은 이 지구에게 있어서도 매우 독특한 면이 있습니다. 용기를 지닌 이들이여, 지구는 장차 이 우주의 "진열장(Show Case)"이 된다는 사실입니다. 그리고 현재 지구 주변에는 몇 백만 대 이상의 우주선(UFO)들이 와 있는데, 거기에 탑승한 방대한 숫자의 승무원들과 우주인들이 날마다 여러분을 관찰하고 있는 중이고, 또 사랑과 격려를 보내고 있습니다.

여러분이 과거에 있었던 문제들에 대한 집착과 어떤 강박관념을 버리는 것은 매우 중요합니다. 또한 여러분의 모든 낡은 생각과 왜곡된 믿음들을 던져버리는 것 역시 그러합니다. 지금 여러분이 알다시피 지구상의 생명은 극적으로 변화하고 있고, 보다 높은 차원으로 진화하려 하고 있습니다. 또한 여러분 행성의 정화작용은 지구를 탈바꿈시켜 새로운 세상을 열 것입니다. 친구들이여, 그것은 더 이상 여러분이 먼 미래에 있을 것이라고 예측할 수 있는 사건이 아닙니다. 그 변화의 때는 바로 지금인 것입니다.

제공된 정보를 무시하거나 부정하는 쪽을 선택한 사람들은 오랫동안 계속 그렇게 할 수는 없을 것입니다.

지구를 완전히 광명화(光明化)하여 빛의 세계로 바꿔놓기 위해 계획된 매우 강력한 에너지가 2002년 5월 1일경부터 밀려들어오기 시작했습니다. 이 에너지는 지금 밤낮으로 지구에 퍼부어지고 있고, 지구가 5차원의 지복(至福) 속에 안락하게 정착할 때까지 계속 가속화되고 강화될 것입니다. 만약 여러분이 이런 에너지적인 가속도와 변화에 적응하지 못한다면, 결국 조만간에 이 세상을 떠나게 될 것입니다. 그리고 여러분의 선택에 좀 더 알맞은 우주의 어딘가 다른 곳에 태어나게 될 것입니다. 우주에는 지금의 여러분의 상태와 아주 비슷하고 현 수준과 속도로 영적진화를 계속 이어갈 수 있을만한 다른 3차원적 행성들이 있습니다. 그러니 반드시 우리를 따라와야 한다는 법이나 의무는 없습니다. 선택은 전적으로 여러분의 몫이니까요.

이 행성 위에서 오랫동안 진행되었던 아주 기나긴 3차원적 생명의 주기(週期)가 끝나가고 있음을 아십시오. 여러분의 어머니 지구는 이제 3차원을 졸업하기로 선택했고, 상승의 영광을 받아들이기로 했습니다. 이것이 의미하는 바는 이제 곧 그녀가 오직 영적으로 고도로 계발된 문명만을 자신의 몸 위에 허용하게 되리라는 것입니다. 세상에는 또한 여러 가지 이유로 인해 (상승하려는 마음은 있으나) 현생에서 상승할 준비가 미처 안 돼 있는 일부 사람들이 있습니다. 하지만 그들은 바로 다음 생(生)에 상승할 자격을 얻게 될 것입니다.[5] 그들은 자신들의 지구상에서의 진화를 완결하기 위해 이곳에 다시 환생할 영혼들입니다. 그리고 그 때 그들은

---

5) 이것은 수많은 이타행(利他行)과 자비행을 통해 지구상에서 축적한 카르마(業)의 대부분을 청산하고 다음 생에 해탈하여 영적상승을 성취할만한 적절한 진화수준에 도달한 일부 영혼들만이 해당된다. 전혀 이러한 토대가 없이 상승하려는 욕심만으로 누구나 여기에 해당되는 것은 아니다.

비로소 상승을 이루게 되는 것이지요. 이 사랑스러운 영혼들은 미래세대의 아이들이 될 것입니다.

이미 언급했듯이 나는 5차원의 문을 담당하고 있는 수호자들 중의 한 사람입니다. 하늘의 "신성한 의지"에 복종하고 천도섭리(天道攝理)에 순응하는 것이 여러분에게 보다 순조로운 여정이 될 것이며 은총을 가져다 줄 것입니다.

상승의 시기가 왔을 때, 거기서 직접 여러분을 환영하는 것이 나의 커다란 바람입니다. 다시 한 번 반복하지만 나는 여러분에게 매일 밤 샤스타산 내부에서 열리는 나의 수업에 에테르체로 밤에 참석하라고 초대하는 바입니다. 우리가 진행하는 수업의 요점은 여러분의 의식을 "지구 대변화"에 대비해 준비시키는 것입니다. 수많은 다른 빛의 존재들은 물론이고 샤스타 산의 빛의 형제단과 레무리아인 빛의 형제들도 인류의 상승과정을 돕기 위해 함께 협력하고 있습니다.

우리들 가운데는 여러분에게 매우 사적으로 상담이나 조언을 해줄 수 있도록 준비가 된 존재들이 많습니다. 우리가 그 대가로 청구하는 요금은 단지 여러분이 영적진화의 노정에서 좀 더 커다란 깨달음을 얻으려는 자발적인 마음뿐입니다. 아울러 여러분의 작은 인간적 자아를 자신의 위대한 신아(神我)에게 기꺼이 복속시키려는 자발성만으로 충분합니다. 여러분의 변형과 상승과정에서 나타날 세상의 흐름과 변화에 순응하십시오.

나는 엘 모리야이며, 신(神)의 뜻을 받드는 나의 가슴은 언제나 여러분을 돕기 위해 열려 있습니다.

여러분이 최상의 길로 가기를 꺼려할 때,
여러분의 영혼은 그저 당신들이 가고 싶은 대로
가라고 허용할 것입니다.
여러분이 더 이상 그 길로 나갈 수 없을 때까지
말이죠.
우리는 여러분 자신을 위한 보다 현명한 선택을 통해서
더 나은 행복한 운명을 택하라고 여러분을 초대합니다.

- 아다마 -

15장
레드우드(Redwood)[6]로부터 온 경고의 메시지

우리는 거대한 식물들이며, 여러분이 오래 전에 망각한 초고대 문명에서 살아남은 생존자들입니다. 수많은 세월이 흘러갔지만 우리는 아직도 여기에 존재하고 있습니다. 그러나 우리의 숫자는 점점 더 감소하고 있는데, 그것은 우리 삼나무 동료들을 날마다 베어내 팔아넘김으로써 거기서 생기는 돈벌이 수입에만 혈안이 된 탐욕스러운 벌목꾼들 때문입니다.

지성을 지닌 집단적인 한 식물종족으로서 우리의 존재들은 이 행성을 몇 백만 년 동안 아름답게 장식해 왔고, 그 기원은 아주 까마득한 태고에 존재했던 마법적인 판(Pan) 대륙 시대까지 거슬러 올라갑니다. 수백만 년

---

[6] 미국대륙의 태평양 연안인 캘리포니아 주 서해안 일대에 서식하고 있는 거대한 식물종인 삼나무들을 말한다.

동안 이 행성의 주민들은 우리가 지닌 아름다움과 지혜에 대해, 또 우리 삼나무들이 주변 지역의 모든 곳으로 방사하는 깊은 평화와 조화의 기운에 대해 최상의 경외심과 존경심을 가지고 있었습니다.

우리와 대화를 하거나 상호 교감할 수 있는 능력이 있는 사람들은 우리가 소유한 재능이나 지식을 의식적인 상태에서 얻을 수가 있습니다. 그러나 인류와 공유할 수 있는 우리의 수많은 지식들과 지혜는 여러분 대부분에게는 알려져 있지 않습니다. 언젠가 여러분은 이런 현실에 대해 깨닫

아메리카 삼나무는 엄청난 크기의 직경을 자랑하는 거목이다.

게 될 것이고 우리의 진정한 실체와 우리가 이 지구에 기여해 왔던 중요한 내용들에 대해 좀 더 알기를 원할 것입니다.

우리는 미국 대륙 서해안 저 너머에 존재했던 고대 레무리아 대륙에서 살았고, 그곳에서 번창했었습니다. 한 때 우리의 영(靈)과 나무로서의 물리적 형태는 거의 이 행성 도처에 퍼져 있었습니다. 그리고 현재의 우리는 일찍이 이 지구상에서 꽃피워졌던 영광스럽고 아름다운 레무리아 문명의 파멸에서 살아남은 유일한 식물 생존자들인 것입니다.

우리는 역사적 증인들이고 여러분 선조들과의 연결고리이며, 또한 여러분의 뿌리이자 레무리아 문명과 그 너머 초고대 문명 시대의 여러분의 과거 모습이기도 합니다. 후대의 사람들은 레무리아가 어떤 흔적도 없이 사라져 버렸다고 늘 불평해 왔습니다. 그래서 우리가 당신들에게 말하건대, 우리는 레무리아 시대의 증인으로 인정받지 못한 채 이곳에 이렇게 존재하고 있다는 사실입니다. 우리는 12,000년 전에 일어났던 대재앙의 지구 변동에서 살아남은 존재들이며 여러분을 돕기 위해 태평양 연안에 변함없이 건재해 있는 것입니다. 왜 당신들은 우리들을 인식하지 못합니까? 또한 여러분은 왜 그토록 오랫동안 우리가 한 종족으로서 지구와 여러분에게 해온 커다란 봉사에 대해 감사할 줄을 모릅니까? 현존하는 당신들의 몰지각한 문명에 의해 우리 종족들이 오늘날까지 점차 계속 희생되고 있는데도 말입니다.

이 행성에 대한 수백만 년에 걸친 우리의 봉사 과정에서 여태까지 그 어떤 문명도 20세기의 미국인들만큼 잔혹하고 무정하게 우리를 제거하려했던 문명은 없었습니다. 우리는 현재 여러분 정부의 전폭적인 지원과 더불어 거대 기업체들의 손에 의해 조직적으로 벌채되고 있습니다.

정부는 단순히 개발업자들의 단기적인 이익을

위한 로비 활동에 좌우될 것이 아니라 인류 전체의 장기적인 이익을 고려하고 그러한 정책을 선택해야 할 책임이 있습니다. 소수의 인간들 손에 들어가는 몇 푼의 금전적 이익 때문에 당신들은 고대의 유산들을 훼손하고 인간들을 보호해주고 있는 존재들을 파괴하고 있는 것입니다. 한 가지 비유(比喩)를 든다면, 당신들이 하고 있는 행위들은 자기들을 먹여주고 사랑해주는 주인의 손을 무는 못돼먹은 개들에다 비유할 수 있을 겁니다.

매우 소수의 사람들만이 지금 이 나라에서 자행되고 있는 자연파괴 행위들에 대해 우려하고 주의를 기울여 왔는데, 그런 짓들은 지구의 가장 귀중한 자산들 중의 하나를 짓밟고 약탈하는 행위이기 때문인 것입니다.

그 어떤 시대와 종교를 막론하고 우리가 수목(樹木)의 형태로 모두에게 대가없이 나누어 주었던 선물로 인해 우리는 항상 공경되고 사랑을 받았습니다. 미합중국의 서부 해안은 고대 레무리아의 마지막 자산으로 남아 있는 것이며, 약 60년 전까지만 해도 수천만 에이커(acre)의 면적에 달하는 삼나무들이 이 나라 서부해안을 덮고 있었습니다. 하지만 현재 우리는 오직 적은 분량만이 그나마 "전시용"으로 여기 저기 남아 있을 뿐입니다.

인류는 과거시대에 그나마 인식해왔던 얼마 안 되는 참된 아름다움과 가치에 대해서도 오늘날은 철저히 무감각한 눈 뜬 장님이 되고 말았습니다. 당신들은 도대체 어디에다 가치 부여를 하고 있습니까?

과거의 모든 아름다움은 "개발과 발전"이라는 미명과 잘못된 생각으로 인해 모두 사라지려는 찰나에 있고, 그 대신에 수많은 추악한 것들이 들어서 있습니다.

비록 우리 대부분이 한 종족으로서 지구의 자산에 대한 인간의 무지와 몰지각함 때문에 당신들의 현대적 기술에 의해 파괴된다고 하더라도 우리의 영(靈)은 계속 살아 있습니다. 우리들 가운데 누군가가 제재업자들이 고용한 벌목꾼들의 전기톱에 비명을 지르며 넘어갈 때마다 그 죽어가는 나무의 영(靈)은 다시 우리가 사랑받고 공경받고 감사받는 곳에 새로 태어나기 위해 다른 차원으로 옮겨갑니다. 즉 일종의 집단적인 식물의 지성을 가진 우리 종족들은 또한 이 행성과 외계의 더 높은 차원에서 살면서 우리의 존재와 우리가 주는 선물들을 소중히 돌보는 그곳의 거주자들과 함께 번창 하는 것입니다. 우리는 지구의 내부와 이 행성의 지저인들의 도시에서도 대규모로 서식하고 있는데, 거기서 우리는 그 경이로운 장소들에 거주하는 사랑스럽고 지혜로운 존재들의 삶을 아름답게 장식해 줍니다.

친구들이여, 여러분은 인생의 "진정한 가치"에 대해서 배워야할 것이 너무나 많습니다. 만약 우리가 하는 말들이 좀 거슬리게 느껴진다면, 그것을 일종의 경종의 소리로 들어 주십시오. 아니면 우리가 겪고 있는 것과 같이 인류에게 무자비한 일을 당하고 있는 이 지구상의 다른 모든 생명체들에게 자비심을 가져달라는 우리의 간청으로 여겨 주십시오.

궁극적으로 인류가 모든 생명의 일체성(一體性)에 대한 영원한 법칙을 이해할 만한 높은 진화 상태에 이르렀을 때, 비로소 당신들은 다른 생명들에게 베푸는 사랑과 자비가 어떤 형태를 취하느냐에 관계없이 그것이 결국 자신에게 이익이 된다는 사실을 알게 될 것입니다. 당신들

이 지구와 그녀 위에서 서식하는 동, 식물의 세계를 학대하고 훼손했을 때, 최종적으로 그 에너지들이 인간 자신에게로 되돌아가 당신들을 칠 것입니다. 즉 여러분이 계속 반복해서 지상에 태어나는 과정에서 결국 당신들은 스스로 저지른 파괴 행위들을 고스란히 받는 수취인이 되는 것이지요. 이것이 인과법(因果法)이라는 우주법칙인 것이며, 여기서 예외가 될 수는 없습니다. 이 불변의 법칙은 이 우주를 지배하고 있고 모든 창조물들은 언제나 이를 준수해야만 하는 것입니다.

모든 깨달은 문명사회에서는 아무도 우리가 나무로 태어나 그 수명을 마치고 영(靈)이 나무에서 떠날 때까지는 자기들의 사적인 용도와 이익을 위해서 함부로 거목(巨木)의 형태로 있는 우리의 몸을 베어내지 않습니다. 거대한 나무가 큰 존경과 감사의 마음으로 베어져 다양한 용도로 활용되는 경우는 오직 영이 떠났을 때뿐입니다. 우리가 제공하는 그 멋진 목재는 또한 이 지구와 우리의 영이 베푸는 선물들 중의 일부인 것입니다.

우리의 존재 목적은 결코 자연과 데바들(Devas)[7]의 진화에 아무런 애정이나 관심도 없는 몇몇 부당 이득자들에 의해 독점되거나 기업체들에 의해 수백만 달러에 팔려나가는 것이 아닙니다. 나무가 되어 땅을 관리하고 책임지는 직책과 동물의 단계는 생명의 진화행로에서 거쳐야 할 중요한 입문과정입니다.

또한 여러분은 땅의 일부를 자기의 소유라고 주장할 수가 없습니다. 모든 대지(大地)에 관한 "신성한 권리"는 어디까지나 여러분의 어머니 지구에게 속해 있는 것입니다. 지구의 땅은 그녀의 몸이므로 바로 그녀가 주권자이고 통치자인 것이지요. 혹시라도 여러분이 이 지상의 땅 일부를 자기 것이라고 생각하거나 권리가 있다고 여긴다고 하더라도 사실상 당신은

---

[7] "Deva"라는 말은 본래 산스크리트어로서 삼라만상의 자연법칙을 실현시키는 자연의 신(神)을 의미한다. 즉 어찌 보면 자연령(自然靈)을 뜻한다고도 볼 수 있는데, 자연령에는 식물의 정령(精靈)과 꽃의 요정(妖精), 구름과 비, 대지의 정령 등이 포함된다. 데바는 지성을 지닌 자연의 생명력으로서 본래 특별한 형상은 없으나 모든 존재들의 원형, 즉 설계도를 가지고 있어서 그것들이 자연계에 물질적으로 현현할 수 있도록 에너지를 조정하는 역할을 한다고 한다.

무분별한 벌채로 잘려나가고 있는 거대한 삼나무들

기껏해야 그 땅의 임시 관리인에 불과하다는 사실입니다. 그러므로 당신들은 또한 그 땅을 가지고 무엇을 했는지를 전적으로 영적인 〈상위위원회(Higher Committee)〉에다 보고할 의무가 있는 것입니다.

모든 깨달은 문명사회에서는 목재가 현명하고 사려 깊게 이용되기 때문에 누구에게나 그 양이 충분하며 필요한 만큼 부족 없이 공급됩니다. 여러분은 언젠가 미국 동부해안과 서부해안 간에 태풍이나 대폭풍이 나타나는 데 있어서의 차이점을 알아차린 적이 없습니까? 예컨대 왜 서부해안에는 동부해안에서 매년 발생하는 양 만큼의 자연 재앙들이 동일하게 일어나지 않는지 의아하게 생각해 본적은 없는지요? 그 이유는 서부해안 지대에는 "우리의 존재"와 같은 상당량의 고생대(古生代) 거목들을 베지 않고 남겨 두었기 때문입니다.

우리는 당신들의 결여된 영적의식 상태에서 생각하고 믿어온 대로 그저 단순한 "나무"가 아닙니다. 우리는 당신들이 생각하는 그 훨씬 이상의 존재들입니다. 우리의 나무라는 형태는 단지 우리의 거대한 영(靈)이 거주하여 살고 있는 외형적 모습일 뿐입니다.

비록 우리의 영(靈)이 거목의 형태로 육화돼 있지만 집단적인 영은 거대하고 강력하며 모든 지혜들을 망라하고 있습니다. 다시 말해 우리는 당신네 인간들이 현재 가지고 있는 극히 제한된 이해력과 미성숙한 의식 수준을 훨씬 넘어서 있는 것입니다. 우리들은 서부 해안을 보호하고 있는 위대한 수호자들이고 데바들(Devas)입니다. 그것은 우리가 가진 사랑과 거대한 보호력으로 거기에 버티고 있기 때문인데, 이 나라는 수많은 거목들을 자연 상태로 어느 정도 보존해 왔습니다. 부디 그 나무들을 그대로 남겨두기 바랍니다.

부조화된 에너지가 생성된 보텍스(Vortex)들로 인해 지구의 에너지 격자망에 기류(氣流)의 불균형이 나타남으로써 자연적인 재앙들이 항상 발생하고 있습니다. 이런 부조화된 에너지들이 축적된 것은 인류가 창조적 에너지를 오용하고 부정적으로 사고(思考)하면서 서로와 다른 생명들을 사랑

인공위성 잔해 등의 우주 쓰레기로 뒤덮인 지구를 이미지화한 모습

하는 마음이 결여된 데에 기인합니다. 우리는 우리가 살고 있는 곳의 자연을 "조화시키는 존재들"이며, 우리의 영향력은 사방의 모든 곳으로 퍼져 나갑니다.

몇 세기에 걸쳐서 우리는 인류의 부조화된 많은 탁한 에너지들을 우리의 거대한 몸으로 흡수해 올 수 있었고, 이런 식으로 서반구에서 발생할 수많은 자연적 재앙들을 완화시키고 있습니다. 우리 삼나무들이 여러분의 나라나 해안지대 인근에 대규모로 조성돼 있을 경우, 태평양이나 그 밖의 연안을 따라 발생할 수 있는 잠재적인 재난과 대격변을 막는데 대단히 효과적이라는 사실입니다. 현재 우리 삼나무들의 숫자는 미국의 이 지역에서 우리가 담당하고 있는 역할에 대한 어떤 고려도 없이 날마다의 벌목으로 인해 상당히 감소되고 있습니다.

우리는 그렇게 오랫동안 여러분 해안지대에 거대한 보호막 기능을 제공해 왔음에도 불구하고 인간들에게 어떤 감사도 받은 적이 없습니다. 부디 우리 삼나무들이 줄어든 만큼 우리의 보호막 기능도 감소되었음을 깨달으십시오. 이것은 인간들에게 보내는 우리의 경고입니다.

현재 우리들의 숫자는 이제까지 우리가 해왔던 서부 해안 지대의 보호막 역할을 더 이상 수행하기가 어려울 정도까지 점차 줄어들고 있습니다. 따라서 실제로 아주 가까운 미래에 서해안을 재난으로부터 막아줄 수 있는 훨씬 더 큰 보호기능이 필요해질 것입니다. 우리는 이 한 마디를 더 추가하고 싶은데, 당신들이 최근 몇십 년 동안 날마다 계속해서 우리 삼나무들의 숫자를 줄여온 만큼 미국의 서부지대와 그곳의 거주민들은 대변동의 재앙에 더 크게 노출돼 있고, 보다 큰 위험에 처해있다는 사실입니다.

인간들은 깊은 사려(思慮)도 없이 경솔하게 영겁의 세월 동안 자기들의 해안과 대지를 지켜온 수호자들을 날마다 학살하고 있습니다. 일단 우리가 우리 삼나무들을 달러(Dollar)의 표상으로 여기고 있는 자들의 도끼와

톱날에 의해 완전히 사멸하게 된다면, 우리는 두 번 다시 이 지상의 현 차원으로는 돌아오지 않을 겁니다. 우리는 생명에 대한 우리의 봉사를 계속할 수 있는 곳, 또 누군가에게 축복을 주고 그들을 지켜주는 우리의 목적을 실현할 수 있는 어딘가로 갈 것입니다. 그리고 현재 남아있는 우리들도 머지않아 이미 세상을 떠난 수백만의 우리 종족들과 합류할 것입니다. 우리의 영혼은 불멸입니다. 당신들 인간과 똑같이 말이죠.

여러분이 곧 깨닫게 되겠지만, 우리 삼나무들의 죽음은 이 나라의 "커다란 손실"이고 이 행성의 3차원에서 보더라도 일종의 손실이 될 것입니다.

우리는 오릴리아 루이즈(※이 책의 저자)가 그녀 내면의 깊은 가슴과 영혼으로 우리의 말에 귀를 기울이는 시간을 내준데 대해 감사합니다. 또 너무 늦기 전에 우리가 그토록 오랫동안 인류와 함께 나누기를 고대해 왔던 긴급한 메시지에 주목해 준 데에 고맙게 생각합니다.

우리는 여러분을 우리의 보호와 사랑, 지혜, 평화, 조화, 아름다움으로, 그리고 목재와 산소로 요람에 눕혀 양육해 왔습니다. 그리고 우리는 수백만 년 동안 여러분 각자가 이 세상에 태어나는 오랜 과정에서 지상을 아름다운 경관으로 장식했습니다. 우리가 여러분을 아는 것처럼, 여러분 역시도 원래는 우리를 알고 있었습니다. 하지만 인류는 지금과 같은 무의식 상태로 추락하여 자기들의 뿌리와 선조들을 망각했고, 또한 가장 사이가 좋았던 친구들조차 잊어버린 것입니다.

여러분은 더 이상 지구를 자기들의 어머니로, 경외로운 천체(天體)로, 또 고도의 질서와 지성을 지닌 채 살아서 숨 쉬는 존재로 인정하지 않습니다. 하지만 지구는 이 태양계와 우주 도처의 수많은 은하계들에 소속된 모든 행성들에게 사랑받고 존경받는 존재입니다. 그리고 그녀는 자신의 몸 위에서 이루어지는 인류의 영적진화를 뒷받침해온 거대한 존재인데, 인간들이 그녀의 몸에다 무슨 짓을 하든 관계없이 영겁의 시간 동안 조건 없는 큰 사랑과 풍요로운 자원으로 인간 자녀들을 양육해 왔던 것입니다.

그녀는 서서히 진행되는 인류의 진화여정에서 여러분을 돕기 위해 무수히 자신의 몸에 가해지는 인간의 훼손과 오염, 파괴 행위들을 허용하고 견뎌왔습니다. 게다가 당신들은 그녀의 자원들을 약탈하고 그녀 몸 안의 혈액인 석유를 뽑아내어 고갈시켰으며, 또한 그녀의 자녀들을 살해하거나 불구자로 만들어 버렸던 것입니다.

당신들의 대부분은 앞뒤 가리지 않고 대지의 거대한 지역을 파괴하고 있고 지구가 먹여 살리고 있는 인간이외의 다른 동,식물들의 수많은 서식지들까지도 오염시켰습니다. 뿐만 아니라 인간들은 동물들을 잔혹하게 사냥해 왔고 같은 인간들끼리도 서로 학살행위를 서슴지 않았습니다.

그러나 어머니 지구는 자신의 몸 위에서 서식하는 모든 동,식물들을 종(種)이나 형태에 상관없이 다 같은 자기의 자녀로 여깁니다. 따라서 그녀는 그 모든 존재들을 똑같이 사랑합니다. 당신들은 이 행성위에서 진화하고 있는 모든 동,식물의 왕국들이 - 인간들에게 알려져 있든, 아니든 - 이 지구에서 인간과 같이 살면서 땅을 공유할 동등한 권리가 있음을 망각해 버렸습니다.

인류는 결코 우리 삼나무들을 포함한 다른 동,식물 왕국들을 학대하고 파괴할 권한이나 이 행성에 대한 지배권을 부여받은 적이 없는 것입니다.

인류가 하늘로부터 부여받고 허락받은 주권은 단지 본래의 신성(神性)과 순수성을 회복하기 위해 자신의 "저급한 속성"을 수양을 통해 극복해 나가는 방법을 지구에서 배우라는 것이었습니다. 우리는 지금 이 채널(Channel)을 통해 "구조신호(SOS)"를 보내고 있습니다. 부디 남아 있는 우리라도 보존할 수 있는 길을 찾아 실행해 주십시오.

시간은 점점 더 이전보다 여러분에게 우리의 보호역할이 더욱 필요한 시점으로 다가가고 있습니다. 우리가 더 이상 이미 임박해 있는 지구변동기 동안에 필요한 보호막 역할을 제대로 할 수 없다면, 여러분 스스로 자기들이 저지른 카르마적인 결과의 도래에 대해 방비(防備)를 해야만 할 것입니다. 그리하여 당신들은 그때 알게 될 것입니다. 그리고 비로소 당신들은 영혼의 외침으로 도와달라고 우리를 부르게 되겠지요. 하지만 때는 이미 늦은 것입니다.

우리의 영(靈)은 어딘가 사랑과 감사가 넘치는 다른 땅에서 살아가게 될 것입니다. 우리 삼나무들이 일찍이 한 행성(지구)에게 주었던 선물은 참으로 커다란 시여(施輿) 행위였습니다. 그런데 수백만 년이 지난 후 우리는 단 한 세대의 부주의한 행위로 인해 이곳에 살고 있는 인간존재와 또 우리가 제공했던 모든 선물과 사랑, 동,식물 거주자들과 함께 거의 사라지게 되었습니다.

일단 한 행성이 잔학한 행위를 통해 우리 삼나무 존재들이 베푸는 특혜대상에서 벗어나게 되면, 우리는 두 번 다시 그 차원으로는 돌아가지 않습니다. 우리는 삼나무들의 영(靈)입니다. 우리는 매우 오랫동안 인류 모두를 사랑하고 돌보았던 의리 있는 친구들이었습니다. 그리고 우리는 태초부터 여러분 행성의 모든 문명들을 요람에 눕혀 양육했던 슬기로운 거인들이었지요. 또한 우리는 거대한 힘과 지혜를 소유한 데바(Deva)들이고, 이 행성을 자연적 재앙으로부터 보호하는 "방어팀"의 일부였습니다. 마지막으로 우리는 여러분의 신성한 지구 어머니의 충직한 하인들이었음을 기억하기 바랍니다.

당신이 어떤 은총을 남에게 베풀었든,
그것은 당신에게 다시 은총으로 되돌아 올 것입니다.
당신이 남에게 베푸는 은총이
결코 당신에게 손실을 입힐 수는 없습니다.
만약 당신이 인생에서 고난을 겪고 있다면,
그 상황을 감사하게 여기고 그것을 고찰해 보십시오.
그 상황에서 자기가 배울 필요가 있는 것이
무엇인지 말이죠.
은총의 기술은 조화를 회복시킵니다.

16장
텔로스의 살아 있는 도서관

- 토마스 -

친구들이여, 안녕하세요.

내 이름들 중의 하나는 토마스(Thomas)이며, 텔로스의 장로(長老)들 가운데 한 사람입니다. 내가 이곳 샤스타 산 내부로 들어와 살게 된 것은 과거 우리 레무리아 대륙이 파괴되기 바로 며칠 전이었습니다.

나는 오릴리아가 레무리아에서 살았던 마지막 생(生)의 시절에 바로 그녀의 동생이었습니다. 즉 당시 그녀는 나보다 몇 살 더 먹은 손위 누이였지요. 그때 그녀는 자신이 맡고 있던 지도적 신분 때문에 늘 바빴습니다. 하지만 언제나 나를 위해 시간적 짬을 내어 나를 사랑과 친절로 돌봐주고는 했었습니다. 이런 그녀를 제가 어찌 잊을 수 있겠습니까?

오늘 이렇게 지상에 관한 최근 소식을 듣는 기회를 가진 것과 여러분에게 저의 에너지를 사랑과 함께 전할 수 있는 것은 저의 큰 기쁨입니다. 지난 12,000년 동안 텔로스에서 보낸 우리의 시간은 한편으로는 참으로 경이로운 삶이었고, 또 다른 한편으로는 우리 가족들이 지상과 지저로 헤어져 살았던 아픔의 시간으로 느껴집니다.

우리는 되도록이면 빨리 여러분과 실제적인 재회(再會)가 가능해질 수 있도록 준비하고 있고 머지않아 좋은 결과가 예상되고 있습니다. 하지만 친구들이여, 그러한 만남은 여러분이 지금 알고 있는 것과 같은 3차원의 진동 속에서 이루어지게 되는 것은 아님을 이해하시기 바랍니다. 여러분은 아마도 최소한 4차원 속에서 2~3가지 방식으로 우리와 만나야만 할 것입니다. 그리고 우리의 임무는 지상과 지저, 두 문명이 다시 하나의 문명으로 통합될 때까지는 완전히 끝나지 않을 것입니다.

지상의 여러분과 교신하고 있는 주요 인물들인 텔로스의 모든 장로(長老)들은 우리 도시 정부의 〈레무리아인 12인 위원회〉에서 수시로 어떤 직책을 맡아 왔습니다. 그러나 지금 우리는 이런 직책들을 좀 더 젊은 사람들이 맡을 수 있도록 뒤로 물러나 있습니다. 우리는 누구에게나 위원회의 고문인 장로들의 지도하에 지휘권을 담당할 기회와 지도자의 역할을 경험해 볼 수 있는 기회가 주어져야 한다고 믿습니다.

모든 텔로스의 장로들은 규모면에서 엄청난 가족들을 가지고 있습니다. 우리는 여러분의 지상 차원에서는 육체적으로 있어본 적이 없는 자녀들과 손자, 증손자, 그리고 그 이상의 먼 세대들을 모두 거느리고 있는 상태입니다. 그들은 현재 점점 더 지상의 삶을 체험해 보고 싶은 호기심이 많아지고 있습니다. 아직은 그들이 모두 다 지상에서 살고 싶어 하는 것은 아니지만, 그들은 그와 같은 어려운 지상의 상황 속으로 반복해서 태어나는 여러분의 용기를 매우 존경합니다.

우리들 가운데 매우 많은 이들이, 특히 젊은 사람들이 한시바삐 지상에서 모든 폭력들이 종식될 날을 진심으로 기다리고 있습니다. 그들은 가슴과 마음에서 우러난 참된 심정으로 자기들이 지저세계에서 지상으로 나와 여러분을 도울 수 있기를 바랍니다.

텔로스에서 내가 맡고 있는 일중의 하나는 고대 레무리아의 역사와 문화가 모두 기록된 수정판(水晶版)들이 저장돼 있는 방대한 도서관을 관리하는 것입니다. 거기에는 또한 우리 레무리아 대륙이 멸망한 이래 이 지구행성의 내부와 외부에서 발생했던 모든 일들이 저장되어 있습니다. 그리고 우리 도서관에는 지구의 참된 역사에 관한 모든 기록들이 보관돼 있는데, 그 기록들에는 지상의 주민들이 알고 있는 아주 사소한 부분조차도 모두 망라되어 있습니다.

나는 함께 일하는 아주 거대한 규모의 멋진 팀을 보유하고 있으며, 우리는 도서관의 모든 기록들을 지구상의 다양한 언어로 사본(寫本)을 만드느라 매우 바쁘게 일합니다. 우리가 이런 준비를 하는 이유는 그런 자료들이 장차 지상 주민들의 올바른 지식과 지혜를 증진시키기 위해 활용될 때를 대비해서입니다. 사랑하는 이들이여, 이것은 여러분이 자신들의 행성인 어머니 지구와 고대부터 오늘날까지 이곳에서 살아온 수많은 인류에 관한 진실되고도 놀라운 역사에 접근할 수 있을 때입니다.

여러분 행성에 대한 완벽하고도 정확한 역사는 지난 12,000년 동안 지구상의 역사학자들에 의해 제대로 밝혀져 있지 않습니다. 여러분이 알고 있다고 생각하는 것들은 오히려 전체 가운데 일부에만 극히 한정돼 있고, 단지 참된 역사를 왜곡한 단편들을 나타낼 뿐인 것이죠. 그 진정한 실제의 역사 내용은 그것들이 공식적으로 공개될 때까지는 여러분 중에 그 누구도 거기에 접근할 수 없을 것입니다.

지구상의 많은 역사가들이 자신이 연구하고 이해한 바를 최선을 다해 집필하기는 합니다만, 그들 가운데 아무도 전체 역사 범위에서 많은 중요한 부분들이 빠져 있음을 알아차리거나 이해할 만큼 정통해 있지 못합니다. 장차 이런 계통에 대해 탐구하는 것이 허가되면, 여러분은 비로소 이와 같은 정보들에 접근할 수 있게 될 것입니다. 그때 여러분이 그 가늠조차 할 수 없는 방대한 정보에 기절할 정도로 깜짝 놀라게 될 것을 생각하면, 벌써 웃음이 나는군요.

내 생각으로는 향후 20년 이내나 그 보다 좀 더 이른 시기에 우리의 기록 전체가 지상 주민들이 마음대로 열람하고 연구할 수 있도록 다시 지상에 소개될 것입니다. 그리하여 여러분은 그 광범위하고도 정확한 정보들로부터 많은 지혜를 얻을 수 있을 것입니다. 또한 이런 정보들이 수록된 수정판을 읽는 기술도 여러분에게 전수될 것이고 모든 기록이 완비된 세트들이 이 행성의 많은 분야에서 활용될 수 있을 겁니다. 이것은 사실 우리가 여러분에게 도움을 주기 위해 떠맡아 체계화하고 있는 거대한 작업인 것입니다. 우리가 하는 일은 일종의 사랑의 노동입니다. 그리고 우리가 아주 가까운 미래에 지상 주민들이 지구의 역사를 제대로 알 수 있도록 이런 봉사를 하는 것은 우리에게 아주 큰 즐거움이지요.

오늘 저는 세 명의 여러분과 만나 대화하며 큰 사랑을 함께 나누었습니다.(※오릴리아와 다른 두 여성을 의미한다.) 여러분은 진정으로 지구 내부세계에 있는 텔로스 자매들의 일부입니다. 우리는 여러분을 그렇게 여기고 있습니다. 지상에는 이런 자료들에 끌리게 될 훨씬 많은 사람들이 있는데, 그들 역시 스스로 자각하든 못하든 그런 이들에 해당됩니다.

나는 여러분이 아다마와 아나마르, 갤라티아, 셀레스티아, 그리고 여러분이 알고 있는 텔로스의 몇몇 다른 존재들에게 자신의 마음과 가슴을 열었음을 알고 있습니다. 내가 이제 여러분에게 내 자신을 소개했으니, 여러분 역시 앞으로 나에게 여러분 자신을 소개해주시기 바랍니다. 나는 나날이 늘어가는 기쁨과 깨달음으로 여러분 모두를 돕기 위해 열심히, 그리고 기꺼이 여러분과 다시 접속할 것입니다. 우리가 다시 만날 때까지 나는 여러분에 대한 깊은 사랑을 내 가슴속에 간직하렵니다.

아다마가 보내는 마지막 전언(傳言)

저는 이 책을 읽을 독자 여러분에게 여러 정보가 담긴 이 책의 출판을 통해 제가 다시 한 번 지상에 발언할 수 있는 영광과 즐거움을 얻었다고 표명함으로써 우리의 메시지를 마무리 짓고자 합니다. 또한 저는 자신의 사명을 완수하려는 오릴리아 루이즈의 숭고한 헌신에 대해서도 깊은 감사의 마음을 표하고 싶습니다. 그리고 이 책이 출판됨으로써 거기에 담겨진 우리의 에너지와 가르침에 의해 크게 축복받게 될 이 지구상의 모든 국가 주민들에게 미쳐질 영향을 내다본 오릴리아의 선견지명(先見之明)과 노고에 대해서도 감사드립니다.

이와 같이 세계 도처에 있는 상당한 수의 사랑스러운 영혼들이 레무리아의 유산에 대해 그들의 가슴을 열 준비가 돼 있습니다. 우리의 책들은 그 영혼들의 크고 깊은 깨어남을 위해 필요한 과거의 기억을 자극하여 점차 회복시켜 줄 것입니다.

우리는 이미 예견하고 있습니다만, 장차 우리의 가르침들은 범세계적으로 우리와 연결된 이들에게 널리 퍼져나갈 것이고 수십만의 사람들이 영적자유를 성취하는데 도움을 줄 것입니다. 제가 우리의 메시지를 읽게 될 여러분 모두에게 보장하고 싶은 것은 당신들이 어디서 언제 그 책을 읽든 우리는 여러분 곁에 함께 있게 될 것이라는 사실입니다. 우리는 여러분 곁에 함께하면서 여러분의 가슴과 의식이 보다 위대한 자각(自覺)의 상태로 개화될 수 있도록 사랑과 격려를 보낼 것입니다. 그리고 우리의 말(言)과 인류와 연결된 우리의 가슴을 통해서 여러분에게 전송된 우리의 에너지는 여러분의 현 인생관(人生觀)을 영원히 변화시킬 것입니다.

이 책에 대한 우리의 전적인 의도는 깨달은 문명이 어떤 것인가를 지상의 여러분에게 일종의 맛보기로 보여주려는 것이며, 또 여러분이 그런 원리를 가능한 한 빨리 일상적 삶에다 적용할 수 있도록 격려하기 위한 것입니다. 그렇게 실천했을 때, 당신들은 머지않아 자기의 인생이 훨씬 더 잘 풀려나가면서 은혜로운 삶으로 바뀌고 있음을 발견할 것입니다. 그리하여 빛의 세계에 있는 우리 모두와 더불어 여러분 모두가 이 행성 지구를 치유할 것입니다. 그런데 우리는 오직 우주법칙에 의해서만, 즉 그 우주법칙 한도 내에서만 여러분을 지원할 수가 있습니다.

우리는 지금부터 그리 멀지 않은 미래에 어떻게 우리가 경이로운 빛의 공동체 사회를 건설했는지를 여러분에게 좀 더 확실히 보여주기 위해 여러분 속에 함께 있게 될 것입니다. 그리고 그것은 또한 이 행성의 영원한 새 황금시대를 열기 위한 초석(礎石)을 놓고자 하는 것입니다.

여러분 가운데에 우리 지저인들이 등장하게 되면, 우리의 귀환을 기다리고 있는 여러분 모두에게 매우 놀라운 경험들이 나타나게 될 것입니다. 지상에 우리가 나타나 인류와 하나의 문명으로 혼합되는 것은 곧 여러분 대부분이 깊이 갈망해온 우리와의 재결합인 것입니다.

제가 여러분 모두에게 권고하고 싶은 것은 장차 있게 될 우리의 도래를 위해 그 길을 준비해 달라는 것입니다. 우리는 현재 이미 지상에 출현할 수 있는 완벽한 준비상태를 갖추고 있습니다. 하지만 이 문제는 또한 여러분 쪽에서도 준비가 돼 있어야만 합니다. 사실 알다시피 여러분의 세계는 아직 우리의 에너지를 직접 받아들일 준비가 돼 있지 않습니다. 따라서 개인과 집단을 막론하고 제가 여러분 모두에게 요청하는 것은 그 무엇이든 우선 여러분 자신이 준비할 수 있는 일을 해달라는 것입니다. 그리고 그 다음에 이런 문제를 서로 털어놓을 수 있는 가까운 이들과 함께 우리의 이야기를 전파하는 것이지요.

여러분의 사랑을 주위로 방사하고, 우리가 최초로 접촉하게 될 "사람들의 명단"에 자신을 포함시켜 달라고 요청하십시오. 여러분이 현재 살고 있는 위치나 멀리 떨어진 거리상의 문제는 별로 상관이 없습니다. 우리는 때가 오면, 우리가 만나기 원하는 이 지구상의 누구라도 접촉할 수 있는 기술을 보유하고 있습니다.

　우리의 명단에 포함되기 위한 요건은 우선 당신이 그것을 원해야한다는 것입니다. 그리고 여러분의 신성(神性)을 깨닫고 받아들임으로써 스스로의 의식을 열어야 합니다. 그 다음에는 우리의 지상출현을 위한 길을 후원하면서 여러분 자신과 인류에게 도움이 되는 일을 해야 한다는 것입니다. 또한 기억해야 할 점은 우리는 여러분이 현재 가지고 있는 의식 수준에서는 지상의 주민들과 만나지 않을 거라는 사실입니다. 당신들은 진동을 더 높여야 하고, 우리의 차원에서 우리를 인식하거나 적어도 2~3가지의 다른 방법을 찾아야 합니다.

　이런 메시지와 더불어 텔로스에 있는 우리 모두는 여러분에게 사랑과 축복, 치유, 풍요, 지혜 그리고 신성한 은총을 보내기 위해 저와 하나가 되고 있습니다. 우리는 여러분이 나아가는 단계마다 도움을 줄 수 있는 인도자들임을 아십시오. 그리고 다만 여러분의 가슴을 사랑과 자비로 채울 것을 요청하는 것입니다.

　저는 여러분의 레무리아인 형제이고 친구인 아다마입니다.

☐ 아다마와의 채널링에 대해

- 오릴리아 루이즈 존스 -

　현재 아다마와 채널링(Channeling)을 해달라고 요청하는 사람들의 숫자가 점증하고 있습니다. 그리고 인터넷에는 아다마의 이름으로 온갖 종류의 메시지들이 떠돌아다니고 있는 상태입니다. 나는 이런 메시지들의 극히 일부는 믿을만한 것이지만 한편 다른 사례들의 경우는 그것이 허위적인 것임을 알고 있습니다.

　나는 아다마와 아나마르의 이름으로 다른 사람들에 의해 공표된 어떤 정보들에 대해서는 책임을 지지 않습니다. 그 정보들은 사실일 수도 있고, 사실이 아닐 수도 있습니다.

　텔로스의 책 1,2권이 프랑스어로 출간된 이후, 그곳에서는 갑자기 자기들이 지금 아다마나 아나마르의 새로운 채널이 되었다고 주장하는 사람들이 놀랄만한 숫자로 나타났습니다. 또한 세상에는 자기들이 나를 대신해서 레무리아인들과 채널링하게 되었다거나 나의 후임자가 되었다고 주장하는 사람들조차 있습니다. 그리고 지금 인터넷상에는 갖가지 종류의 채널링된 정보들이 유포되고 있고, 특히 뉴스그룹(온라인 토론 그룹)에는 아다마의 이름으로 발표된 정보들이 퍼져 있습니다. 어떤 것은 달콤하고 가슴에서 우러나온 것처럼 보이지만, 한편 다른 것들은 아주 잘못돼 있거나 레무리아의 진동을 가지고 있지 않습니다. 불행하게도 이런 일들은 진지한 진리 추구자들(求道者)과 아직 진실과 거짓 사이의 차이를 판단하거나 구별할 만큼 성장하지 못한 사람들을 매우 혼란시키고 있습니다.

　아다마는 종종 그의 이름으로 쓰인 채널링 정보들의 진위를 판별하고 싶은 이들에게 질문을 받습니다. 사람들은 누가 신뢰할만한지, 그리고 단순히 누군가 스스로 자기의 내면과 채널링 했거나 아니면 아다마인체 꾸민 낮은 진동의 다른 존재들을 분간하는 방법을 알고 싶어 합니다. 나에게 있어서도 누가 믿을만하고 누가 그렇지 않은지와 다른 이들의 의도를 판단하는 것이 항상 쉽지만은 않습니다. 그런 판단에는 항상 함정이 따르기 때문입니다. 따라서 사람은 누구나 각자 나름대로의 영적 분별력을 연마해야 하고 자신의 영적 숙달의 단계를 하나씩 성취해 나가야 합니다.

　여기서 이 문제에 대한 아다마 대사의 말을 들어 보기로 하겠습니다.

"이점을 여러분에게 알리기를 보류해야만 했던 데에는 여러 가지 이유가 있기 때문이었습니다만, 나는 지금 분명히 다음과 같은 점을 언급하고자 합니다. 나는 오릴리아 루이즈 존스 이외에는 그 누구에게도 책의 출판이나 참석자들을 위한 공적인 시연을 목적으로 나와 공식적으로 교신할 수 있도록 허가하지 않았습니다.

만약 이런 승인이 아무한테나 마구잡이식으로 내려졌다면, 아직 그런 정보들의 정확성이나 신뢰성 여부를 식별할 만큼의 영적 발달 단계에 이르지 못한 사람들에게 극도의 어려움이 초래될 것입니다. 현재 우리의 가르침들이 아직 영적 입문을 하지 않았거나 우리 정보들을 다룰만한 내적인 훈련을 받지 않은 자들 손에 의해 왜곡되고 잘못 전해질 위험성이 크게 증가하고 있습니다. 이런 상황에서 그것은 또한 우리의 가르침들을 거짓된 진리로 각색하고픈 사적인 의도를 가진 자들에게 그런 행위에 대한 유혹을 부추길 것입니다. 왜냐하면 그런 자들은 과거에도 그런 짓들을 의식적으로 해왔으니까요.

이런 이유로 해서 우리가 최초로 전했던 본래의 가르침들이 더 이상 별로 남아 있지가 않습니다. 그것들은 이런 가르침들이 요구하는 순수성이나 고결한 생각을 갖추지 못한 자들에 의해 거듭 변조되고 와전돼 왔던 것입니다. 우리는 정말 이런 일들이 다시 일어나는 것을 두 번 다시는 보고 싶지가 않습니다.

만약 우리의 가르침들이 레무리아인들의 의식(意識)을 담아 전하는 것이라면, 그것은 본래 신성한 원천에서 나온 것이며 많은 이들에게 전달되도록 허가된 것입니다. 그럼에도 이런 가르침들이 얼마든지 왜곡될 수가 있는데, 특히 그것을 좀 더 통속적이고 대중적인 주제로 바꿔서 이익을 보고자 하는 사람들에 의해 그렇게 될 수 있습니다. 이것은 우리가 구조하기 위해 손을 뻗치고 있는 대상의 사람들과 우리에게 도달하고자 진심으로 애쓰고 있는 사람들 양쪽에게 엄청난 혼란을 일으킬 것입니다. 이 때문에 우리는 이런 일을 우리와 함께 하기로 합의하고도 일정한 기다림의 "예비 기간"을 가졌던 오릴리아에게도 상당한 시간 동안 미정의 상태로 우리 스스로를 자제하고 있었습니다.

적절한 준비 없이 나와 교신하거나 사전에 특별한 제안이나 안내 없이 채널링을 하는 사람들의 경우, 소규모 그룹에게 제공되는 가끔 씩의 메시지와 도움이 필요한 누군가를 격려하기 위해 주어지는 메시지를 제외하고는 단지 일종의 환영(幻影) 내지는 착각에 불과할 수가 있습니다. 왜냐하면 나는 아무 때나 나타나는 게 아니니까요. 또 설사 내가 나타났다고 하더라도 그것이 꼭 언제나 나를 독점해서 나로부터 메시지를 받을 수 있다는 의미는 아닙니다.

우리는 레무리아인의 에너지와 최상의 고결성을 지닌 존재들이 아닌 어떤 다른 부류와 접촉하는 채널러들이 우리의 소리를 듣기를 원하지 않습니다. 그리고 만약 우리와의 채널링이 아니라면, 분명히 그 나타난 외모가 아나마르와 내 자신, 또는 다른 이들의 "모습"이 아닐 것입니다.

세상에는 자기들의 상품판매를 촉진하고 심지어는 사기를 치기 위해 내 이름을 이용하거나 선전, 광고 문구에 써먹는 사람들도 있습니다. 하지만 친애하는 이들이여, 부디 알아두십시오. 나는 그와 같은 세속적인 일에는 절대 관여하지 않습니다. 그리고 나는 상품 판매원이 아니며, 특히 정직성이 결여된 그런 자들과는 아무런 관계가 없습니다. *근거가 불확실한 모든 채널링은 사적인 의도가 개입된 진동을 지니고 있고, 영적인 함정일 수가 있습니다.*[8]

친구들이여, 부디 과거 두 대륙을 멸망시키는 데 관계했던 수많은 사악한 영혼들 역시 현재 지구상에 태어나 있음을 인식하십시오. 그리고 그들 가운데 다수가 빛을 저지하는데 가담하기로 결정했다는 사실도 말입니다. 그들은 또한 레무리아인들이 지상에 출현하는 것을 자기들이 할 수 있는

---

8) 우리나라에도 저급한 영가(靈駕)에 빙의되거나 어둠의 진동을 가진 혼들에게 접신되어 채널링한다고 착각하는 일부 사람들이 있다. 이중에 어떤 경우 일반인이 듣기에 메시지의 내용이 그럴듯하게 나오는 경우도 있는데, 설사 그렇더라도 채널러의 인품이나 인격수양 정도, 영적레벨이 수준미달일 경우 이를 의심해 보아야 한다. 왜냐하면 채널링은 일종의 영적인 주파수 동조현상이기 때문에 오만하다거나 에고(Ego) 중심적인 낮은 수준의 의식(意識)의 주파수를 가진 자에게 고급령이나 마스터, 우주인, 대천사와 같은 높은 존재들이 연결되리는 없기 때문이다. 이런 분야는 무턱대고 믿을게 아니라 가급적 철저하게 검증한다는 자세가 필요하며 매우 신중하게 접근해야 할 필요성이 있다. 인간의 허점을 이용하거나 거짓 위장해서 나타나 장난치는 떠도는 저급 영혼들도 많다.

한은 어떤 식으로든 방해하기를 원합니다. 그들은 종종 여러분을 구조하기 위해 오는 빛의 천사들로 자기들을 위장할 것이고, 온갖 종류의 그럴듯한 미끼로 유혹하려 할 것입니다. 여러분에게 요청하건대, 그런 거짓에 속지 마십시오. 그리고 언제나 여러분 가슴의 분별력으로 검사해 보십시오.

친구들이여, 현재 지구 행성과 여러분의 고유한 개인적 진화에 대한 관심이 상당히 높아지고 있습니다. 그런 만큼 여러분 모두는 한 가지 이상의 다양한 모습으로 다가오는 분별력의 시험에 직면하게 될 것입니다. 그럴 경우 부디 그런 시험에 걸려 농락당하지 마십시오. 그리고 여러분이 가진 마스터(Master)로서의 신성한 힘으로 잡다한 것들에 휘둘리지 않는 주권자가 되십시오.

나는 여러분과 접속해서 가슴으로 직접 대화를 나누는 것이 항상 나의 커다란 즐거움이었음을 고백하고자 합니다. 아울러 가끔 여러분에게 개인적으로 메시지를 전할 수 있었던 것과 또 소규모 모임에서 여러분을 만나 내가 전하고자 했던 것을 그 모임의 누군가가 수신할 수 있었을 때 역시 나는 기뻤습니다. 때때로 나는 여러분의 모임에 나의 에너지와 모든 이들에 대한 나의 사랑을 방사하며 나타납니다. 하지만 나는 종종 여러분이 눈치 채지 못하도록 침묵을 유지하곤 합니다. 나에게는 흔히 말보다는 우리가 가져가는 에너지가 여러분의 변형에 더욱 중요하기 때문입니다. 많은 시간이 소요되는 말들은 오히려 한 부분에만 한정될 수가 있습니다. 나는 여러분이 이런 귀중한 순간을 소중히 받아들이기를 바라며, 여러분의 가슴 속 깊은 곳에서 나눈 것들을 간직하라고 요청하는 바입니다.

여러분은 우리로부터 직접 수신한 개인적인 모든 내용들을 인터넷이나 그 밖의 어디에다 공개적으로 떠벌일 필요는 없습니다. 매우 흔히 그 전송된 내용들은 그 당사자들에게만 보내진 것이고, 오직 그 당시 그들에게만 적합한 것이라 일반대중에게 유포시키기 위한 의도가 아니기 때문입니다.

내가 또한 한 마디 덧붙이고 싶은 것은 텔로스에서 나는 지상의 대중들 앞에 공식적으로 나서기로 자원한 사람에 해당됩니다. 그러나 다른 이들, 예를 들어 아나마르와 같은 사람은 아직 나처럼 공공연히 대중 앞에 나서려고 선택한 사람이 아닙니다. 왜냐하면 아직은 그들이 나서야 할 때가 오직 않았기 때문입니다. 그리고 아나마르는 현재 자신의 "상업적 사진"을 찍는 따위의 일을 원치 않습니다. 또한 그가 사랑하는 오릴리아와 때때로 하는 채널링 및 그녀의 집필 목적과는 다른 데다 자기 얼굴을 공개하고 싶어 하지도 않습니다. 아나마르와 내 자신은 자기의 삶을 레무리아의 진동과 같은 고결함과 투명성으로 증명하지 못한 그렇고 그런 존재들을 통해서는 메시지를 전하는 데 관심이 없습니다.

우리는 여러분이 명상을 하는 중에 여러분의 가슴의 파장이 우리의 가슴에 자연히 동조되어 우리의 개인적인 메시지를 줄 때가 행복합니다. 그런데 여러분이 이런 메시지들을 다른 이들과 공유할 때와 하지 말아야 할 때를 구별하는 법을 배우는 것은 중요합니다. 우리와 빛의 세계로부터 온 모든 메시지들은 항상 여러분의 영적 발전을 위해 필요하거나 자신의 자아실현을 향한 행로에서 다음 단계의 길을 알려주는 지혜의 열쇠를 담고 있습니다. 여러분이 단순히 자신의 멘탈체(Mental Body)에다 더 많은 정보를 쌓아놓으려는 목적으로 계속 새로운 메시지를 찾기보다는 이미 받은 메시지들을 항상 완전히 소화하는 것이 더욱 중요합니다.

당신들이 이미 받은 메시지들을 자신의 의식에다 완전히 융합시키지 않는 한, 그것들은 항상 여러분에게 별 도움이 되지 않는 마음속의 쓰레기 더미로 전락하고 맙니다. 여러분이 인정하든 안하든, 여러분 각자의 내면에는 레무리아의 가슴이 존재합니다.

오릴리아 루이즈 및 그녀와 함께하는 이들과 더불어 여러분이 자신의 신성과 영적여정의 성스러움을 다시 한 번 깨달을 수 있도록 돕는 것이 우리의 신성한 사명입니다. 자신의 깨달음을 확장시킬 수도 있는 에너지들을 열기 위한 당신들의 자발적 마음이 결코 불안감에 의해 흔들려서는 안 됩니다.

그런 까닭에 우리는 인류의 "가슴속의 진실의 종(鍾)"을 울릴 수 있는 것들을 여러분이 듣고 읽도록 계속 일깨울 것입니다. 바로 이곳, 오직 이곳 가슴에만 진실이 존재합니다. 오직 가슴으로만이 여러분의 신성(神性)의 수많은 진동들을 분별할 수가 있고, 어떤 것이 지금 이 순간 여러분에게 가장 적절한지를 결정할 수가 있습니다.

여러분의 가슴으로 우리에게 묻기를 결코 주저하지 마십시오. 우리는 언제나 여러분에게 응답할 것입니다. 나는 인류의 교사인 아다마입니다."

4부

아다마 대사의 지구 변화에 대한 예측

1.지구 변화에 대한 예측(Ⅰ)

(※역자註:이 예언은 2006년 초에 행해진 것이며 대략 2012년까지의 미래를 예측하고 있는 내용이다. 따라서 시기적으로 이미 지나간 내용도 포함돼 있다. 그런 까닭에 편역자가 저자 오릴리아에게 이 내용의 게재에 관해 문의했을 때, 그녀는 본 편역자에게 별로 내용이 유효하지 않으니 이 부분을 책에 포함시키지 말 것을 권고한 바가 있다. 그러나 예언적 내용보다도 다른 유용한 정보가 많다고 판단되어 그대로 싣기로 결정했다.

그런데 예언은 미래를 내다본 그 시점에서 하나의 잠재적 가능성으로서만 인정되며 결코 100% 맞는다는 보장은 없다. 왜냐하면 미래란 완전히 미리 결정돼 있는 것이 아니므로 여러 가지 변수에 따라 그때 가서는 얼마든지 바뀔 수 있기 때문이다. 그중 인류의 집단의식의 변화라든가 천상의 계획 수정 같은 요소들도 미래의 상황이 변경되는 주요 변수중의 하나이다. 아다마 대사 역시 본문에서 결코 단정할 수 없는 예언의 이런 유동적인 측면들을 언급하고 있다. 때문에 우리는 이 예언을 그대로 믿을 필요는 없으며, 그저 하나의 가능성 내지는 참고자료 정도로만 받아들일 필요가 있다.)

*오릴리아: 아다마, 올해와 내년에 예상되는 지구상의 변화와 변형과정은 무엇입니까?

*아다마: 여러분이 알다시피 거대한 변화의 시간이 임박해 있습니다. 여러분에게는 그러한 변화들이 매우 오랫동안 진행되고 아주 서서히 일어날 것이라는 수많은 예측들이 있어 왔습니다. 그리고 여러분 가운데 많은 이들이 이런 변화들이 좀 더 가속화되어 빨리 이루어지는 모습을 보고 싶어 하기도 합니다. 그렇다면 거기에 대비하도록 하고 방심하지 마십시오.

2006년과 2007년, 그리고 2008년에는 비록 그런 많은 변화들이 여러분이 예상한대로 일어나지는 않을지라도 수없이 발생하는 것을 보고 경험하게 될 것입니다. 사랑하는 이들이여, 여러분이 지연될 것으로 예상해 왔던 많은 변화들이 실제로 다가오고 있음이 사실입니다. 그리고 그런 변화들의 일부는 이미 일어났습니다. 하지만 그것들은 기대했던 것보다는 규모면에서 훨씬 완화되어 일어날 것이고, 또 최근 2~3년에 걸쳐 그렇게 나타났습니다.

예견했거나 예측된 많은 변화들이 예전보다는 전체 규모나 강도 면에서 상당히 경감되거나 부드러워졌습니다. 여러분도 그렇게 느껴졌는지요? 왜 그렇게 되었을까요? 그것은 지금 수많은 지상의 주민들이 신성한 존재로서의 자신의 잠재력을 자각하고 그것을 성취하기 위해 분발하고 있기 때문입니다. 그처럼 많은 이들이 자기 내면의 의식에서 중요한 변화를 일으켰고, 자신의 인생을 상승이라는 목표에다 걸었습니다. 그리고 여러분 가운데 많은 사람들이 신(神)을 향해 가슴으로 외치면서 긍정적인 변화를 세상에 가져다 달라고 탄원했습니다. 아울러 당신들은 현재 이 지구 행성에서 진행되고 있는 음모, 즉 그림자 세력이 향후 전 인류를 지배하고 노예화하려는 계획은 여러분이 원하는 바가 아니라고 말했습니다. 여러분은 신에게 이 지구에 개입해달라고 강력히 요청했던 것입니다.

이제 사람들은 보다 조화로운 삶의 방식을 받아들였고 스스로 사랑과 선의를 가지고 움직이기 시작했습니다. 그리고 여러분의 간청과 기도는 전달되었습니다! 나의 사랑하는 친구들이여, 바로 이런 요소들이 인류에게 매우 고난의 경험이 될 뻔 했던 예정된 어떤 사건들을 상당히 경감시키는 변화를 만들어 냈던 것입니다. 여러분은 지구변화의 일환으로서 몇 년 뒤에 발생할 것으로 예견되었던 천재지변들을 완화시키고 지연시켰습니다.

여러분의 푸른 행성 샨(Shan), 즉 어머니 지구가 그녀 자신의 운명에 따라 상승을 실현할 시간이 왔습니다. 그녀는 더 이상 자신의 자녀들이 준비되기를 기다릴 수가 없는데, 그럼에도 인류의 대다수는 자기들의 참다운 영적운명에 대해 무지하며 잠자는 의식 상태에서 깨어나기를 거부하고 있습니다. 지구는 2012년에 있게 될 자신의 영광스러운 상승에 대비해 스스로의 몸과 인류를 정화해야 합니다. 지난 20년 간 여러분의 어머니 지구는 자신의 자녀들에게 스스로의 운명을 준비할 시간을 주기 위해 계속해서 〈빛의 은하위원회〉에다 변동을 연기해달라고 청원해 왔습니다.

우리는 진심으로 여러분에게 말하건대, 지구는 마지막 시간까지 그러한 변화들이 인류에게 가급적 피해가 덜 가도록 최소화하거나 지연시키며 기다렸던 것입니다. 그녀는 좀 더 많은 자신의 자녀들이 깨어나는 모습을 보고자 갈망했습니다. 아울러 인간들 스스로 이를테면 10~20년 전에 예견된 예언들보다 좀 더 완화된 방식으로 새로운 시대로 전환되는 변화를 만들어내기를 원했습니다. 또한 그녀는 이 지체된 시기에 경이로운 운명의 종(鐘)이 그녀를 위해 울리고 있고 더 이상은 기다릴 수 없다는 것을 알고 있습니다.

그녀는 지금 자신의 상승을 향해 이동하든가, 아니면 인류가 자멸하도록 그냥 뒤에 내버려 두라는 재촉을 받고 있습니다. 우리가 속한 이 소우주의 나머지 부분들은 우주의 다른 장소를 향해 이동하고 있고, 또 그녀가 거기에 함께 보조를 맞추는 것이 사실상 지구의 "유일한 올바른 선택"인 것입니다.

나는 여러분 모두가 다음과 같은 사실에 동의하리라고 확신합니다. 즉 어머니 지구는 너무나 오랫동안 자신의 몸 위에서 서식하는 은혜도 모르는 몰지각한 문명을 위해 터전을 제공해 왔고, 또 이제는 그녀가 그런 봉사를 접고 보답을 받아야할 때라는 것입니다. 하지만 결국 그녀가 받는 보상은 마찬가지로 여러분에게도 보상이 될 것입니다. 왜냐하면 지구와 여러분은 본래 한 몸이니까요.

그녀의 시간이 다 됐고, 여러분에게도 역시 그렇습니다. 이제 당신들은 지구와 함께 갈 것인지, 아니면 뒤에 남을 것인지를 선택해야 합니다. 우리는 이미 집필된 메시지를 통해 여기에 관해서 여러 번 언급한 바가 있습니다. 지구는 이제 무엇이든 함께 할 준비와 자발성을 갖춘 일부 인류와 더불어 그녀 자신의 완전한 정화(淨化)와 소생, 그리고 다시 젊어지는 과정에 착수할 것입니다. 이와는 다른 길을 선택하는 사람들은 어떤 별도의 우주 사이클(週期)이나 육화를 통해서 또 다른 기회를 접하게 될 것입니다. 어머니 지구의 새로운 영적차원으로의 입문은 또한 여러분이 모든 것을 함께할 때 곧 여러분의 입문인 것입니다.

여러분 행성을 덮고 있는 어둠은 아직도 짙은 상태입니다. 창조주의 개입 없이 우주형제들과 천사계, 그리고 지저세계의 존재들의 끊임없는 지원과는 별개로 여러분의 세계는 더 이상 현재 있는 그대로 생명이 유지될 가능성은 없습니다. 설사 있다고 하더라도 인류 중의 아주 소수만이 완전한 파멸을 막기 위해 여러분 각자와 지구에 내려진 (상승이라는) 엄청난 하늘의 은총에 대해 약간의 자각(自覺)이라도 하게 될 것입니다.

현재 지구상에는 무슨 수를 쓰더라도 인류의 의식이 깨어나는 것을 저지하기로 완전히 결의한 검은 지배세력의 문제가 있습니다. 이 세력들은 자기들의 기득권과 향후 15~20년 내에 인류를 완벽히 통제하고 조작하여 노예화하려는 절대 권력에 대한 그들의 계획을 단념하지 않을 것입니다. 그림자 정부의 존재들은 여러분의 행성을 배후에서 통치하고 있고, 그들에게 동조하고 있는 자들은 이제 자기들의 시간이 다 됐다는 것을 아주 잘 알고 있습니다.

때는 바야흐로 그들이 인류와 지구에게 저지른 온갖 범죄와 부정행위들에 대한 책임을 묻는 우주적인 업보(業報)의 시간대로 접어들고 있습니다. 그들은 신(神)께서 곧 자신의 행성인 지구를 그들로부터 회수하여 커다란 사랑과 지혜를 갖춘 높은 영적단계에 도달한 존재들에게 그 통치권을 되돌려주게 되리라는 것을 알고 있습니다.

친구들이여! 그들은 어떤 대가(代價)를 치르더라도 이를 막고자 하며, 또 최악의 경우 할 수만 있다면 인류 여러분 모두와 함께 공멸(共滅)하기를 원하고 있습니다. 하지만 여러분은 인류를 지켜주고 있는 존재들에게 깊은 감사의 마음을 가지도록 하십시오. 예컨대 앞으로 어둠의 세력이 지구에서 핵폭탄을 터트리는 것은 용납되지 않을 것입니다. 물론 그들이 시도할 수는 있겠지만 결코 그들 뜻대로 되지는 않을 겁니다.

우리는 호시탐탐 지구에다 핵무기를 터뜨릴 기회를 엿보고 있는 어둠의 세력들을 면밀하게 감시하고 있습니다. 이것은 또한 우리에게 맡겨진 과제중의 하나인 것입니다. 수많은 우주형제들 역시 방심하지 않고 계속 불침번을 서며 그들을 주시하고 있습니다. 그리고 외계인들은 실제로 몇 년 전에 지구상의 여러 지역에서 일어날 뻔 했던 핵공격의 몇몇 사례에서 핵전쟁을 막기 위해 적절한 순간에 그 핵 촉발장치를 해체해 버린 적이 있었습니다.

여러분, 힘을 내도록 하십시오. 지구와 그녀의 자녀들은 창조주에 의해 새로운 차원으로 상승하도록 그 운명이 정해져 있고, 또 그것이 승낙되었으므로 핵전쟁은 지구에서 일어나지 않을 것입니다. 지구상의 모든 것은 여러분의 세계에서 머지않아 준비가 된 이들에게 실현될 그 경이로운 사건을 위한 대비 상태에 돌입해 있습니다. 하지만 상승을 하기 위해서는 우선 행성 지구와 여러분의 삶과 의식(意識)을 청소하고 정화하는 과정이 일어나야만 합니다.

우주의 진화 역사상 3차원에서 5차원의 진동으로 올라갔던 행성들이 수백 개가 있었습니다. 그런데 지구의 경우는 약간 좀 다릅니다. 우리는 지구라는 행성이 자신이 부양하는 자녀들을 위해서 자기 몸의 안락을 희생해 왔고 또 거기에 대한 답례로 오히려 그 자녀들에 의해 극도로 몸이 오염되고 훼손되었다는 점을 주목하고 있습니다. 그리고 바로 이것이 또한 가능한 한 빨리 지구가 스스로의 진동을 보다 높은 상태로 부득이 상승시킬 수밖에 없는 이유이기도 한 것입니다.

불과 얼마 안 되는 기간 내에 오늘날의 세대들에 의해 단독으로 자행된 현재의 상황과 같은 지구자원의 남용은 만약 지구에서 생명이 지금처럼 계속 존속해 나간다고 가정할 경우, 인류의 다음 세대에 가서는 모든 자원이 바닥날 것입니다. 지구상의 수많은 지역들의 오염으로 인해 산소의 수준이 급속히 감소하고 있고, 몇 년 안에 그런 지역들은 더 이상은 생명이 서식할 수 없게 될 것입니다. 지구상의 문명은 여전히 깊은 어둠과 무의식 상태에 잠겨 있는데, 이 우주의 전 역사상 지구와 같은 행성이 5차원의 주파수로 상승한 적은 결코 없었습니다. 즉 이와 같은 일이 이루어지는 것은 지구가 최초라는 사실입니다.

결코 우주 전역의 그 어디에서도 이전에 겪어본 적이 없는 이런 과정

속에 있는 우리 인류 앞에 놓인 과제에 대해 깊이 숙고해 보십시오. 그것은 마치 해도(海圖)에도 나와 있지 않은 거친 바다의 미지의 해역으로 항해해 나가는 것에다 비유할 수가 있습니다. 지저세계의 우리 모두는 지금 인류가 영적인 무감각 내지는 혼수상태에서 깨어나 좀 더 온전한 정신을 갖춘 깨인 존재들이 되기를 희망합니다. 그런데 빛의 일꾼들(Light Workers)이 세계 도처에서 함께 협력하는 가운데 변화를 만들어 내고 있습니다. 그리고 그럼으로써 경이로운 신의 섭리가 이 지상에 펼쳐지는 것이 가능해지고 있습니다.

우리가 솔직하게 말하건대, 만약 지구가 2012년경이나 그 이후에 상승을 이룩한다면 그것은 아직도 자신의 삶을 영적인 무기력 상태에 빠져 살고 있는 대다수의 인류 때문이 아니라 지금 분발하고 있고 변화를 창출하고 있는 소수의 일꾼들에 의한 것입니다. 장차 예정된 지구변동이라는 사건들을 통해 부득이 하게 다른 현실에 눈을 뜨고 자기들의 현생에서의 가치와 목표에 대해 재고하고 될 사람들은 가장 커다란 도전에 직면하게 될 것입니다.

여러분이 지구변화를 마음으로 받아들일 때는 그것을 머리로만 판단하지 말고 자기 자신과 주위의 모든 것을 가슴의 대자비심(大慈悲心)으로 끌어안는 자세가 필요합니다. 차라리 그런 지구의 변화들을 머지않아 지구와 인류가 하늘로부터 받게 될 엄청난 선물과 영광을 위한 준비로서 필요한 여러분 자신과 행성 지구의 정화 작용으로 이해하십시오.

우리의 가장 커다란 난제(難題)는 그림자 세계 정부 세력들과의 교섭과 담판과정에서 생겨났습니다. 즉 지구에서 신성한 계획이 실현될 수 있도록 협조해 달라는 우리의 거듭된 "요청"과 "경고"에도 불구하고 그들은 이를 거부했으며, 오늘날까지도 계속해서 자기들의 사악한 야심을 포기하지 않고 있습니다.

과거 이미 특별한 권고의 내용이 담긴 편지가 작성되었고, 그것은 몇몇 기회에 우리 지저인들의 일부나 은하 외교팀의 요원들에 의해서 세계 각국의 모든 지도자들에게 직접 전달된 바가 있었습니다. 하지만 매 번 그 편지들의 대부분은 읽혀지지도 않은 채 쓰레기 통으로 들어갔습니다. 일부 어떤 경우에는 편지가 읽혀지기는 했으나 답변은 이러 했습니다.

"우리는 귀측의 요청이나 계획에 대해 협력할 용의가 없습니다. 우리는 우리 나름의 계획이 있습니다."

그리고 한 번은 이런 적도 있었습니다. 잠시 우리 편지를 읽고 나서 그 지도자는 이렇게 말하더군요.

"나는 당신들의 요청대로 따르고 싶습니다. 그렇지만 나는 그런 조처를 취하는 데 있어 그것을 뒷받침할만한 아무 것도 갖고 있지 못합니다. 내 주변에는 거기에 반대하는 입장에 있는 자들이 즐비한데, 반면에 나는 그것을 어떻게 이행해야 할지를 모르겠습니다."

우리는 여러분의 차원전환 과정이 가능한 한 큰 충격 없이 완만하게 이루어지기를 바랍니다. 하지만 일반적으로 아직까지는 인류로부터의 협조가 미비합니다. 빛의 일꾼들 역시도 여전히 소수에 지나지 않습니다.

다가오는 2006년과 특히 2007년에 예상되는 지구변화에 대해 언급하도록 하겠는데, 2008년에는 지금과 같이 "기다리고 방관하는 태도"가 극적으로 바뀔 것입니다. 대다수의 인류가 빛의 일꾼들과 공유하게 될 모든 지식과 참다운 지혜들을 귀담아 들을 준비를 하게 될 것입니다.

*오릴리아: 2006년부터 예상되는 변화들은 무엇입니까?

*아다마: 빛의 세계에 있는 그 누구도 여러분의 세계에서 이제 막 일어나려고 하는 사건들과 변형과정들에 대한 면밀하고도 세부적인 내용들을 인류에게 누설하도록 허용돼 있지 않다는 점을 이해하십시오. 그리고 예언은 매우 정확하고도 상세할 수도 있다는 사실을 유의하도록 하세요. 예언들은 반드시 고차원의 세계에서 오지 않을 수도 있습니다.

미래의 어떤 사건들과 변동들은 인간을 공포상태에 몰아넣기 때문에 이처럼 (저급한 심령계에서) 일부러 여러분의 의식에다 충격을 일으키기 위해 의도된 경우도 있는 것입니다. 만약 여러분이 다가오는 미래의 일들을 상세하게 알고 있다면, 여러분의 분석적인 마음은 정신적 수준에서 그 모든 것을 마음으로 상상하게 될 것이고, 결국 대다수는 미리 두려움과 자포자기적인 절망에 빠질 수도 있습니다. 이와 같은 상황은 결코 그러한 사건들이 의도하는 바가 아닙니다.

  하지만 인류가 지구변동을 겪으며 두려움에 사로잡힐 때, 인간들은 평소와는 달리 자비심으로 가슴을 열게 됩니다. 그리고 자기의 인생관이나 가치관을 재고하게 되며, 또 사랑에 대한 큰 이해심을 가지고 재난에 대처해 서로 합심하고 화합하는 것을 배우게 됩니다. 즉 "생존"이라는 절박한 상황에서 유발되는 인류 전체의 공익을 위한 형제애와 협력을 통해서 말입니다.

  2006년과 2007년 그리고 2008년까지의 변화들을 논하는 과정에서 그것을 한 해씩 각각 따로 분리해서 언급하기는 어렵습니다. 왜냐하면 모든 것이 사실상 하나의 사이클(週期)로 함께 묶여진 채 나타나는 변화들로서 결국은 똑같은 단일(單一)의 주제인 까닭입니다. 인류에게 아직 공개되지 않은 이런 해들에 관한 많은 시나리오들이나 사건들은 아직도 실험 중에 있고, 언제 어떻게 나타날 것인지는 아직 결정되지 않았습니다.

  무엇이 일어날 것인지에 대한 최종적인 안(案)은 우리에게는 드러나 있지 않으나 훨씬 더 고차원의 세계에서는 결정되어 있습니다. 그 상당 부분이 여전히 보다 증대된 변화들에 관한 내용으로 이루어져 있습니다. 이런 잠재적 사건들은 항상 그것이 실제로 발생하기 전까지는 잠재적인 상태로 남아 있습니다.

  그렇지만 설사 그렇더라도 갑자기 여러분 중에 많은 이들이 자신의 신성(神性)을 자각함으로써 우리가 여러분에게 언급한 미래 일들의 50% 정도를 신속히 경감하게 될 수 있다면 상관없지 않을까요? 우리가 예언을 통해 오류를 범한 것입니까? 우리는 항상 여러분에게 "현재의 시점"에서 이야기를 하며, 오로지 지금 이 순간에 일종의 잠재성으로 감지된 것들만을 언급합니다. 그리고 그것은 다음 주(週)에는 다시 바뀔 수가 있는 것이죠. 이런 이유 때문에 우리는 가급적 여러분에게 세세한 부분들을 굳이 상술하려고 하지 않는 것입니다. 우리가 모든 잠재적인 시나리오들을 상세히 알고 있을 수도 있습니다만, 먼 미래의 일들을 항상 알고 있는 것은 아닙니다. 또 때로는 아주 종종 며칠 전이나 몇 시간 전까지 무슨 일이 발생할지를 모를 때도 있습니다. 특히 오늘날의 인류와 관계된 문제에 있어서는 상당히 예측하기가 어렵습니다. 그 이유는 많은 부분들이 변하기 쉬운 가변적 요소들에 기초하고 있기 때문에 그렇습니다.

그러므로 우리가 항상 모든 것에 대해 다 알고 있다고 여러분이 생각하는 것은 어떤 환상에 지나지 않습니다. 물론 우리가 여러분이 가진 것보다 훨씬 더 방대한 정보를 거의 즉시 손에 넣을 수 있는 것은 사실입니다. 그리고 사실대로 말하자면 우리가 언제나 여러분의 세상에서 일어나는 모든 일 하나하나에 다 관심을 가지고 있는 것은 아닙니다. 우리는 주로 우리가 항상 큰 오류 없이 봉사할 수 있는 중요한 분야만을 연구하고 거기에 초점을 맞춥니다.

우리가 여러분의 마음이나 생각, 의도를 읽을 수는 있으나 여러분을 조종할 수는 없습니다. 또한 여러분의 개인적 삶이나 한 영혼 집단으로서의 인류의 미래 행로를 항상 예측할 수 있는 것은 아닙니다. 이 점을 염두에 두시기를 바랍니다.

[정부에 관해]

여러분은 2006년에 워싱턴 D.C의 미국 정부를 포함해 그림자 세계정부가 동요하기 시작하는 것을 목격하게 될 것입니다. 물론 이것은 2007

년과 2008년에 접어들면 훨씬 더 심해질 것입니다. 나는 지금 이미 여러분이 이러한 동요의 조짐을 알아차리고 있다고 확신하는 바입니다.

거기에 관여되지 않은 많은 다른 지도자들을 제외하고는 그들이 다른 이들에게 저지른 배신행위와 자기들이 맡은 높은 직위에도 불구하고 그 책무를 오용한 것과 같은 모든 어둠의 행각들이 서서히 드러나게 될 것입니다.

권력의 자리에 있으면서 그림자 정부쪽에 속해 있는 많은 자들이 2006년이나 2007년을 기점으로 장차 머지않아 완전히 폭로되기 시작할 것입니다. 또 예상되는 바는 그들 중의 어떤 자들은 자기들의 삶이 얼마나 환각적인가를 깨닫기 시작할 것이고 스스로 매우 극적으로 변화될 것입니다.

지금은 분명코 여러분이 선출한 국가 지도자들의 참다운 정직성이나 그 자격에 대해 의문을 제기해 보아야할 시점입니다. 향후 36개월 내에 많은 나라들에서 지도자들의 리더쉽(Leadership)에 변화가 있게 될 것이고, 이것이 앞으로 몇 년 동안 계속되리라는 점을 이해하는 것이 중요합니다. 그러한 변화를 시작할 용기를 가진 이들을 전폭적으로 지지해 주십시오. 그리고 대부분의 경우 여러분의 사랑과 지원이 없이는 그렇게 할 수가 없을 것입니다.

여러분에게 권고하건대, 올바른 결과가 나타날 때까지 부디 그들을 위해 기도하고 계속해서 가슴으로 신(神)에게 진실어린 고백을 하십시오. 만약 지구상의 여러분 대다수가 신(神)과 우주에다 요청하기를, 여러분 국가의 지도자로 그리스도화된 존재를 투표해서 뽑게 해달라고 했다면 오래지 않아 그것이 실현될 것입니다. 그것이 이루어지지 않는 이유는 여러분 모두가 자신의 내면에 그러한 변화를 창조할 신성한 힘을 지니고 있음을 믿지 않기 때문입니다. 그것은 또한 당신들이 대단히 유한한 존재로서의 여러분 자신의 반영인 당신들 지도자들의 술수에 농락되기 때문인데, 즉 그들이 만들어낸 교묘한 조종과 속임수적인 법들에 대중들이 현혹되어 자기만족에 빠져 있는 까닭입니다.

사랑하는 형제들이여! 삶의 모든 면에 있어서 여러분의 자유는 천부적인 권리입니다. 지금은 여러분이 그것을 얻기 위해 당당히 요구하고 행동해야할 때입니다.

「지구의 변화에 대해」

이제 곧 푸른 행성이라고도 불리는 여러분의 행성 "샨(Shan)"은 더 이상은 어떠한 파괴도 용인하지 않을 것입니다. 여러분이 "가이아(Gaia)"라고 호칭하기도 하는 지구행성은 실제로 의식(意識)이 있고 지각(知覺)을 갖춘 살아 있는 존재입니다.

지구는 2006년~2008년에 내부의 중심 부분에 조성된 압력을 해소하기 위해 여러 지역들에서 방출작용을 시작할 것입니다. 이러한 에너지 방출은 그녀 자신이 기지개를 켜고 몸을 정화하기 위한 것이며, 해일과 지진, 화산폭발, 태풍, 강풍, 기타 정상적 기후패턴의 심각한 교란 등으로 나타날 것입니다. 이와 같은 현상이 지상에 살고 있는 인간들에 의해 그녀 몸 안팎에 가해지고 스며든 모든 부정성과 오염, 독성을 씻어내는 그녀만의 방법입니다.

이런 때때로의 방출작용은 지구가 장차 자기 몸 위에다 영적으로 계발된 문명이 번영할 수 있게 하기 위해 필요한 대변화들을 통과하는 데 도움을 줄 것입니다. 지구는 또한 여러분이 매우 오랫동안 고대한 황금시대의 건설을 돕기 위해 수많은 태양계들과 지구 내부세계에서 오게 될 존재들을 맞이할 준비를 하고 있습니다.

여러분은 2006년이나 2007년에 극이동(極移動)이 일어날 수 있다고 예상하는지도 모르겠습니다. 그러나 그 정확한 시기는 알려져 있지 않은데, 거기에는 우선적으로 고려할 필요가 있는 너무나 많은 요소들이 있기 때문입니다. 극(極)의 이동이 전개될 때 어떤 경우에는 거대한 땅덩어리의 융기와 침몰과 같은 변동들이 여러 지역들에서 나타날 것입니다. 대양(大洋)의 해안선 역시 어느 정도 변화를 겪을 것입니다.

2006년에는 미국인들이 가진 꿈이 해체되는 현상이 좀 더 뚜렷해 질 것인데, 단지 미국에서 뿐만이 아니라 거의 모든 나라들에서 그러할 것입니다. 여러분 대부분이 이 지구상에서 갖고 있는 인생에 대한 꿈은 거대한 환영(幻影)에 기초하고 있고 "진정한 삶"에 비추어 볼 때 대단히 잘못된 개념을 토대로 형성돼 있습니다. 인간은 어리석게도 오랫동안 존속할 수 없는 영적인 무지와 허위, 오만이라는 맥락 속에서 인생의 헛된 꿈을 꾸고 있습니다.

이제 머지않아 여러분의 세계에서 발생할 사건들은 인류 대부분에게 동요와 혼란을 일으킬 것입니다. 너무나 많은 인류가 그들 내면의 신성(神性)에 눈뜨라는 영혼의 부드럽고 온화한 설득을 무시했고 "진정한 삶"의 가치를 외면해 왔습니다. 일반 대중들이 영적인 혼수상태에서 깨어나거나 인생에 대한 그들의 가치관이 보다 고귀하고 불변하는 영혼 본연의 것으로 바뀌기 위해서는 그들의 무감각과 물질적 자기만족의 대가를 치러야만 할 것입니다.

[외계인과의 접촉에 대해]

나는 여러분이 이쪽 분야의 서적들을 읽을 때 이미 많은 이들의 마음을 읽을 수가 있습니다. 즉 여러분은 외계인들과의 접촉에 대해 알고 싶다고 생각하고 있습니다. 사랑하는 이들이여, 그렇습니다. 이런 일들이 일어나려 하고 있습니다만 그것이 2006년만큼은 아닙니다.

그런데 사실상 외계인들과 일부 지상 주민들과의 접촉은 이미 시작되었습니다. 그러나 그것은 매우 제한된 방식으로 이루어지고 있습니다. 2007년 이후에는 좀 더 빈번히, 그리고 훨씬 더 가깝고도 확실한 UFO 목격이 가능하게 될 것입니다.

1998년 중국에서 촬영된 UFO의 모습

　여러분 중의 상당히 많은 이들이 머지않아 실현될 것으로 기대하고 있는, 즉 수백만 대의 우주선들이 동시에 착륙하여 외계인들이 가정의 여러분을 방문하는 것과 같은 대규모적인 착륙에 대해 언급하자면 그런 일이 일어나기에는 약간 시기상조(時機尙早)라고 생각합니다. 다만 우리가 여러분에게 말할 수 있는 것은 지구상의 주요 변동들이 이미 발생했을 시점인 200X년~20XX년경에 이런 일들이 나타날 가능성이 있다는 것입니다.
　201X년에는 행성 지구의 최종적인 정화(淨化)의 주기(週期)가 나타나도록 예정돼 있습니다. 지금부터 그 때 사이에 인류가 대량적으로 깨어나거나 상승을 향한 입문의 길을 선택하지 않는 한, 그 해는 가장 격렬하고 혹독한 시기가 될 것으로 예상됩니다.
　"우주형제들"의 대량착륙이 이루어지기 전에 지저문명들이 대규모로 지상에 출현할 것입니다. 그리고 그 때 비록 인류 가운데 일부 사람들일지라도 우리를 확실히 보게 될 것이고, 우리와 만나게 될 것입니다. 그때 비로소 대다수의 지구 주민들은 우리와 마찬가지로 다른 별에서 온 "영혼의 가족들"을 본격적으로 환영할 준비를 하게 될 것입니다.

20XX년~20XX년경에 이런 일들이 일어날 것이라는 예측은 비교적 가능성이 높다고 할 수가 있겠습니다. 모든 가능성에 대해 여러분의 가슴을 열고, 그러한 기적들이 여러분을 보호하고 은총을 내릴 수 있도록 하십시오.

(※역주: 현재의 시점에서 외계인 접촉에 관한 이런 아다마 대사의 예언은 2006년 초에는 그렇게 전망되었겠지만, 지구의 현 상황으로 볼 때는 실현 가능성이 낮다고 생각된다. 그러므로 아마도 좀 더 나중의 시기를 기대해 보아야 할 것이다.)

2.지구 변화에 대한 예측 (Ⅱ)

*오릴리아: 아다마, 2007년경부터 예상되는 전반적인 지구의 변화들에 대해 말해주십시오.

우리가 항상 지구에 일어날 변화들의 시기를 정확히 아는 것은 아닙니다. 그런 일들은 언제나 신(神)이 정하신 신성한 적기(適期)에 나타나고 그런 것들이 늘 논리적이거나 예측 가능한 것만은 아니기 때문이죠. 따라서 우리가 예언을 하거나 어떤 미래의 사건들을 언급할 때는 엄밀히 말해 특수한 것이라기보다는 일반적인 것입니다. 또한 미래의 많은 부분이 인류가 얼마나 깨어나서 지금 지구상에 나날이 증가하는 기세로 넘쳐흐르고 있는 새로운 에너지를 수용할 수 있느냐에 달려 있으며, 머지않아 이 에너지의 강도는 매주(每週)와 매달마다 배가될 것입니다.

지구는 현재 새로운 시작에 착수할 준비가 되어 있습니다. 새로운 시대의 패러다임(Paradigm)에 맞지 않는 모든 것들은 다시 고려해야 할 대상들입니다. 모든 사람들이 진화하기를 원하지는 않는데, 즉 그들은 신성을 깨달음으로써 스스로의 선택에 따라 자신들의 진화를 계속하기 위해 어딘가로 새 모험을 떠나려 하지 않습니다.

그러나 이 행성 위의 모든 인간들과 모든 것들이 진화해야 할 것이고,

빛으로 고취되어져야 합니다. 이제 곧 어떤 종류의 어둠도 더 이상은 용인되지 않을 것입니다. 어머니 지구는 앞으로 오직 영적으로 깨달은 문명만을 자신의 몸 위에서 부양하기로 선택했고, 또 그렇게 될 것입니다.

「영적인 변화」

　인류는 이제 변화와 조건 없는 사랑을 행할 준비가 되었습니다. 여러분 모두는 자신이 가진 두려움과 마주해야만 할 것이고 내면의 힘을 신뢰하는 법을 배워야 할 것입니다. 또한 여러분은 종족적인 두려움에서 해방되어야 합니다. 그것은 더 이상 여러분에게 도움이 되지 않습니다.

　사랑과 자유를 생각하십시오. 여러분의 인생에서 우선적으로 고려해야 할 사항은 내면의 가슴속에 살아 있는 신성한 본질을 통찰하여 자각하는 것이 될 것이고, 거기에 입각해서 삶을 살기 시작하는 것입니다. 여러분은 오랫동안 길들여져 있는 타성적 삶의 방식이 아니라 내면에서 우러난 삶이 필요하게 될 것입니다. 여러분이 하고자 하는 것이나 되고자 하는 것이 무엇이든 먼저 당신들 사고방식의 변화가 필요합니다. 여러분은 은총 받았고 삶이 여러분을 더욱 더 축복할거라고 자신에게 계속 말하십시오. 인생의 모든 면에서 진실되고 명예롭게 살기 시작하는 것이 보다 중요해질 것입니다. 여러분이 원하는 바를 분명하게 시각화하는 법을 배우도록 하십시오. 그러면 그것이 여러분에게 주어질 것입니다.

　언제라도 지구는 새로운 차원으로 전환하려 하고 있고, 여러분은 마음에서 여러 가지 감정들이 일어남을 경험할 것입니다. 그런 감정들이나 거기에 대해서 여러분 자신을 판단하려 하지 마십시오. 다만 자발적으로 그런 감정들을 완전히 느껴보도록 하고 그것이 여러분에게 가르치는 지혜를 받아들이십시오.

「행성변화 - 기상과 폭풍, 땅 덩어리 변화 분야」

곳곳에 폭설과 폭우가 예상되며, 다른 지역들에서는 가뭄이 극도에 달할 것입니다. 어떤 경우 기상 예측용 컴퓨터는 번번이 빗나가고 신통치 않게 될 것입니다. 그 때는 그 어떤 예보에도 매이지 말고 변칙적인 기상 상황을 감안해 일하러 나가는 것이 자신을 위한 최선의 방책이 될 것입니다. 일부 육지들이 변동되어 다소 새로운 모양이 형성될 것입니다. 따라서 해안선 지역은 항상 안전한 장소가 되지 못할 겁니다. 고지대가 해안 지역보다는 상대적으로 더 안전할 것입니다.

2007년이나 2008년은 아닙니다만, 결국 나중에 태양은 평소와는 다른 지점에서 다르게 떠오를 것입니다. 또한 인류는 2개의 달과 2개의 태양을 보게 될 것이고 지구는 결코 두 번 다시 어둠을 경험하지 않을 것입니다. 지금부터 여러분의 행성에는 계속적인 변화가 있을 것으로 예상되며, 이런 변화들이 인류의 삶을 처음부터 끝까지 완전히 바꿔놓을 것입니다. 거기에 대비하고 기꺼이 미지의 세계로 발을 들여 놓음으로써 적응하도록 하십시오. 거기에는 두려움 그 자체이외에는 두려워할 것이 아무 것도 없습니다.

「해일, 화산폭발, 그리고 지진」

2007년에는 해일과 화산폭발, 지진, 태풍 및 다른 비정상적인 기후패턴과 같은 보다 왕성한 지구의 활동을 예상할 수가 있습니다. 그러니 동물들처럼 내면의 본능적 직관(直觀)을 계발하십시오. 그들은 무엇이 다가오고 있는지를 알고 있고 느끼고 있습니다. 그들의 움직임을 관찰해 보세요. 그러면 거기서 배울 점이 있을 것입니다.

무엇인가 일어날 조짐이 느껴진다면, 여러분이 키우는 애완동물의 행동을 주의 깊게 주시해 보십시오. 그 동물들은 보통 때와는 달리 별난 행동을 함으로써 여러분에게 확신을 줄 것입니다. 우리가 여러분에게 적극적

2008년 5월 중국 쓰촨성에 대지진이 발생하기 이틀 전에 대규모로 길을 건너 이동하고 있는 개구리들의 행렬.

으로 권고하고자 하는 바는 다음과 같습니다. 여러분이 살고 있는 지역에서 천재지변과 같은 사건에 대한 소식이 들려올 때는 그곳에서 벗어나십시오. 가능한 한 빨리 보다 안전한 지역으로 떠나도록 하십시오. 그리고 항상 변함없이 내면의 소리에 귀를 기울이면서 자신의 직관을 신뢰하도록 하십시오. 거처를 옮기라는 강한 신호가 느껴졌을 때는 다른 곳으로 이동하십시오. 이런 식으로 내면의 직관에 따르면, 여러분은 인도받게 될 것입니다.

유사시를 대비해 긴급 대피수단을 강구하라

또한 우리가 여러분에게 제의하건대, 유사시 신속히 이동해야 할 때를 대비해 가져가야할 필수품이나 응급용품들의 목록을 만들어 상자나 여행가방에다 준비해 두십시오. 그런 품목들을 확실하게 준비하도록 하고, 손쉽게 바로 이용할 수 있게 해두십시오. 이런 권유는 해변(海邊)이나 다른 주요 물가에 살고 있는 사람들에게 매우 중요한 일이 될 것입니다. 또한 화산폭발이 예상되는 지역에 사는 이들에게도 마찬가지입니다. 자신의 직관에 따라 행동할 준비를 하십시오! 그리고 평온을 유지하십시오. 그러면 당신들은 큰 고난 없이 넘어가게 될 것입니다.

어떤 시점에서는 미래의 사건들을 예측하기가 매우 어렵게 될 것입니다. 아무도 무엇이 언제, 어떻게, 어디서 일어날지를 정확히 예상할 수 없게 될 겁니다. 하지만 지구의 정화(淨化)는 최고의 원천에 의해 매우 면밀하게 기획돼 있고, 거기에 부정적인 요소는 아무 것도 없다는 것을 알아 두십시오. 모든 사건들은 단지 낡고 오염된 것들을 청소해내고 새로운 세상으로 전환하기 위한 에너지 정화의 형태로 나타날 것입니다. 일시적인 파괴의 모습에도 불구하고 장기적인 안목에서 보자면 그것은 모두에게 유익할 것입니다. 이러한 정화는 황금시대를 대비하여 이 행성위의 생명을 존속시키기 위한 은총의 작용인 것입니다.

◇ 향후 전 세계 각 지역에 예상되는 변동들

미국

1. 옐로우 스톤 국립공원[1] 지역

옐로우 스톤(Yellow stone) 지역은 어느 정도 화산폭발을 겪을 가능성이 있습니다. 이 지역의 화산들이 폭발할 때, 이것은 지구의 보다 중요한 변화들이 시작되었다는 신호가 될 것입니다. 이런 일들은 2007년에 발생하기 쉬운데, 하지만 또한 그보다 좀 더 나중에 일어날 수도 있습니다.

모든 엘로우스톤 지역의 아래에 있는 대규모의 칼데라(Caldera) 지형은 세인트 헬렌(St. Helen) 산과 직접 연결돼 있습니다. 세인트 헬렌 산은 지금도 안에서 용암을 분출하고 있는 활화산(活火山)이고, 거의 언제라도 폭발을 예상할 수 있습니다. 그럼에도 세인트 헬렌 산이 가진 문제는 엘로우스톤에 있습니다. 그 둘은 서로 깊이 연결돼 있고, 세인트 헬렌 산에

---

[1] 미국의 와이오밍, 아이다호, 몬타나 등의 3개 주(州)에 걸쳐 있는 최대의 자연공원

서 발생하는 폭발은 엘로우스톤에서 방출되는 일종의 압력의 과부하로 인한 작용인 것입니다.

2.플로리다 주

플로리다의 모든 해안선은 진흙과 모래, 그리고 늪지로 이루어져 있습니다. 그곳의 전체 해변지대는 아주 변동이 심한 곳입니다. 그중에서도 최악의 장소는 마이애미(Miami)입니다. 거기에는 호텔이나 아파트 같은 거대한 건물, 또는 다른 형태의 주택들이 더 이상 자연적이지 않은 늪지의 바닷가에 세워져 있습니다. 계속해서 건물들이 들어서고 있지만, 예상되는 높은 파고(波高)의 해일이 들이닥칠 때는 대부분 온전하지 못할 것입니다.

많은 주민들이 몰려 살고 있는 세계적인 주요 도시들은 자체적인 정화작용을 겪게 될 것입니다. 만약 여러분이 다른 곳으로 옮기기로 선택했다면, 독성과 오염으로 벗어난 아주 청정한 장소를 찾는 것이 최선입니다. 당신들이 혹시 플로리다에 살고 있다면 자기 내면의 인도에 주의를 기울

이는 것이 아주 중요합니다. 또한 당신이 만약 화산재로 형성된 섬에 살고 있다면 안심해서는 안 됩니다.

3. 태평양 연안

로스엔젤리스(L.A) 인근의 태평양에는 거의 300년 동안이나 압력을 축적해온 한 섬이 있습니다. 이 섬이 장차 지각변동으로 붕괴될 가능성이 대단히 높으며 결과적으로 미국 서부해안에 해일을 일으킬 수가 있는데, 이것은 해안지대 전체와 그곳의 도시나 주택들에 치명적인 피해를 입힐 수가 있습니다.

인류가 바다와 거기에 서식하는 생물들을 보호하지 않고 해안지대의 절경들을 보존해오지 않았기 때문에 커다란 문제에 직면할지도 모릅니다.

4. 오대 호(湖)

앞서 언급한 해일이 미국과 캐나다에 영향을 미칠 것입니다. 오대호(五大湖)에는 모종의 홍수나 범람을 예상할 수가 있습니다.

캐나다

캐나다에는 홍수로 피해를 입게 될 여러 지역들이 나올 것입니다. 세인트 로렌스 강이나 오대호 인근에 살고 있는 이들은 불어난 강물에 의해 피해를 볼 수 있습니다. 이 물들은 다른 장소들에 비해 다소 빠르게 범람할 것으로 예상됩니다. 몬트리올(※캐나다 퀘백 주의 항구도시) 역시 해안선 주변에서 어느 정도의 해수 범람을 예상할 수 있습니다. 하지만 캐나다에는 미국과 같은 심각한 변동은 없을 것입니다. 피해가 좀 있더라도 캐나다 사람들은 신속하고 원활하게 피해 복구를 할 수 있게 될 것입니다.

프랑스

프랑스는 해안지대의 범람을 겪을 것입니다. 프랑스 지역에 묻혀 있는 수많은 비밀들이 지상으로 드러나 많은 이들에게 놀라움을 안겨다 줄 것입니다.

중동(中東) 지역

수많은 위험지역(취약부분)이 나타날 것인데, 특히 이란, 이라크, 시리아, 그리고 터키가 정화작용으로 타격을 받을 것입니다. 이스라엘과 팔레스타인 또한 많은 문제가 있게 될 것입니다. 그들은 그 지역에 커다란 천재지변이 닥치지 않는 한 싸움을 멈추지 않을 것입니다. 그들이 결국 분쟁을 멈추기는 할 것이지만, 그들의 세계에 훨씬 심각한 상황이 벌어질 때야 비로소 그렇게 할 것입니다. 그런데 이스라엘과 아랍세계 전체가 사실상 같은 혈통관계이고 동일한 조상의 후손들입니다. 그들이 모두 한 형제,자매인 것이며, 또 그들이 살고 있는 땅은 그들 것이 아니라 지구에 속한 것입니다.

이 지구상의 어느 곳에 살고 있더라도 아무도 어떤 지역을 실제로 소유할 수가 없는 것인데, 왜냐하면 인간은 단지 이곳의 주인인 어머니 지구에게 온 손님에 불과한 까닭입니다. 그녀는 자신의 몸 위에서 이루어지는 인류의 진화를 후원하기로 하고 이를 기꺼이 받아들였습니다. 따라서 여러분은 기껏해야 대지의 관리인 정도는 될 수 있겠지만 결코 궁극적인 소유자는 아닌 것입니다.

인간이 말하는 어떤 땅의 소유권이라는 것은 우리의 입장에서 볼 때는 일종의 착각에 지나지 않습니다. 새로운 세상에는 땅의 소유권이 더 이상 존재하지 않을 것입니다. 그리고 누구나 다 제각기 갈망해온 풍요로운 삶을 누릴 수 있는 아름다운 장소들을 제공받게 될 것입니다. 아울러 아무도 어떤 것을 소유하거나 지배할 필요가 없을 것입니다. 왜냐하면 모든 것은 각자의 공적과 공덕에 따라 공평하게 분배되게 될 것이니까요.

멕시코

환경오염과 암시장 곳곳에서 현재 거래되고 있는 마약의 증가로 인해 이 나라는 자연의 청소 과정을 겪을 것입니다.

사해(死海) 지역

그곳에는 오래 전에 지구변화를 대비해 다른 별들로부터 온 여러분의 후원자와 친구들에 의해 숨겨진 모놀리스(Monolith)[2]가 있으며, 이것은 인류를 돕기 위해 발견될 것입니다.

이집트와 대 피라미드

지상에 드러나 있는 스핑크스 아래에 감춰져 있던 모든 인공 구조물들이 발견될 것입니다. 인류는 대 피라미드가 세워졌던 이유와 의미를 알게 되고 시리우스 종족과 이집트와의 관계를 깨닫게 될 것입니다. 이집트의

이집트의 대 피라미드

---

[2] 돌로 만든 기둥이나 석상.

모든 비밀들이 밝혀질 것이며, 땅 덩어리가 변하여 그 지역은 열대지방으로 바뀔 것입니다. 그리고 나일(Nile) 강의 크기가 지금보다 두 배로 커질 것입니다.

오세아니아(大洋州)

앞서 언급했듯이 모든 바다에서는 일정한 시점에 대격변이 예상됩니다. 오세아니아 지역에는 고도가 별로 높지 않고 해안에 인접해 있는 주택들을 가진 많은 섬들이 있습니다. 전부는 아닐지라도 위험에 처하게 될 몇몇 섬들은 이런 변동에 대비해 피난대책이 필요할 것이고 홍수에 의해 크게 타격을 받게 될 것입니다. 또한 수많은 이런 섬들이 화산활동의 결과로 생성되었으므로 어디든지 안전하지는 못할 것입니다.

모든 바다들은 앞으로 5년 이내에 극적으로 변화하게 될 것이며, 많은 해안선들이 다른 장소로 옮겨지게 될 것입니다. 호주의 에어즈 록(Ayers Rock)3)은 수많은 홍수를 겪을 것입니다. 따라서 이 지역의 거대한 "기록

호주 대륙 한 가운데에 자리하고 있는 에어즈 록의 모습

---

3) 오스트레일리아 대륙 북부지역의 황량한 사막 대륙 한가운데 서 있는 웅장하고 거대한 바위산이다. 본래의 암석 덩어리 가운데 2/3는 땅 속에 묻혀 있는 상태라고 하는데, 겉으로 드러난 규모만 해도 길이 3.6km, 너비 9km, 높이 348m에 이를 만큼 거대하다. 파리의 에펠탑보다 자그마치 48m가 더 높다. 그리고 단일 암체(岩體)로는 세계 최대 크기의 바위산이라고 한다.

수호자(Record Keeper)"인 그 바위 지역은 부분적으로 물에 잠기게 될 것입니다.

아시아(Asia)

중국은 자기들의 세력을 국경 너머로 확대시키려는 욕구를 드러냅니다. 그들은 경제력과 군사력을 키워가고 있으며, 거기에 비례해서 핵무기 제조를 늘리고 있는 중입니다. 중국은 핵(核)의 힘에 의해서 많은 나라들을 통제하거나 심지어는 지구상의 일부를 군사적으로 점거하려는 결심을 한 것으로 보입니다. 중국은 가능한 한 지구상의 많은 사람들과 국가들을 통제하고 노예화하여 자기들의 손아귀 안에 두려는 계획을 가지고 있습니다. 그들은 향후 10년 안이나 그 보다 좀 이른 시기에 경제적이고 군사적인 힘의 팽창과정을 통해서 이런 일들을 실제로 꾀하고 있습니다.

현재 많은 나라의 수천 명의 사람들이 영적으로 깨어나고 있고, 머지않

중국 인민해방군의 사열 장면

아 수백만 명으로 불어날 것입니다. 하지만 중국을 통치하는 지배자들은 이 행성의 모든 것이 변화하고 있다는 이런 사실을 인식하지 못할뿐더러 알려고 하지도 않습니다. 그들은 심각한 영적인 장님들인 까닭에 지금 날마다 이 지구로 엄청난 양의 빛의 주파수가 유입되고 있음을 조금도 인식하지 못하고 있습니다.

이제 곧 중국은 세계를 경제적, 군사적으로 지배하려는 그들의 야심에 큰 제동이 걸리는 사건을 겪게 될 것이며, 그 계획의 실현이 불가능하게 될 것입니다. 그들에게는 경악스러운 일이 되겠지만, 그들의 야욕은 간단히 꺾여 질 것입니다. 매우 오랫동안 중국의 통치 세력들은 자국민(自國民)들과 그들이 점령한 티베트와 같은 나라의 주민들을 무자비하고 잔혹하게 다루어 왔습니다. 그들은 중국 국민들과 티베트인들을 공포정치와 면밀한 감시정책에 의해 지배했습니다. 따라서 오랫동안 진정한 자유는 억압되었고 그것은 대다수 주민들에게 구가될 수 없었습니다.

이전에 중국에서는 인근의 다른 어떤 나라에도 없었던 일을 시행했었는데, 즉 아이들을 강제노동으로 내몰았고 종종 그것은 불과 5살 때부터 시작되곤 했습니다. 중국의 지도자들은 경제적 패권이라는 그들의 목적과 세계지배를 위한 더 많은 핵무기를 만들어 내기 위해 자기들이 통치하는 주민들에게 많은 정신적, 영적, 육체적 어려움을 안기고 있습니다. 이 나라의 상당한 비율의 성인(成人)들은 어린 시절부터 겪어온 자국의 지도자들의 폭압정치에 의한 두려움에 무기력해져 있으며, 이것이 그들이 알고

중국을 통치하고 있는 현 지도세력들

있는 생활방식의 전부입니다. 그들의 자부심은 극히 낮고 그들의 영혼은 대단히 손상돼 있으므로 그 대다수의 주민들은 현생에서 고차원의 의식(意識)에 관한 개념들을 이해할 수 없을 것입니다.

중국의 주민들은 아주 오랫동안 공산주의 체제하의 독재정권의 지배를 받아 왔는데, 그로 인해 그들은 선조들의 관용적인 삶의 방식을 망각해 버렸습니다. 따라서 그들은 먹고살기 위한 날마다의 생존 문제 외(外)에는 이미 그 밖의 다른 것에 신경 쓸 수가 없습니다.

중국의 지도자들은 만인(萬人)에 대한 사랑이나 평화, 형제애를 위해 자기들의 야욕을 포기할 의사가 전혀 없기 때문에 그들이 짓고 있는 카르마(業)에 대한 응보(應報)가 지금 그들에게 임박해 있습니다. 그들의 계획이 허용되지 않을 것임은 이미 창조주에 의해서, 또한 지구와 이 행성의 영단(Spiritual Hierarchy)에 의해서 정해진 운명인 것입니다.

여러분은 중국이 배치하게 될 핵폭탄이 아니라 평화 속에서만이 편히 잠들 수가 있습니다. 아르크투루스(Arcturus) 외계 형제들로 구성된 팀이 있는데, 그들이 그런 핵무기들을 계속 감시하고 있고 또 그 무기들의 뇌관과 방아쇠를 즉각 해체시킬 준비가 돼 있습니다.

머지않아 중국은 더 이상 세계의 다른 지역들을 위협하지 못하게 될 것입니다. 중국지방에서 장차 나타날 문제는 주민들의 상당한 비율이 살아남지 못하는 대규모의 불가피한 사태(천재지변)와 같은 문제들이 될 겁니다. 하지만 사랑하는 이들이여, 이것은 하나의 신성한 은총입니다. 이것은 그곳에 살고 있는 몇 백만의 영혼들을 해방시키는 시초가 될 것입니다.

이런 계시적 메시지를 인간적 생각으로 판단하지는 마십시오. 즉 두려움에 빠지지 말고 대신에 이를 긍정적으로 받아들이십시오. 세상을 떠나게 될 모든 이들에게 죽음은 일종의 커다란 해방이고 수많은 고난의 종식이 될 것입니다. 한 집단으로서 그들은 다시 사랑과 안락함을 경험할 수 있게 준비된 특별한 장소로 옮겨지게 될 것입니다. 그들은 다른 차원에서 다시 함께 하게 될 것이고 많은 동정과 친절한 배려를 통해 결국 그들의

올림픽 이전 2008년 5월 중국 사천성(四川省)을 강타했던 대지진 참사의 모습

상처는 치유될 것입니다. 그리고 그들은 자신들의 고유한 보조(步調)에 따라 예정된 새로운 세계에 육화하기로 최종적인 준비를 하게 될 것입니다.

여러분은 신속하고도 자비롭게 수많은 중국의 주민들이 고난과 폭압에서 완전히 자유로워질 수 있도록 해주는 신(神)의 커다란 자비를 이해할 수 있습니까? 때가 되면 그들은 육신을 떠날 것이고 오직 사랑만을 알게 될 것입니다. 그들의 다음 환생은 그들의 영혼이 그들 자신과 인류의 엄청난 카르마(Karma)를 단기간에 청산하기 위한 그와 같은 죽음의 조건을 받아들였기 때문에 보다 기쁨이 넘치는 것이 될 것입니다. 그들은 또한 언젠가 영혼의 수준에서 그들의 삶의 악조건들이 그들을 신속히 자유롭게 해주는 해방과 같은 것이 되리라는 사실을 알게 될 것입니다.

자, 여러분의 세계에는 실제로 어떤 희생자도 없다는 사실입니다. 거기에는 다만 각자의 진화여정에서 전진하기 위해 다양한 악조건을 경험하게 되는 일시적 상황(삶)을 받아들이기로 하고 지상에 태어나고자 자원한 존재들이 있을 뿐입니다.

일반적으로 중국의 주민들은 별로 때 묻지 않고 악의가 없는 좋은 사람들입니다. 하지만 그들의 지도자들은 그렇지가 않습니다. 따라서 그들은 거기에 대한 책임을 지게 될 것입니다.

사랑하는 자비의 여신(女神), 관세음보살(觀世音菩薩)

신성(神性)의 어머니 측면을 나타내는 이 사랑스러운 존재는 중국 주민들에게 하느님의 신성한 "여성 원리"를 보호하는 일종의 수호자입니다. 대체적으로 현재 이 나라의 많은 사람들은 가슴의 무한한 사랑과 자비로 그들의 나라를 후원하는 이 "성스러운 어머니"를 망각해 버렸습니다.

중국의 곳곳에는 이 위대한 존재를 숭배하고 기리던 수많은 사찰(寺刹)과 입상(立像)들이 남아 있습니다. 하지만 이 위대한 보살에 대한 존경심은 더 이상 사람들의 가슴 속에 살아 있지 않습니다. 만약 사람들의 마음이 참으로 관음보살(觀音菩薩)로부터 떠나 있다면, 그녀가 이 나라에 일으킬 수 있었던 사랑의 기적에 대한 진정한 의미가 퇴색되고 경시돼 온 것입니다. 물론 그것이 완전히 망각된 것은 아닙니다만 그들의 헌신적 신앙심은 열렬했던 과거와는 달리 상당 부분 잊혀져 있습니다.

중국에서 성행하는 관음보살에 대한 숭배 종교의식이나 신앙은 대개 진정으로 이 나라에서 진화하고 있는 영혼들의 가슴 속 사랑과 자비의 불에 점화되기 보다는 문화적인 관습이나 전통적 방법에 의해 영향 받은 하나의 풍습들입니다. 관세음의 가슴속에

있는 사랑과 자비의 불꽃은 언제나 강력한데, 사람들이 완전한 믿음으로 그녀에게 모든 것을 내맡기기만 하면 실제로 그녀는 중국의 주민들의 해방운동을 조화롭고도 평화롭게 도울 수가 있습니다. 그러나 진실로 가슴에서 우러난 뜨거운 신앙이 아닌 전통적 관습에 따른 형식적이고 입에 발린 소리로는 결코 자신이 바라는 결과를 얻을 수가 없을 것입니다.

우리가 지금 중국과 관세음보살과 관련해서 언급하고 있는 내용은 비단 중국만이 아니라 이 지구상의 모든 국가들에게도 적용될 수가 있습니다. 그녀의 사랑은 헤아릴 수 없을 정도로 무한합니다. 즉 그것은 굳이 지구상의 한 국가나 한 문명에만 국한돼 있지 않은 것입니다. 관음보살은 중국 사람들을 위한 신성(神性)의 여성원리일 뿐만이 아니라 또한 그녀는 자신을 신앙하는 전 세계의 모든 사람들을 돕고 있습니다.[4]

성모 마리아와 관세음보살은 매우 긴밀하게 함께 일하는데, 이 두 분은 진정으로 이 행성과 우주에서 신성(神性)의 여성적 측면에 대한 원형(原型)의 모습을 그들만의 독특한 방식으로 표현하고 있습니다. 그녀들은 둘 다 "수많은 세계들을 돌보는 여왕들"이며, 지금 이곳에서 모든 인류가 그녀 자신들이 성취한 경지에 도달할 수 있도록 돕고 있습니다.

---

[4] 관세음보살은 현재 영단 내에서 실제로 "카르마의 주님(Lord of Karma)"이라는 7명으로 이루어진 인류의 카르마(業) 담당 대사들 가운데 한 분으로 활동 중이다.
　중국을 거쳐 삼국시대에 전래된 우리나라 관음신앙도 중국 못지않은데, 고구려와 백제 및 신라에서 각각 신앙되었던 흔적을 지금까지 남기고 있다. 고구려에서는 관음신앙의 도량(道場)으로 광명사(光明寺)라는 절이 있었고, 백제에서는 성덕산 관음사(聖德山觀音寺)를 관음신앙의 성지(聖地)로 삼았는데 그 절과 창건에 얽힌 연기설화(緣起說話)가 아직도 전해지고 있다.
　비교적 자료가 풍부한 편인 신라는 관음신앙의 영험설화와 자취를 적지 않게 남겨놓았다. 관음상(觀音像)을 조성한 공덕으로 태어났다는 고승 자장(慈藏)의 출생을 비롯한 열두 가지의 관음관계 영험사실이 《삼국유사》에 담겨져 있다. 지금도 남아있는 양양(襄陽)의 낙산사(洛山寺)와 경주(慶州)의 백율사(栢栗寺) 등은 신라 관음신앙의 영적인 성지(聖地)들이었다. 불교신앙이 매우 성하였던 고려시대는 물론이고, 배불숭유(排佛崇儒)의 사상이 강했던 조선시대에도 여전히 관음신앙은 이어져 왔다. 그리고 오늘날에 이르러서도 관음신앙은 불교계에 깊숙이 자리하고 있다.

관세음보살은 성모 마리아와 유사성이 많이 있는데, 흔히 관세음보살을 "성모관음(聖母觀音)"이라고 부르기도 한다.

티베트

중국과 티베트 사이의 사태와 서로에 대한 입장은 무엇일까요? 중국은 티베트가 가지고 있는 영적인 힘에 대해서, 예컨대 티베트에 존재하고 있는 차원 간의 입구와 같은 것에 관해 잘 알고 있습니다. 우리가 장차 티베트에 인접한 중국의 일부 지역에서 폭압적인 긴장이 완화되는 모습을 볼 수 있을까요?

티베트는 201x년~201x년경에 중국으로부터 해방을 맛보게 될 것이고, 잘되면 그보다 조금 앞당겨 질수도 있을 것입니다. 중국을 통치하는 자들은 반드시 온정적인 존재들이 아닙니다. 중국 내의 주요 정책을 결정하는 세력들은 무자비하며 티베트라는 국가가 상징하는 바가 무엇인지 알지 못합니다. 그리고 이 작은 나라가 차지하고 있는 영적인 자산(資産)이 무엇을 의미하는지도 전혀 깨닫지 못하고 있습니다.

그들은 단순한 인간의 의식적 수준에서 모든 이러한 영적인 특성은 일종의 시간낭비이고 마음의 왜곡에 지나지 않는다고 이해합니다. 그들은

티베트 라사의 포탈라 궁의 전경. 달라이 라마가 망명 전에 거처하던 곳이다.

그런 것들을 전혀 무가치하다고 볼 뿐입니다. 영혼의 수준에서 그들은 무슨 수를 써서라도 빛을 저지하려는 어둠의 계획을 가지고 있는데, 그 과정에서 국민들에게 끼쳐지는 피해의 규모라든가 그들이 착수해야 하는 파괴의 정도 따위는 대수롭지 않게 여깁니다. 즉 그들은 여러분처럼 생각하고 느끼지 않는 것입니다.

가슴과 오라장(Auric Field) 안에 많은 빛과 지혜를 갖고 있는 사람들이 중국의 지도세력에게는 일종의 위협대상이 됩니다. 그러므로 그들은 그런 사람들을 박해하거나 제거하는 것이 가장 용이하고도 적절한 해결책이라고 간주하고 있습니다.

하지만 머지않아 중국에서는 모종의 대규모의 파괴가 발생하게 될 것이고, 그 타격으로 인해 그들의 통치력은 상당한 곤경에 처하게 될 것입니다. 따라서 그들은 더 이상 티베트를 지배하는 데는 신경 쓸 겨를이 없게 될 것입니다. 그 때 비로소 티베트는 완전히 자유롭게 될 것이며, 영적인 나라인 티베트가 가진 지식과 지혜라는 보물을 세계와 더불어 나누게 될 것입니다.

경제 상태와 일상생활

　여러 가지 면에서 인간은 기본으로 돌아갈 것입니다. 사람들은 정부가 주민들에게 제공하려 시도하는 것에 별로 의존하지 않고 스스로 생존의 방책을 강구하는 법을 배우게 될 것입니다. 그리고 정부들의 권력남용과 오용, 경제적 노예화에 반대하는 "We the people"이라는 범세계적 저항운동이 불붙기 시작할 것입니다.

　건강분야에서는 현재 지구상에 퍼지고 있는 바이러스와 전염병과 같은 다른 질병들이 범람하게 될 것입니다. 왜냐하면 그런 병들을 치료하는 백신(Vaccine)이나 항생물질이 없게 될 것이기 때문이죠. 의료계에서는 무슨 처치를 해야 하는 가에 관해 무지한 채 서로 이견(異見)이 분분할 것입니다. 이런 질병들에는 오직 자연적인 치료법들만이 효력이 있게 될 것인데, 예를 들자면 동종요법(同種療法)이나 약초, 그리고 기타 추가적인 특수한 자연물질들과 같은 것입니다.

　여러분이 지구의 정화과정에서 건강을 유지하기 위해서는 바이러스에 안전할 수 있게 지금 자신의 면역체계를 구축하기 시작하는 것이 중요합니다. 2,000년간 볼 수 없었던 신종(新種)의 병들이 어느 순간 나타날 것입니다. 또한 과거에 있었던 전염병들도 다시 등장할 것입니다. 에이즈(AIDS) 역시 많은 지역에서 만연하게 될 것인데, 그러다가 그것은 별다른 조치 없이도 어느 시점부터 갑자기 저절로 수그러들 것입니다. 고로 이런 현상은 과학자들을 당황케 하고 혼란시킬 것입니다.

　이런 질병들은 일종의 인체 정화작용으로 발생할 것이고, 그리하여 면역체계를 강화시킬 것입니다. 그리하여 여러분의 면역체계가 대단히 놀랄 만큼 강화됨으로써 어떤 몸의 질병도 떨쳐버릴 수 있게 될 겁니다. 그리고 장차 미래에는 질병이 존재하지 않을 것입니다. 따라서 의료기관에서 나온 의약품이나 약제학(藥劑學) 같은 것은 구시대의 유물이 될 것입니다.

　그런 것들은 더 이상 쓸모가 없어지는 것입니다. 질병들에 대처하는 최상의 치료법은 여러분 자신과 내면의 신성(神性)에 대한 신념과 자신감이 될 것입니다.
 첫째, 여러분의 신념에 따라
 둘째, 구하십시오. 그러면 얻게 될 것입니다.
 셋째, 두드리십시오. 그리하면 문은 열려질 것입니다.
 넷째, 요청하십시오. 그러면 그것이 여러분에게 주어질 것입니다.
 지금 당장 이런 원리들을 지상의 삶 속에서 활용해 보십시오. 그것은 여러분에게 도움이 될 것입니다. 여러분이 지속적으로 자신의 변형에 집중하고 날마다 몸의 모든 부분을 축복하며 감사한 마음을 갖는다면, 여러분의 몸은 변화할 것이고 좀 더 강해질 것입니다.
 궁극적으로 인류와 지구는 이 은하계의 보석이자 최상의 빛과 사랑, 선물이 넘치는 장소가 될 것입니다. 왜냐하면 여러분이 그런 경험을 하기로 선택했기 때문입니다. 그리고 여러분은 우리가 이미 이룩한 빛의 세계의 영광을 보게 될 것이고, 그 세계에 대한 경외감 속에 잠기게 될 것입니다.

3. 지구 변화에 대한 예측(Ⅲ)

*오릴리아: 아다마, 2006년에서 2012년에 이르기까지의 지구변화기 동안 지구 내부세계의 존재들이 맡게 될 가장 중요한 역할은 무엇이 될까요?

우리 모두는 이 행성과 인류가 상승과정을 통해 빛과 사랑의 새로운 차원으로 옮겨가는 것을 돕고자 함께 일하고 있습니다. 여러분이 알다시피 상승 이후에는 지구상의 어떤 생명에게도 과거와 같은 삶이 다시 반복되지는 않을 것입니다.

그런데 상승을 위해 일하는 과정에서 아무도 어떤 존재의 역할이 다른 이보다 더 중요하지는 않습니다. 이 행성이 빛의 세계로 끌어올려지는 것을 준비하기 위해 지구내부의 우리 모두가 함께하고 있는 작업에는 최고의 창조주에 의해 설계된 거대한 계획의 모든 부분들이 망라돼 있습니다. 그리고 우리들 각자는 이 방대하고도 성스러운 프로젝트의 특정한 한 분야씩을 맡고 있는 것입니다.

우리 모두는 스스로 하기로 자원한 일들과 지구가 인류와 더불어 상승하는데 필요한 작업들을 해나가면서 서로 서로 돕습니다. 아울러 우리는 "은하연합(Galactic Federation)"과 긴밀히 협력해서 일하고 있으며, 때로는 그들로부터 어떤 임무나 과제를 할당받아 떠맡기도 합니다.

빛의 도시들

다른 여러 일들 중에서도 우리는 5차원 빛의 도시들을 준비하느라 아주 바쁘게 일하고 있는데, 최종적으로 이런 도시들은 지구상의 주요 도시들 위로 하강하여 그곳의 주민들과 융합됩니다. 이 장엄한 도시들은 "지상"에 살고 있는 사람들이 자신의 의식(意識)과 진동 파장을 "천상"에 살고 있는 존재들과 조화되는 상태로 끌어올리게 될 때만이 모든 이들이 보고 즐길 수 있도록 그 자체의 진동주파수를 낮추게 될 것입니다.

이런 도시들은 이미 존재하고 있으며, 거기에는 수백만 명의 빛의 존재들이 영구적으로 살고 있습니다. 하지만 장차 여러분이 이런 세계에 들어가기 위해서는 적응이 필요합니다. 우리가 아주 오래전에 샤스타 산 지하로 처음 옮겨 왔을 때 이 세계에서 신참자로 여겨졌듯이, 여러분 역시도 스스로의 배움과 진보를 위해 이 경이로운 빛의 도시로 들어올 초창기에는 신입자로 간주되고 지도받게 될 것입니다.

그럼에도 이런 일들이 여러분의 시간으로 몇 년 내외에는 일어나지 않을 것입니다. 인류가 이곳에 초대받아 발을 들여놓기 이전에 여러분 모두는 좀 더 영적으로 성숙되고 의식이 높아져야 합니다.

텔로스는 (비록 지저에 있지만) 단지 인간 세상의 하늘에 체공해 있는 경이로운 많은 빛의 도시들 중의 하나에 불과하며, 현재의 여러분의 영적 수준에서는 아직 보이지 않습니다. 우리 모두는 생명의 일체성(一體性)이라는 상태에서 하나의 대가족으로 함께 일하고 서로의 도시를 종종 방문합니다.

지구가 상승하는 마지막 단계의 시점에서는 이런 빛의 도시들 중의 몇 개가 자신의 의식을 순수하게 정화하고 이와 같은 은총을 받기 위해 스스로 준비된 사람들에게 그 화려함과 장관을 드러내며 지상 가까이 내려올 것입니다. 지상의 주민들에게 보다 확실하게 나타나기로 예정돼 있는 첫 번째 빛의 도시는 일곱 광선으로 이루어진 멋진 수정도시인데, 현재 이 도시는 샤스타 산 상공에 위치해 있습니다. 이 도시가 여러분의 세상에 출현할 때, 그 도시로 들어가는 것을 허가받게 될 사람들에게 그것은 마법의 시간이자 커다란 환희의 순간이 될 것입니다.

그러나 오직 거기서 요구되는 의식수준을 달성하거나 "입구 암호"를 시험하는 입문식을 통과한 사람들만이 마음대로 출입이 가능하게 될 것이고 그들의 새로운 특권을 누릴 것입니다. 나머지 사람들도 그 도시에 관해 알게 될 것이지만 그들은 그 도시를 볼 수 없을 겁니다. 그리고 또한 그들 역시 허가에 필요한 영적 요건을 충족시킬 때까지는 그 도시에 들어갈 수 없을 것입니다.

상승의 입문

우리는 또한 2012년의 상승을 위한 입문식을 받기로 지원한 모든 이들을 매우 면밀하게 돕는 일에 관여하고 있습니다. 지구의 내부세계에서는 상승하려는 각 후보자들이 그 위대한 순간을 준비하는 데 도움을 주고 지도해주는 인도자들로 구성된 특정한 팀에 모두 배정돼 있습니다.

지구 내부세계의 주민들은 우리가 여러분을 한 형제자매로서 매우 친밀하게 느끼고 여러분의 용기와 헌신에 대해 좋아하는 만큼 이처럼 여러분의 상승을 지도하는 일에 몰두하고 있습니다. 여러분이 사랑과 빛의 지수(指數)를 높이고 그 수준을 계속 유지할 때 비로소 우리가 여러분의 몸이 "불사(不死)"의 상태로 변형되는 것을 돕기 위해 인간의 DNA 가닥들에 점화하고 그것을 보다 활성화시킬 수가 있습니다.

일찍이 수천 년 전에 우리는 최종적으로 텔로스라는 새로운 도시 안에 완전히 자리 잡게 되었고 인류를 대표해서 상승의 불꽃을 간직하고 계속 보존하기로 자청했습니다. 반면에 지상의 주민들은 그 동안 자신들이 동일한 창조주의 가슴 속 사랑으로 생겨난 존재라는 진정한 기원을 망각한 채 서로 적대하며 전쟁하기에만 바빴습니다.

우리는 여러분의 편에 서서 8,000년 이상 동안 그 불꽃을 이집트의 대(大) 피라미드 안에 있는 "빛의 상승 형제단"과 공동으로 지키고 키워 왔습니다. 우리는 또한 지상의 주민들의 의식이 그들 스스로 이것을 유지할 수 있을 만큼 영적인 성숙단계에 도달할 때까지 여러분을 대신해서 우리의 사랑으로 이 불꽃을 계속 키워나갈 준비를 했습니다. 이것은 그토록 오랫동안 인류를 대신해서 이런 일을 수행해줄 자가 아무도 없는 상태에서 우리가 지저세계에 있는 동안에 지상의 인류를 위해 해왔던 일종의 봉사였습니다.

만약 우리가 이런 과업을 대신 떠맡지 않았다면, 아마도 여러분의 문명 전체가 삼라만상의 아버지에 의해서 그 계속적인 존속을 허락받지 못했을지도 모릅니다. 아울러 여러분은 이 거대한 행성 변형기에 인류와 지구에 내려진 은총과 자비를 부여받지 못했을 수도 있을 것입니다.

감사하는 표현의 중요성

날마다 우리는 신(神)의 사랑에 대한 깊은 감사와 겸손을 통해 만물의 창조주에게로 돌아가는데, 그러한 사랑은 그분의 가슴에 의해서 우리의 행성에 주어진 것입니다. 사랑하는 이들이여! 이러한 행위와 태도는 한 행성과 그 위에 살고 있는 주민들이 매일 감사의 표시로, 또 자신의 사랑과 에너지를 창조주께 되돌리는 일부 몫으로서 해야 하는 필요조건인 것입니다.

이런 이유로 해서 우리는 "굴속의 명인"이라는 다소 익살맞은 별명을 들었습니다. 그것은 또한 지금 텔로스에 있는 우리들이 인류가 이 경이로운 졸업의 순간을 준비하는 것을 돕는 매우 막중한 책임을 맡고 있는 이유 때문이기도 합니다. 텔로스와 다른 지구 내부의 도시들에 사는 거의 모든 이들이 여러 가지 방식으로 인류를 돕고 있습니다.

우리가 수행해야할 수많은 다른 역할들만큼이나 또한 우리는 이 행성의 주파수 상승을 돕는 데 관계된 많은 일들을 맡고 있는데, 그중에서도 2012년에 상승할 자격을 얻게 될 각 후보자들을 뒷받침하고 지도하는 것이 우리의 가장 큰 역할입니다.

우리는 마지막 남은 20~30년 정도의 기간 동안 이런 활동에 적극적으로 몰두하고 있습니다. 우리가 지금 이런 일과 더불어 이전보다 훨씬 더 대규모로 전념하고 있는 작업이 있습니다. 그것은 밤에 에테르체의 상태로 지저세계의 빛의 도시로 들어오고 있는 엄청난 수의 지상 주민들을 지도하고 영적 비전(祕傳)에 입문시키는 것입니다. 그것은 앞으로 100년에서 200년 또는 좀 더 오랫동안 계속될 것입니다. 날마다 우리는 도움을 요청하는 새로운 얼굴들을 봅니다. 새로운 영혼이 눈에 띌 때마다 우리 모두는 정말 마음이 기쁩니다.

우리는 이런 과업을 담당할 필요한 수의 인원들과 자원자들을 보유하고 있습니다. 그곳에 와 있는 지상의 인류보다는 훨씬 많은 우리의 인도자들이 대기하고 있음을 기억해 두십시오. 우리는 2008년경에 인류 속에서 거대한 의식(意識)의 폭발이 일어날 것으로 감지하고 있습니다. 이 때문에 우리는 현재 도착하는 수천 명의 사람들에 대비해서 장차 몇 백만의 영혼들을 수용할 수업 시설들을 마련하고 있는 중입니다.

또한 우리는 대중들이 깨어날 때 그들을 지도하기 위해 지금 은하계 전역과 그 너머에서 온 수많은 자원봉사자들을 훈련시키고 있습니다. 이런 일을 자원한 존재들은 대부분 우리 은하계 도처에서 오고 있으며, 극히 일부는 다른 우주에서 온 존재들에 해당됩니다. 이와 같은 신성한 회합들을 주관하고 있는 것이 얼마나 우리에게는 큰 즐거움인지 모르겠습니다.

*오릴리아: 여러분과 함께 가장 긴밀하게 일하는 것은 어느 문명인가요? 특히 저저세계 내의 다른 문명들이나 다른 별에서 온 형제들 중에 말이죠?

우리는 지구 내부의 모든 문명들과 가깝게 지내며 함께 일하고 있습니다. 아갈타의 도시는 이 은하계와 은하간의 통신 및 정책을 결정하는 한 주요 본부로 볼 수 있겠습니다. 이 본부는 특히 지구 내부세계의 아갈타 연결망을 지휘, 감독하는데, 이 망상조직은 144개 이상의 빛의 도시들로 구성되어 있습니다. 이런 모든 도시들은 아갈타 본부의 관할 하에 있으며, 그 관할 영역 내에 있는 일체의 상승한 지저문명들은 보다 직접적으로 그 지휘를 받고 있습니다. 여기에는 물론 우리의 도시인 텔로스도 포함되는데, 우리 역시 그 거대한 조직망에 소속된 한 부분이기 때문입니다.

아주 오래전 레무리아 대륙이 멸망하기 직전에 지저세계로 들어온 우리는 아갈타 조직망의 본부가 우리에게 걸었던 발전에 대한 기대치를 아주 신속히 훨씬 초과해서 달성한 바가 있습니다. 우리는 또한 위대한 대사들

(Masters)과 현인(賢人)들로 이루어진 도시인 "샴발라(Shamballa)"와도 매우 긴밀하게 협력합니다. 아갈타는 은하계와 은하계간의 문제들에 좀 더 깊이 관여하고 있습니다. 반면에 〈샴발라〉는 그보다는 이 지구 행성에 관계된 문제를 논의하거나 중요한 결정을 하는 회합의 장소 내지는 본부로서의 역할을 합니다.

이 행성 지구의 로고스(Logos)인 금성에서 온 사나트 쿠마라(Sanat Kumara)가 몇 백만 년 전에 자기의 본부를 처음 설치한 곳이 바로 샴발라에서였습니다. 그리고 샴발라는 몇 백만 년 동안 지구의 전 하이어라키(Hierarchy)가 모든 것을 지휘하고 결정하고 모이는 장소로 자리매김했습니다. 중요한 지구적 현안을 논의하기 위한 큰 집회가 있을 때, 그 모임은 대개 샴발라에서 이루어집니다. 우리의 지구 행성의 여신(女神)도 대개 이런 모임에 모습을 나타내는데, 특히 그녀의 안전이나 안락, 그리고 지상주민들의 진화를 감독하는 일 등에 관계된 모든 문제들을 다룰 때 그렇습니다.

우리는 또한 플레이아데스, 아르크투루스, 안드로메다, 알파 켄타우리, 시리우스, 금성, 카시오페아와 기타 많은 다른 별들로부터 온 우주형제들과도 아주 가깝게 공조해서 일을 합니다.

*장차 어떤 분야에서 주로 인류가 큰 영향을 받게 될까요?

앞으로 인류가 가장 타격을 받는 분야는 석유산업이 될 것입니다. 인간의 마구잡이식 원유(原油) 소비를 조달하고자 감각을 지닌 어머니 지구의 혈액을 뽑아 올려 대량의 수송수단을 통해 공급하고 있는 지금의 행위를 중단할 때 가장 큰 변화가 올 것입니다.

사실은 이미 개발된 프리 에너지(Free Energy)5) 기술을 허용하라는

---

5) 공간 속에 무한대로 가득 차 있는 우주에너지를 활용할 수 있는 기술을 의미한다. 지구상의 에너지원과는 달리 대기오염이 발생하지 않고 거의 비용이 들지 않기 때문에 프리

밤낮 없이 석유를 뽑아 올리는 시추기와 송유관

우리의 거듭된 요청과 경고에도 불구하고 이 지구상의 통치세력과 지도자들은 이를 거부해 왔습니다. 즉 그들은 비용이 적게 들고 공해가 없는 운송수단을 만들어 낼 다른 효과적이고 진보된 기술들을 활용하지 않고 현재의 낡은 에너지원(석유)를 계속 고집하고 있는 것입니다.

친구들이여, 머지않아 행성 지구의 석유 매장량은 그 한계점에 달할 것이고, 지구상의 다양한 승용물과 운송수단의 연료로 쓰이는 이 물질은 순식간에 고갈될 것입니다. 곧 직면하게 될 진퇴양난의 이런 심각한 문제에 스스로 대비하도록 하십시오.

이런 상황이 여러분의 세계에 일시적인 혼란을 불러오는 만큼 그것은 또한 결국 여러분에게 커다란 해방을 가져올 것입니다. 인간의 삶은 그동안 더 이상 적합하지 않은 석유와 석탄과 같은 원시적인 화석연료에 전적으로 의존해 왔습니다. 하지만 프리 에너지는 진보되고 깨달은 문명사회에서 이용하는 청정하고도 비용이 들지 않는 기술인 것입니다.

정유공장의 원유는 모두 본래의 자리인 땅속으로 다시 들어간다.

(Free), 즉 무료 에너지라는 뜻이다.

여러분은 잠시 동안 말을 타거나, 아니면 자전거를 이용하게 될 것입니다. 앞으로 자동차와 지하철, 열차, 항공기와 같은 대중교통 수단이 쓸모없어지게 될 때, 인간은 무엇을 하게 될까요? 자연히 여러분은 더 많이 걷게 될 것이고, 결과적으로 더 건강해지고 육체의 컨디션이 개선될 것입니다.

그리고 여러분은 필요에 따라 서로를 돕기 위해 자신의 창의성을 발휘할 것이고 영적인 공동체를 만들기 시작할 것입니다. 그리하여 함께 보다 많은 시간을 보낼 것이며, 그로인해 사람들은 주변의 다른 이들에게 더 쉽게 마음을 열게 될 것입니다. 사람들은 자신의 영적진화를 뒷받침하는 인생방식으로 살아갈 것입니다. 결국 여러분은 더 많은 삶의 활력을 얻을 것이고 훨씬 더 행복해질 것입니다.

친구들이여, 이것은 여러분의 의식에 있어서 커다란 도약을 만들어냄과 동시에 사랑과 우정, 형제애, 풍요, 진정한 행복추구에 같은 참다운 가치들을 되돌아볼 좋은 기회가 될 것입니다. 평소에 익숙해져 있던 이른바 사치스럽거나 안락한 삶이 사라진 상황에 처하게 될 때 사람들은 훨씬 더 나은 무엇인가를 창조해 낼 것인데, 결과적으로 대단히 행복해질 겁니다. 여러분은 "참다운 삶"을 재발견할 것이고 그 안에서 스스로 풍요로움을 지속해 나가는 방법도 알게 될 것입니다.

당신들은 산책할 때 길가에 핀 장미꽃 향기를 맡는 생활의 여유도 즐기기 시작할 것이고 또 지금까지 무심코 무시해 왔던 여러분 주변의 다른 동식물 왕국의 지성체(知性體)들과도 교감하기 시작할 것입니다.

친구들이여, 그리고 난 다음 잠시 후에 지구상의 통치자들은 결국 청정한 프리 에너지 활용을 허용하게 될 것입니다. 이런 진보된 기술들의 상당 부분이 이미 알려져 있고 인류가 이용할 수 있게끔 거의 준비돼 있습니다. 지구상의 석유를 통제하는 자들은 또한 여러분 행성의 다른 경제도 조종하고 있는데, 즉 그들은 지구가 새로운 차원의 개화된 문명으로 바뀌는 것에는 관심이 없을뿐더러 이를 허용하려고도 하지 않고 있는 것입니다.

여러분의 발과 자전거, 말, 마차 등이 잠시 동안 유일한 교통수단이 되었을 때 비로소 새로운 세상의 도구인 높은 차원의 기술들이 활용되고자 공개될 것입니다. 하지만 이런 기술들은 여러분이 그 진가를 제대로 알아보고 또 그것을 적절히 이용할 만큼 영적으로 성숙한 단계에 이르렀을 때 인류에게 주어질 것입니다. 텔로스에 있는 우리는 또한 여러분과 함께 기꺼이 공유하기를 바라는 놀라운 기술을 보유하고 있는데, 그것은 여러분의 일상생활에서 활용하기가 아주 쉬울 것입니다.

여러분이 만약 기사가 왜곡되지 않은 공정한 신문을 보고 있다면, 어머니 지구가 이미 날마다 인간들이 그녀의 몸에서 뽑아 쓰고 있는 원유의 양을 제한하고 회수하기 시작했다는 것을 눈치 챌 것입니다. 그러나 이런 사실은 일반 대중들에게 거의 알려져 있지 않습니다. 혹시 당신은 이에 관한 정보를 알고 있습니까? 설사 그렇더라도 분명코 그것이 당신들의 국가 지도자들에 의해 공개된 것은 아닐 겁니다. 왜냐하면 그들의 관심은 오직 자기들의 돈지갑을 채워

석유를 뽑아 올리는 파이프 시추작업 중인 엔지니어들

줄 가스 가격을 올리는 데 있기 때문입니다. 2004년과 2005년에 이것은 확실해졌고, 2006년과 2007년에는 좀 더 확실하게 드러나게 될 것입니다.

　2007년에 가스 가격은 지속적으로 오를 것으로 예상되는데, 즉 장차 그것은 생산량이 더욱 제한될 것입니다. 그리고 결국에는 더 이상은 생산할 수 있는 양이 없게 될 것입니다. 아마도 점차 인류의 상당수는 이미 자기가 가고자 하는 곳이 어디든 걸어가게 될 것입니다. 앞서 언급한대로 길가의 장미꽃 향기도 맡고 도중에 여러분과 마주친 개나 고양이 같은 애완동물도 쓰다듬어 주면서 말입니다.

　하지만 너무 걱정하지는 마십시오. 약간의 인내력과 포기와 더불어 여러분은 수많은 귀중한 것들 중에 그 어떤 것도 잃지 않았다는 사실을 알게 될 것입니다. 여러분이 새로운 것을 받아들이기 위해서는 낡은 것들을 기꺼이 포기해야만 합니다.

　이 지구 행성은 모기마냥 아직도 그녀의 피를 빨아올리고 있는 지상의 인간들이 버티고 있는 한은 2012년에 간단히 빛의 세계로 상승할 수가 없습니다. 어머니 지구는 지금까지 그녀가 인간을 위해 할 수 있는 만큼의 모든 희생을 다 했습니다. 하지만 지금 그녀는 스스로의 회복과 변형을 위해서 휴식할 필요가 있습니다.

　현재 지구상의 국가 지도자들은 모든 운송수단과 여타 에너지 수요의 연료인 "자기들 어머니의 피"를 더 이상 쓰지 않겠다는 자발적인 어떤 태도도 보여주지 않고 있습니다. 여러분은 인류에게 진화의 무대를 아낌없이 제공해주고 있는 그녀의 혈액을 결과에 대한 아무런 고려도 없이 마구 소비하고 있는 것입니다. 당신들은 날마다 지구의 뱃속에 속한 원천들을 엄청나게 써버리고 있는데, 또 이것은 더 이상 지속될 수 없는 것이며 여러분 모두는 이 사실을 잘 알고 있습니다.

*오릴리아: 2012년 이후에 지구 내부의 도시들은 그곳에서 계속 발

전하게 됩니까? 아니면 이 행성의 지상으로 다시 나와서 거처를 구축하게 되나요?

2012년에 있을 지구의 상승 이후에도 우리는 향후 상당한 일정 기간 동안은 지구 내부에서 계속 살게 될 것입니다. 하지만 우리 주민들 가운데 일부는 여러분을 돕기 위해 지상으로 나올 것이고, 그때의 필요에 따라 임시적인 거처를 지상에다 마련할 수도 있습니다. 그들은 아마도 매우 빈번하게 양쪽 세계를 왕래하게 될 것이며, 또 이것을 자기 뜻대로 아주 쉽고도 신속하게 하게 되겠지만 또한 그들은 자기들의 주거지를 지구 내부에 계속 유지할 것입니다.

여러분이 알고 있는 우리들 중의 다수가 이미 준비돼 있는 여러분 모두에게 우리가 보이고 접촉할 수 있도록 만들 것입니다. 그런데 이는 여러분에게 좀 더 직접적으로 가르침을 전달하고 우리의 사랑과 조화의 진동으로 여러분에게 도움을 주기 위한 것입니다.

지구상에는 이미 몇백 명의 텔로스인들과 다른 지저 도시들에서 온 존재들이 인간들 속에 섞여 살고 있다는 정보가 있습니다. 하지만, 이것은 사실 우리가 이전에 언급한 내용입니다. 그들은 삶의 모든 영역과 직업, 그리고 여러분 사회의 모든 분야에서 놀라운 작업을 하고 있습니다. 그들은 여러분이 준비가 될 때 보다 커다란 원조를 하기 위한 길을 닦고 있는 중입니다. 이 사람들은 지구상의 다른 주민들과 좀 더 흡사하게 보이도록 외모를 바꾸었는데, 자기들의 키를 낮추었고 또 지금의 여러분과 똑같은 복장을 하고 있습니다. 실제로 그들은 여러분 대부분과 조금도 달라 보이지 않습니다. 그리고 그들 대부분은 수많은 분야에서 책임 있는 직책에 앉아 있습니다. 하지만 그들 모두는 "익명(匿名)"으로 일을 하고 있습니다. 이것은 그들 가운데 아무도 자신의 정체를 밝히도록 허용돼 있지 않다는 의미이고, 또 거기에는 분명한 이유가 있는 까닭입니다. 즉 그것은 지구의 하이어라키(영단)에 의해서 내려진 규칙인 것이며, 우리 요원들은 결코 어떠한 명령도 어기지는 않을 것이기 때문에 지금은 그들 가운데 누구도 지상주민들 중의 어떤 이에게 자기 신분을 드러내지는 않을 것입니다.

여러분이 어느 시점에 그들 중의 누군가를 만나는 것은 가능할 수 있겠지만 여러분은 그들의 진정한 정체를 알지는 못할 것입니다. 이런 방식으로 우리가 인간들 속에 출현하는 작업은 사실 이미 시작되었습니다. 하지만 물론 여러분이 기대하고 있는 방식은 아니지요. 전부는 아닙니다만 우리가 출현하는 문제에 관해 여러분이 받은 정보들의 일부는 제대로 이해돼 있지 않습니다. 거기에는 또한 정확하게 공개되지 않은 다른 정보들도 있습니다.

물론 2012년에는 지구 내부세계에서 나와 인간들 속에 머물게 될 지저인들도 있게 될 것이고, 그 이전에도 일부 어떤 사람들이나 소규모 그룹에게는 자신의 정체를 밝히도록 허용될 것입니다. 하지만 이런 일들은 오직 그 의식(意識)이 일정한 수준의 사랑과 조화의 상태에 도달한 사람들에게만 일어날 것입니다.

우리가 지상에서 영구적으로 눌러 살거나 아주 오랫동안 살기 위해 옮기는 것은 계획하고 있지 않습니다. 그러므로 아주 자주 오고 가거나 아마도 필요할 때 임시 거처를 마련하는 정도가 될 것입니다. 우리는 적어도 앞으로 50년 내지는 그 이상을 지금의 생활 형태와 거주지를 지구 내부에서 계속 유지하려고 합니다. 미래 사건들의 많은 부분들이 향후에 인류가 만들어내게 될 진전 상황에 달려 있습니다.

우리의 빛의 도시들은 적절한 시기에 우리가 양쪽에다 영구적인 거처들을 마련하는 것을 고려한다고 하더라도 계속해서 우리의 주된 거주지가 될 것입니다. 우리의 지원과 더불어 인류의 나머지를 돕기 위해 지저세계를 들락날락하게 될 이들은 아마도 여러분의 세계에서 상승할 사람들이 될 겁니다. 그들은 편의상 지상에다 거처를 계속 유지할 것이고, 또한 그들은 지구내부의 빛의 세계에 있는 주거지에서의 생활도 즐길 것입니다. 이것은 최초로 상승할 사람들이 부여받게 될 특권인데, 그들은 모든 것이 빛 속으로 상승하여 자유로워질 때까지 지상에 남아 나머지 인류를 돕기로 영단과 합의한 이들입니다.

행성 지구의 완전한 상승이라는 그녀의 궁극적인 운명이 도래하기까지는 적어도 1,000년이라는 시간이 소요되며, 이것은 점진적으로 진행되는 계획입니다. 2012년은 단지 일찍이 이 행성에서 발생했던 수많은 어둠의 고통과 폭력에서 벗어나 가장 경이롭고도 흥분되는 모험이 시작되는 출발점인 것입니다. 여러분은 그 해와 다가올 10년간의 2010년대를 큰 기대감으로 기다리고 있습니다. 그 새로운 시대를 맞이하기 위해서는 기꺼이 낡은 모든 것을 버리십시오.

장차 우리가 올 때 우리는 여러분의 책임까지도 떠맡으려는 계획은 없습니다. 우리는 어디까지나 여러분이 꿈꿔온 세상을 재창조하는 일을 거드는 안내자이자 교사로, 또 조언자로서 올 것입니다.

그리고 미래에 여러분이 지구 내부세계에 남아 있기를 선택한다면, 그곳의 도시들을 쉽게 이용하게 될거라고 생각합니다. 그렇습니다. 결국 완전한 상승의 자격을 획득한 사람들에게는 확실히 그러합니다. 2007년과 2008년 동안에, 그리고 2012년까지 어떤 일정한 수의 지상 사람들이 텔로스를 방문하여 우리에게 직접 가르침과 지도를 받는 일이 있게 될 것입니다. 이것은 지저의 다른 도시들이 개방을 하게 되기 이전에 지상 주민들이 처음 방문한 장소에서 이루어질 것입니다.

텔로스는 여러분에게 일종의 통로인데, 즉 그곳은 여러분이 결국 여타의 다른 세계들로 진입함을 승인하는 "우주 통행증"을 받기 위한 하나의 관문(關門)이라는 점을 고려하십시오. 여러분이 개인적인 상승을 이룩하기 전에 지상에서 이곳으로 오게 될 사람들은 단지 초청에 의한 방문이 될 것입니다. 이것은 2012년 전후까지 적용됩니다.

하지만 상승을 향한 구도자(求道者)의 단계에서 7번째 등급의 입문자가 아닌 한은 누구도 지구내부의 이곳 텔로스나 다른 장소들로 오도록 초대받지 못할 것입니다. 그것이 여러분이 어떤 빛의 도시든 개인적인 초대를 받기 위해서 스스로 도달할 필요가 있는 영격(靈格)의 수준입니다. 그리고 그 정도의 진보된 영적수준이 되어야만 여러분이 지저세계에 머무는 동안 이곳의 높은 진동에 견딜 수가 있고 자신의 의식(意識)을 유지할 수가 있게 될 것입니다.

여러분이 그 "초대 명단"에 등재되기를 바란다면 무엇을 해야 되는가를 여러분은 잘 알고 있습니다. 우리의 텔로스 시리즈 3번째 책 속의 〈5차원의 의정서〉 부분에 그것에 관한 모든 것이 아주 훌륭하고 상세하게 설명돼 있습니다.

우리의 채널인 오릴리아가 이에 관한 내용을 집필할 수 있으려면 그녀의 내면 의식이 그러한 수준에 도달해 있어야만 합니다. 우리는 이런 작업이 그녀에게 용이한 일인지는 말할 수가 없습니다. 우리는 여러분이 이런 자료를 충분히 이해할 수 있을 때까지 아주 철저하게 연구할 것을 권고합니다. 그리고 또한 당신들 자신이 조건 없는 사랑과 조화와 수용의 진동상태가 될 때까지 이런 가르침들을 스스로의 삶 속에서 부지런하고도 지속적으로 실천하고 수행하기 바랍니다.

만약 여러분이 지구 내부의 도시들이나 어떤 다른 빛의 도시들에 들어가는 것을 크게 대수롭지 않은 문제로 생각하고 있다면, 그것은 여러분이 완전한 상승을 완료하고 우리의 일원이 된 이후에나 그렇게 될 것입니다. 다시 말하면 여러분이 "빛의 존재"로서의 신분을 성취한 이후에나, 또 죽지 않는 "불멸의 존재"가 된 이후에나 그것이 가능할 거라는 의미이지요. 그 때 비로소 여러분에게는 모든 장엄한 빛의 도시들을 자유롭게 출입할 수 있는 우주 통행증이 아무 조건 없이 발급되게 될 것입니다.

그런데 우리가 여러분의 문제들을 이해함으로써 여러분을 좀 더 직접적으로 도울 수 있는 길이 있을까요? 우리는 지구와 인류가 진화과정에서 다음 단계의 도약을 이루는 것을 돕기 위해 해야 할 많은 일들이 있습니다. 우리에게는 사랑의 봉사를 행하고 또 만물의 창조주께서 자신의 자녀들에게 하시려는 일을 돕는 것이 커다란 기쁨이고 영광입니다. 지구에 있는 신(神)의 아들, 딸들은 그 아버지의 사랑 안에 머물러 있었던 자신들의 기원을 망각했으며, 따라서 그의 가슴속으로 다시 귀향해야 하는 것입니다.

우리가 하는 작업은 일종의 사랑과 자비의 노동이고 우리는 이런 일 가운데 그 어떤 것도 난제(難題)라고 여기지는 않습니다. 영적인 선잠에서 깨어나 충만한 신성을 자각하기 위해서 가장 위대한 도전을 경험해야 하는 것은 바로 지상의 주민들입니다.

행성 지구의 상승에 관계된 모든 결정들은 은하차원과 우주 차원의 〈빛의 위원회〉 및 최고 창조주의 영역에서 내려옵니다. 우리의 과업은 그곳에서 이 행성을 상위차원으로 끌어올리기 위해 설계되어 우리에게 맡겨진 계획들을 그대로 이행하는 것입니다.

우리가 가지고 있는 가장 큰 과제는 여러분으로 하여금 새로운 진리와 정체성(正體性)을 받아들이게 하는 문제입니다. 지금의 인류를 우주의 법칙과 원리에 따라 영적으로 교육시킴으로써 그들을 돕는 것이 우리의 역할들 가운데 하나입니다. 아울러 여러분이 자기 스스로를 열기 위해 필요한 그리스도 의식(Christ Consciousness)의 진정한 의미를 완전히 이해하고 받아들일 수 있도록 하는 것도 우리의 역할입니다. 그리고 이는 우리가 사랑과 형제애, 평화, 은총, 풍요가 넘치는 새로운 황금시대로 인류를 안내하는 과정에서 여러분을 순서대로 도울 수 있게 하기 위한 것입니다.

이것을 이루기 위해서는 여러분 모두가 이 책과 같은 자료를 읽는 것이 필요한데, 그럼으로써 여러분이 전적으로 자신의 진화과정과 상승을 향한 영적입문의 길로만 매진할 수 있기 때문입니다. 그리고 진정 그렇게 되었을 때, 우리가 한 것과 똑같이 다른 이들을 돕게 되는 것이지요.

우리는 여러분 모두가 우리가 보낸 메시지를 가슴으로 받아들여 그것을 진지하게 연구하기를 바랍니다. 그 다음에는 그것을 자신의 인생행로에서 만나게 되는 주변의 들을 준비가 된 사람들과 함께 나누는 것이 필요합니다.

우리가 단순히 이 과업을 수백만의 빛의 일꾼들의 적극적인 협력과 지속적인 헌신이 없이 성취할 수는 없습니다. 세상에는 "깨어난" 자기 자신을 인지하고 영적입문의 길을 지향해 가면서도 아직까지 행성 지구의 전체적인 상승 작업을 위해서 적극적인 봉사에 나서지 않는 너무나 많은 이들이 있습니다. 하지만 여러분이 상승의 입문 단계들을 통과해서 끝마치기 위해서는 모든 후보자들이 나름대로 일정한 수준에 이르렀을 때 지구적인 봉사 작업에 적극적으로 참여하는 것이 요구됩니다.

만약 여러분이 자신의 영혼으로부터 호출신호를 느끼고 무엇을 어떻게 봉사해야할지를 모른다면, 이미 열심히 지구를 위해 일하고 있는 사람들과는 다른 방식으로 힘을 보태십시오. 가장 필요한 것은 "공동협력에 의한 작업"입니다. 우리의 세계에서는 모두가 팀(Team)을 이뤄 일을 합니다. 거기에는 항상 한 사람의 책임자가 있으며, 나머지 인원들은 우리 모든 노력의 결실을 위해 협력해서 공동으로 작업을 하는 것입니다.

현 세대에서는 여러분 가운데 매우 많은 이들이 대인관계에서 오는 깊은 상처로 인해 많은 시간을 혼자 보내기로 선택하는데, 그들은 다른 사람들과 함께 공동으로 일하는데 어려움을 느끼곤 합니다. 그런 분들에게 우리가 말하건대, 가능한 한 공동 작업에 익숙해지도록 하십시오. 이것이 미래에 모든 것을 성취하게 되는 방법입니다.

우리의 세계에서는 "민주주의(民主主義)" 제도를 갖고 있지 않습니다. 우리 모두는 영단(Hierarchy)의 일원으로서, 사랑과 조화를 이루는 한 연결고리로 기능하며 항상 전체의 공익(公益)을 위해서 서로를 뒷받침하고 돕습니다. 그리고 결코 개인적인 사리사욕(私利私慾)을 위해 일하지 않습니다.

우리는 지구를 위한 봉사 일을 하고 있는 많은 이들이 이미 과중한 업무 때문에 몹시 지쳐있고 과로하고 있음을 보고 있습니다. 그들은 여러분 중의 많은 이들이 맡은 바의 임무를 확대해 나가는 과정에서 지원을 받을 수가 있습니다. 커다란 임무를 지휘하는 선두에 서는 것이 모든 사람들의 운명은 아니며, 분명히 아무도 그것을 혼자서 할 수는 없는 것입니다. 하지만 이미 보다 훌륭한 방식으로 인류를 도울 토대들을 마련한 사람들과 함께 협력해서 지원하는 것은 많은 이들이 해야 할 일입니다.

다시 한 번 반복하건대, 전체를 위해 봉사하는 것은 상승의 자격을 얻는데 필수적인 한 과정이라는 사실입니다.[6]

4.지구 변화에 대한 예측 (IV)

*오릴리아: 내가 느끼기에는 인류와 레무리아가 다시 연결되는 현상이 내면의 보다 위대한 자아를 뜻하는 가슴의 수준에서 일어나고 있는 것으로 생각됩니다. 반면에 인류와 아틀란티스와의 재연결은 우리에게 엄청난 양의 새로운 기술을 가르치기 위해 계획된 새로운 발견을 통해서 나타나고 있는 것 같습니다. 그런데 나의 이런 추측이 정확하다면, 이것에 대해 좀 더 자세히 설명해 주시겠습니까?

---

[6]지구와 인류의 상승을 위해 힘을 보태고 봉사하는 것에는 여러 가지 길이 있을 수가 있다. 즉 그것은 각자가 가진 재능과 능력, 역할에 따라 여러 형태로 분담될 수 있는 것이다. 예컨대 물질적 여유가 있는 사람은 그것을 이런 활동을 위해 기부하거나 쓰면 되는 것이고, 또 이밖에도 집필이나 번역, 치유, 상담, 수련지도 또는 직접 몸으로 뛰는 봉사활동 등이 있을 수가 있다. 반드시 거창한 일이 아니더라도 주위의 인연 있는 사람들에게 이런 계통의 정보를 알려주거나 책을 소개해서 권하는 것도 훌륭한 활동 중의 하나이다. 모든 사회적 기부나 봉사는 사실 궁극적으로는 자기 자신을 위한 행위이다.

레무리아와 아틀란티스

이것은 외견상으로 볼 때, 많은 점에서 분명하게 드러나고 있습니다. 이것은 또한 지상의 일부 사람들에 의해 현재 투영되어 나타난 모습이기도 한데, 그들은 숨겨진 미스터리들을 발견하기 위해 탐사하고 있는 사람들입니다. 아울러 그들은 현 시점에서 그것을 오직 아틀란티스라고 밖에는 기억할 수 없고 미래에 이 지구에 무슨 일이 다가오고 있는지를 아직 잘 알지 못하는 이들입니다. 또 그 사람들은 아직 아틀란티스 문명에서 상승한 존재들이 지금 우리와 같은 수준으로 가슴이 열린 상태에 도달했다는 사실을 모릅니다.

상승한 아틀란티스인들은 브라질의 도시 마토 그로소(Mato Grosso) 아래에 살고 있을 뿐만이 아니라 마찬가지로 다른 지저도시들에도 분산돼 있는데, 그들은 우리 레무리아인들과 서로 협력하여 지구의 변형과 인류의 진화를 돕고 있습니다. 인류의 대부분은 과거 오랜 시대에 걸쳐 레무리아와 아틀란티스 중의 한 곳이나 또는 양쪽을 번갈아 가며 수많은 환생을 경험했다는 사실을 이해하기 바랍니다. 아무도 (기독교에서 가르치듯이) 단지 한 번만 태어났다고 주장할 수가 없습니다. 여러분은 마지막 수백만 년 동안 광범위한 모든 종류의 경험들이 축적되어 이루어진 존재들이며, 그 경험들 속에는 신성한 한 존재로서 우주들을 탐구하는 모험의 과정에서 선택한 모든 분야에 걸친 다양한 경험들이 포함돼 있는 것입니다.

아틀란티스인들은 과학기술적인 면에서 이룩한 눈부신 성취에 대해 알려져 있는데, 특히 건축양식의 아름다움과 "인간의 마음"으로 창조해낼 수 있었던 모든 놀라운 성과들로 유명합니다. 이런 모든 마음의 창조능력은 그 근거가 확실했고 영혼이 발전해 나가는 하나의 중요한 단계였습니다. 하지만 오늘날의 아틀란티스가 이 현대문명에 제공할 것은 우리가 여러분 모두에게 베풀어야할 것과 마찬가지로 아주 많습니다.

지구 내부세계의 레무리아인들과 아틀란티스인들은 우리 모두처럼 고대에 양 대륙이 이룩했던 것을 훨씬 초월해 우리의 의식을 발전시켰습니다. 모든 아틀란티스의 보배들과 기술은 다시 지상에 나타나 복원될 것이지만 과거와 아주 똑같지는 않습니다. 그것은 다가오는 새로운 세계의 에너지로 이루어질 것이며, 그만큼 더 나은 것입니다. 그리고 그것은 10,000년~11,000년 이전의 것보다 훨씬 진보된 것입니다.

아틀란티스의 과거 보물과 기술을 구하는 사람들은 아직도 그 외곽에서 그것을 찾고 있습니다. 하지만 그들은 그것이 우리에게는 미래에 지상에 복원될 기술에 비교할 때 어느 정도 시대에 뒤떨어진 것이고 낡은 에너지를 의미함을 알지 못합니다.

아틀란티스인들의 의식(意識)은 너무 종종 가슴에 속한 마음보다는 행동이 앞선 의식에 의해 지배됩니다. 가슴에 속하는 감성적 삶을 추구하는 사람들은 레무리아 쪽에 보다 관계가 있습니다. 그들은 외부에 있는 모든 것, 즉 그들 자신의 외부세계가 마음의 창조물이라는 것을 압니다만 그들의 가슴이 그만큼 거기에 초점을 맞추고 있지는 않습니다. 이런 사람들에게 필요한 것은 일반인들과는 많은 차이가 있으며 아주 단순합니다. 진정한 가슴의 삶은 일종의 "무위(無爲)"의 존재 의식입니다.

그 이상적인 모습은 머리와 가슴이 각각 적절한 기능을 가지고 있는 만큼 양쪽이 균형이 잡혀 조화를 이룬 상태이고, 또한 신성한 자아가 구현돼 있어야 합니다. 마음이 가슴에 맞춰져 있을 때 그 맨 앞에는 지혜와 앎이 오게 됩니다. 인간의 행위가 그저 "존재함"의 상태, 즉 무위자연행(無爲自然行)의 결과가 되었을 때 거기에는 양쪽 세계의 진수(眞髓)가 나타납니다.

마스터(Master)들로서 우리가 분명 우리의 마음을 사용하기는 합니다. 하지만 우리는 왜곡된 에고(Ego)에 의해 지배되고 길들여진 제한된 인간의 마음을 무한한 신(神)의 마음이 발현되는 상태로 변형시켰습니다. 따라서 우리는 언제나 지금 이 순간의 영광 속에서 무한성을 창조해내는 가슴의 완전한 열림과 충만 상태에 머물러 있습니다.

레무리아는 인류에게 있어서 아틀란티스보다 좀 더 심하게 망각되었는데, 왜냐하면 그것은 아틀란티스에 앞서서 거의 15만년에 걸쳐 서서히 지상에서 사라져 버렸기 때문입니다. 또한 인류가 가슴의 눈을 통해 그것을 지각하지 않는 한, 인간이 찾을 수 있는 그 흔적이 거의 남아있지 않은 까닭이지요. 그러나 이제 인류가 그 "어머니의 나라(母國)"를 다시 기억할 때가 왔습니다. 그것이 오래 전의 그 모습 그대로는 아닐지라도 지금 인류에게 다시 제공되고 있는 채널링 정보들을 통해서라도 말입니다.[7]

레무리아인으로서 우리는 의식의 하락이 점차 발생하기 시작한 때인 마지막 10만년의 기간이 도래하기까지 이 행성 위에서 가슴으로 몇 백만년 동안을 살아왔습니다. 그 다음에는 조금씩 우리가 일찍이 누렸던 마법적인 삶이 차츰 쇠퇴해 갔고 점점 더 삶이 어려워져 거의 3차원과 흡사하게 되었습니다.

의식이 하락하기 전까지 수백만 년 동안 우리는 아틀란티스가 이룩했던 문명을 훨씬 넘어선 화려하고도 장엄한 아름다움을 우리 세계 안에다 창조했었습니다. 그러나 비록 우리가 이 지구상에 물리적으로 존재했었지만, 당시 우리는 우리세계를 방문하려고 했던 아틀란티스인들과 다른 종족들의 눈에는 보이지 않는 또 다른 진동 주파수 속에 살고 있었습니다. 우리의 주파수 수준으로 진동하지 않았던 사람들이 레무리아를 방문했을 때, 그들은 레무리아의 진정한 모습을 상당 부분 보지 못했습니다. 그들은 아틀란티스에서 자기들이 보았던 것만큼 제대로 사물을 지각하지 못했는데, 그 이유는 모든 것이 줄곧 그곳에 아름답게 존속하고 있었음에도 불구하고 그들에게는 그것이 보이지 않았기 때문입니다. 여러분 세상의 오염된 도시들 위에 떠있는 빛의 수정 도시의 경이로운 모습을 여러분이 아직 보

---

[7] 지금까지 나온 레무리아 문명에 관한 가장 상세한 정보는 미국의 통신사 기자 출신 예언가 루스 몽고메리가 고급령들로부터 자동서기(自動書記)로 받아 기록한 책인 "The World Before(1976)"이다.

지 못하는 것과 마찬가지로 당시의 모든 사람들 또한 우리를 볼 수가 없었던 것입니다.

우리가 3차원의 세계에다 창조해 놓았던 것은 자연의 아름다움을 즐기려는 목적으로 만든 보다 제한된 낮은 등급의 세계였고, 우리의 물질성이 다른 모습으로 표현된 고대 "판(Pan) 대륙"의 재현이었습니다. 3차원계 안에다 우리가 만든 것은 자연으로부터 끌어 모은 물질의 요소를 결집시켜 이루어진 우리가 공동으로 사용할 수 있던 주택과 건조물들이었습니다. 그리고 우리에게 있어서 그것은 우리가 상위의 진동주파수로 존재하는 도시들 속에서 살고 있는 동안 마음이 내킬 때 방문하는 일종의 별장으로서 숲속의 통나무집을 소유하고 있는 것과 같은 것이었습니다.

우리 레무리아 주민들은 그들이 잠시 삶을 색다르게 경험하고 싶다거나 3차원적 활동을 즐기고 싶다고 느낄 때만 3차원 세계에 모습을 나타냈습니다. 그리고 그들은 모두 여러분이 지금 엘리베이터(昇降機)를 타고 높은 빌딩의 층들을 오를 수 있는 것처럼 단 번에 자기들 의식(意識)에 의해 자유자재로 차원을 오르내릴 수가 있었습니다. 그것은 간단한 것이며 여러분 또한 미래에는 이것을 다시 경험하게 될 것입니다.

그런데 과연 그 당시 우리가 과학기술을 가지고 있었을까요? 물론 우리는 분명히 기술을 보유하고 있었지만 그것이 아틀란티스인들의 것과 똑같은 것은 아니었습니다. 아주 오랫동안 우리는 아틀란티스가 보유하고 있었던 종류의 기술이 별로 필요하지 않았습니다. 왜냐하면 우리의 영적 진화수준에서는 한마디로 그런 것이 불필요했기 때문입니다. 아틀란티스인들은 우리가 3차원의 한계에 매여 있지 않았을 때, 처음부터 완전히 3차원에 고착되어 있었습니다. 결국은 여러분도 역시 언젠가는 현재 인류가 갖기를 열망하는 종류의 기술들이 어느 시점에서는 더 이상 필요하지 않다는 것을 깨닫게 될 것입니다.

당시 우리의 기술과 우리의 주택들, 사원(寺院)들, 그리고 도시들은 아틀란티스인들보다 더 높은 진동주파수로 존재하고 있었습니다. 우리가 가지고 있던 모든 것들이 우리에게는 실제였고 너무나 확실한 것이었지만 가슴으로 삶을 살지 않았던 아틀란티인들과 다른 이들에게는 그 대부분이 보이지가 않았습니다. 우리 레무리아 대륙이 멸망했을 때 여러분의 밀도차원 속에는 아틀란티스보다도 훨씬 적은 우리 문명에 관한 극히 일부의 물리적 잔해와 증거들만이 남아 있었습니다.

*오릴리아: 지상에 남겨진 레무리아의 흔적은 무엇일까요? 아직도 고대 레무리아의 에너지를 간직하고 있는 우리가 모르는 지상의 어떤 지역들이 있습니까?

우리가 여러분 세상에서 아틀란티스에 관해서 들은 것과 비교할 때 레무리아에 관계된 소식은 거의 듣지 못했습니다. 북미(北美) 대륙의 동부 해안에 살고 있는 사람들은 아틀란티스에 관한 정보를 자주 듣는데, 왜냐하면 그곳의 많은 주민들의 경우 이전의 아틀란티스들이 다시 태어난 것이기 때문입니다.

　미국의 지도자들, 특히 워싱턴 D.C에서 미국을 통치하는 자들은 과거에 순수 혈통의 아틀란티스인들이었습니다. 그리고 그들 중의 몇몇은 과거 아틀란티스 대륙의 파멸에 책임이 있었던 자들에 해당합니다. 이런 이유로 해서 이 나라와 이전의 아틀란티스 해안 주변에 살고 있는 사람들 사이에서 고대 아틀란티스 문명의 흔적을 찾아내려는 관심이 증폭되고 있는 것입니다.

　오늘날의 미국 국민의 상당한 비율, 특히 동부 해안 쪽에 거주하는 대부분의 주민들은 아틀란티스에서 타락하여 멸망할 당시에 희생된 사람들입니다. 그리고 현대 미국 국민 대다수의 의식(意識)이 고대 아틀란티스 시대와 대단히 흡사하게 되었습니다.

아틀란티스는 대서양에 위치해 있었고 그 바다의 상당 부분을 점유하고 있었습니다. 아틀란티스 대륙의 크기는 오늘날의 캐나다와 미국을 합친 면적과 비슷했습니다. 반면에 레무리아는 적어도 아틀란티스 크기의 3배에 달했고, 태평양상에 위치해 있었습니다. 그리고 레무리아인들의 문명은 이 지구상에서 멸망을 맞이하기까지 약 450만년에 걸쳐서 존재했습니다.

당시 아틀란티스는 원래 5개의 다른 항성계로부터 온 존재들로 이루어진 비교적 젊은 문명으로 간주되었는데, 그 영혼들의 진화수준에 있어서 레무리아인들과는 상당한 차이가 있었습니다. 아틀란티스 문명은 최종적으로 바다 속으로 가라앉기 전까지 약 20만년 동안 지속되었습니다. 오늘날 여러분 세계의 삶의 방식은 우리가 레무리아 시대에 살았던 삶의 모습보다는 아틀란티스인들의 삶에 훨씬 더 가깝습니다.

인류의 문명은 아직도 과거의 아틀란티스인들에 의해 대단히 영향을 받고 있습니다. 그 이유는 현대의 정치적, 경제적, 영적 지도자들의 상당 비율과 대중매체들을 조종하는 자들이 이전에 아틀란티스인들이었고, 지금 그 사람들이 타락해서 엄청나게 오염돼 있기 때문입니다.

고대 아틀란티스의 마지막 날은 아직도 여러분의 지도자들뿐만이 아니라 대중들의 세포 기억 속에 강하게 각인되어 있습니다. 지금은 여러분 모두가 의식(意識)에 각인된 그런 과거의 상처 자국들을 치유하고 인류가 결국 하나라는 것을 깨닫기 시작해야할 때입니다. 그런 하나됨의 자리에는 더 이상 어떤 아틀란티스인이나 레무리아인이라는 구분이 없는 것입니다. 다만 사랑이라는 마법을 실천하며 살고 있는 인류만이 지구 형제라는 인류애로 서로 하나가 될 수가 있는데, 이는 지구의 모든 자녀들이 "천상의 아버지"의 똑같은 사랑과 자비에 의해 창조되었기 때문입니다.

*오릴리아: 레무리아 대륙의 중심 부분에 위치해 있던 것은 무엇입니까? 하와이 섬이 그 지역 안에 있었을까요?

레무리아 시대는 대략 기원전(B.C) 4,500,000년~12,000년에 걸쳐서 전개되었습니다. 그리고 레무리아 대륙과 나중에 아틀란티스 대륙이 침몰하기 이전에 이 행성에는 7개의 주요 대륙들이 있었습니다.

거대한 레무리아 대륙에 속해 있던 땅들은 하와이와 이스터(Easter) 섬, 피지(Fiji)의 섬들, 프랑스령 폴리네시아 제도(諸島), 호주와 뉴질랜드, 그리고 인도양과 마다가스카르(Madagascar)뿐만이 아니라 오늘날 태평양 아래에 잠겨있는 땅들까지도 포함됩니다. 태평양 안에 있는 모든 섬들은 인간이 거주하든 안하든 사라져 버린 과거 레무리아 대륙에 있었던 산들

하와이 제도 가운데 가장 큰 빅섬의 와이피오(Waipio) 계곡의 전경

의 봉우리들이었습니다. 또한 레무리아의 동쪽 해안은 현재 미국 캘리포니아 주(州)와 그 너머까지 확장돼 있었습니다.

레무리아 대륙의 주요 본부이자 레무리아의 여왕과 왕이 1차적인 주거지로 이용했던 궁전은 텔로스(Telos)라고 하는 지역 안에 위치하고 있었습니다. 이곳은 또한 레무리아의 모든 주요 행정부의 건물들이 들어서 있

던 곳이었는데, 위치상으로 오늘날의 샤스타 산 근처의 구릉지대에 해당 됩니다. 이런 이유 때문에 우리가 지저(地底)로 옮기게 되었을 때, 도시 이름을 "텔로스(Telos)"라고 부르기로 선택했던 것입니다.

레무리아는 대단히 광대한 면적이었고 5개의 주요 지역으로 나누어져 있었습니다. 그리고 각 지역마다 그곳을 통치하는 지도자와 행정부서가 독립적으로 존재했습니다. 하지만 그들은 모두 샤스타 산 인근 지역에 있던 여왕과 왕이 거주하는 중앙 본부와 레무리아 영적 사제단과 연결돼 있었고, 그 지휘 하에 있었습니다.

"텔로스(Telos)"라는 말은 "영(靈)과의 소통"을 의미합니다. 당시 텔로스라고 부르던 지역은 아주 넓었습니다. 그곳은 상당 부분이 바다 속으로 가라앉기 이전에는 그 주요 면적이 지금의 캘리포니아 주(州) 전체 크기만 했습니다. 또한 그 지역은 오늘날의 빅토리아 섬을 포함하여 오레곤 주와 워싱턴 주, 캐나다의 영연방 컬럼비아 주 일부를 이루고 있었습니다. 아울러 네바다 주의 일부도 거기에 포함돼 있었습니다.

삼나무들

현세대가 인식하지 못하고 있는 레무리아 시대의 또 다른 유산이 존재하고 있습니다. 그러나 이 경외롭고 귀중한 유산은 지금 탐욕스럽고 오만한 벌채산업에 의해 거의 씨가 남아 있지 않을 정도로 대량 학살을 당하고 있습니다. 수백만 에이커(Acre)에 달하는 미국 서부해안의 많은 지역들에는 신령스러운 지혜를 가진 "거대한 나무들"이 들어서 있는데, 이들이 바로 레무리아 시대의 물리적인 실제 유산으로서 몇 백만 년 동안 살아 있는 존재들인 것입니다.

레무리아 대륙이 가라앉은 이래 12,000년이라는 지구상의 진화기간 동안 감히 아무도 그들에게 손대려하지 않았습니다. 하지만 오늘날의 탐욕스러운 벌채업자들은 불과 최근 20~25년의 기간에 날마다 그 나무들을 베어내는 면적을 넓혀가고 있습니다. 그로 인해 이제는 겨우 "전시용"으로 남겨진 불과 얼마 안돼는 면적만이 남아 있습니다. 이제 그 나머지마저도 벌채업자들의 손에 들려진 전기톱에 의해 그들의 욕망과 이익의 희생물로 거의 사라질 위기에 처해 있는 것입니다. 부디 앞서 언급된 〈레드우드 나무의 경고〉에 관한 메시지를 읽기 바랍니다.

가슴의 예지(叡智)

어둠의 세력이 끊임없이 우리 가슴의 진동을 떨어뜨리고 모든 수단을 동원해 우리를 불안정 상태로 밀어 넣으려 시도할 때 어떤 정신적 갈등이나 감정적 불안 없이 진정으로 완전한 평화와 조화의 상태로 살 수 있을까요?

이러한 평정심의 상태는 이곳 지구에 남아 있기로 선택하는 여러분 모두가 지금 발전시키고 있는 의식(意識) 상태입니다. 그리고 여러분은 점차 보다 원숙한 경지로 들어가기 위해 조금씩 배워가고 있는 것입니다. 여러분이 어떠한 의식 상태에 놓여 있든 그것은 여러분의 개인적인 선택입니다. 아무도 여러분의 그러한 선택에 관여할 수가 없는 것입니다. 또한 여러분의 감정적 반응은 스스로 믿기로 선택한 것과 순간순간 받아들이고 생각하는 사념들에 달려 있습니다.

베일(Veil)을 통해 이루어진 분리의 환영(幻影)이라는 실험도 각자의 영혼이 이곳 지구에서 진화하기 위해 선택한 것이었습니다. 이 실험은 시간적으로 시작과 종결이라는 시기가 있습니다. 창조주께서는 약속대로 이제 이 행성의 분리와 어둠을 끝내기로 선포하셨습니다.

여러분은 누군가 다른 사람들이 여러분의 의식 속에 만들어내려 하거나 주입시키려 하는 것보다는 자신이 이루고자 원하는 것에다 집중하는 것이 중요합니다. 여러분 모두는 각자 내면에 똑같은 신성(神性)을 가지고 있으며, 여러분이 사랑과 두려움의 주파수 사이에서 어떤 것을 선택하느냐는 항상 자기에게 맡겨져 있는 문제입니다. 또한 드라마(Drama)와 이원성(二元性)의 의식, 또는 주객이 합일되는 일체(一體)의 세계 중에 무엇을 선택하는 가의 문제 역시도 여러분에게 달려 있습니다.

진리를 추구하는 개인적인 구도(求道)와 수련에 집중하는 습관을 들이고 다른 사람이 어떤 것을 하느냐 안하느냐의 여부에 방해받지 마십시오. 아울러 지구상의 삶이라는 가상적 드라마와 이원성의 의식에서 벗어나세요. 그리고 여러분 스스로 허용하지 않는 한, 아무도 여러분의 가슴의 주파수를 하락시킬 힘을 가지고 있지 않음을 알도록 하십시오.

왜 가슴의 신성한 에너지로 영향 받지 않은 인간의 이지체(理知體)는 가슴보다 더 많은 힘을 소유하고자 하는 것일까요? 인류가 이 지상에서 진화하는 목표가 가슴을 통해 성스런 어버이 신(神)의 사랑을 활성화하고 그것을 방사하는 것이라면, 왜 우리는 끊임없이 그러한 목적을 외면하고 거기서 멀어지는 것일까요?

인류의 이지체는 원래 가슴의 신성한 에너지로 각인되어 있었습니다. 거의 430만년에 걸쳐 지속된 레무리아인들의 기나긴 황금시대 동안에 이것이 그들이 일말의 어둠이나 두려움, 또는 한계에 대해서조차 알거나 경험하지 않은 채 삶을 살면서 육체적 상승을 이룩했던 방법이었습니다. 그 때는 인간의 의식(意識)을 덮고 있는 아무런 베일도 없었으며 지금의 인간처럼 왜곡된 자아(Ego)도 갖고 있지 않았습니다. 그리고 그러한 현 인류의 왜곡 상태는 전적으로 자신들의 의식에 대한 인간들의 무지인 것입니다.

4번째 뿌리 인종이 진화하던 중간 무렵에 각 영혼들의 선택에 따라 일부 영혼들은 본래의 일체의식(一體意識) 상태에서 매우 서서히 이탈하기 시작했습니다. 그리고 그들은 다른 이들에게 자기들의 왜곡된 낮은 의식을 전염시키게 되었습니다. 아무도 이런 왜곡된 의식을 받아들일 필요가 없었지만 불행하게도 분명 많은 이들이 그렇게 했던 것입니다. 이것은 일반 주민들이 알아차리지 못할 정도로 아주 점진적인 과정이었습니다. 그러나 이때 다른 길을 선택했던 사람들은 아주 오래 전에 상승을 이룩했습니다.

이것이 왜곡된 자아가 인간의 이지체 안에 점차 생겨나 "신(神)의 마음"을 대신하여 자리 잡게 된 과정입니다. 이런 흐름이 결국 당시의 대중들을 점거하게 되었고 그만큼 더욱 더 영적퇴화가 일어나 가속화되었습니다. 인간들은 자기들의 왜곡된 자아에게 우선권을 내주기를 계속했고, 이런 추세는 탄력을 받게 되었습니다. 즉 대부분의 사람들은 더 이상 자신들이 성스러운 가슴의 에너지로 각인된 존재가 아니라는 것을 전혀 눈치채지 못하게 되었던 것입니다.

이제는 여러분이 이런 사실을 의식적으로 알게 된 만큼 이런 상황을 변화시킬 수가 있습니다. 그러므로 여러분 스스로 이전의 완벽한 신성의 상태를 회복할 수 있도록 허용하십시오. 신(神)은 결코 그런 불완전한 것들을 창조한 바가 없으며 왜곡된 자아를 낳지 않았습니다. 인간들이 반복적인 태어남의 과정에서 이런 왜곡된 새로운 상태를 만들어 내기로 선택한 것이고 분리의 환영(幻影)을 경험하고 있는 것입니다. 신(神)께서는 다만 인간 자신이 교훈을 배울 목적으로 스스로 선택한 것들을 경험하도록 허용할 뿐입니다.

이곳 지구에서 진화하고 있는 개개의 영혼들은 이제 자신들의 과거의 선택에 대해 책임을 져야만 하며, 거기서 얻은 교훈들에 대해 감사해야 합니다. 그리고 다시 신성한 자타일여(自他一如),우아일체(宇我一體)의 상태를 깨달아 본래의 자리로 돌아감으로써 영적으로 자유로워져야 할 것입니다.

*인류가 궁극적으로 가슴의 열림을 통해 신성회복에 성공할 수 있을까요?

물론 그렇습니다. 인류는 앞으로 10~15년 이내에 대규모의 성공을 이루어낼 것입니다. 그리고 그 대부분의 사람들은 아마도 그 시기를 훨씬 앞당길 수도 있을 겁니다. 그것을 원하지 않거나 선택하지 않는 사람들은 이곳 지구에 남아 있을 수 없게 되든가, 또는 그들이 그런 선택을 할 때까지 다시 태어날 수 없을 것입니다.

우리 레무리아인들로 구성된 빛의 형제단은 우리의 메시지를 읽고 있는 여러분 모두와 우리의 파장에다 자신의 가슴을 조율시키고 있는 이들에게 레무리아의 가슴에 담긴 사랑과 자비로 축복을 내리며 감사드립니다.

여러분이 억압받고 어려움에 처해 있을 때, 우리에게 도움을 청하십시오. 그러면 우리는 여러분을 돕고 격려하기 위해 그 곁에 있게 될 것입니다. 우리는 여러분의 선조(先祖)들이고, 여러분을 위해서 사랑의 불꽃을 간직해온 존재들입니다.

우리는 여러분이 상상할 수 있는 그 이상으로 그대들을 사랑합니다. 감사합니다.

— 아다마와 텔로스의 고위 레무리아인 위원회 —

5부

◇편역자 해제(解題) : 지저 문명의 실체와 인류의 관계, 그리고 샴발라에 대해

◇ 편역자 해제(解題): 지저문명(地底文明)의 실체와 인류의 관계, 그리고 샴발라에 대해

과학이 상당히 발전했다고 인간 스스로 자부하는 오늘날에도 이 지구 안에는 우리가 알지 못하고 과학적으로도 풀리지 않는 수많은 미스터리와 미지의 세계가 존재한다. 그러나 평범한 일반 대중들은 21세기인 지금 시대에 과학으로 밝혀지지 않은 무슨 미스터리가 있을까라고 생각하기가 쉬울 것이다.

알다시피 18세기 이후 인류의 물질과학문명은 급속도로 가속화 되었고, 이와 더불어 인간은 발전된 과학 장비와 문명의 이기를 이용해 지구의 구석구석을 탐사하고 조사해 왔다고 할 수 있다. 인류는 이제 거기서 한 걸음 더 나아가 지구 바깥으로 눈을 돌렸고 달과 화성을 비롯한 우주탐사에도 상당한 진척을 이루고 있는 상태이다. 물론 NASA에 의해 행해진 그 탐사결과가 얼마나 인류에게 진실하게 보고되고 알려졌는지에 대해서는 의문의 여지가 있지만 말이다.

하지만 그 문제는 별도로 치더라도 우리는 아직 지구 내부에만도 여러 가지 풀지 못한 수수께끼들을 안고 있다는 사실이다. 그 예를 몇 가지 들자면, 우선 1950년 이래 지금까지 수많은 항공기와 선박들이 아무런 흔적 없이 증발된 버뮤다 삼각해역의 미스터리를 들 수 있다. 이 밖에도 현대문명의 건설 장비로도 단기간에는 건축이 불가능한 이집트의 대 피라미드와 스핑크스의 수수께끼라든가 이스터 섬의 수많은 석상들, 대단히 뛰어난 수학과 천문지식을 갖고 있었으면서도 갑자기 사라져 버린 고대 마야와 잉카 문명의 비밀 등이 대표적인 것들이다. 그리고 여기에 반드시 추가되어야 할 또 하나의 주제가 바로 지저문명, 또는 지구 속 문명의 실재 문제이다.

이런 측면에서 볼 때 우리는 순서상 지구 밖의 우주나 UFO, 외계인

등에 관해 탐구하기에 앞서 우리가 살고 있는 이 지구안의 미지의 세계로 우선 눈을 돌려 관심을 가져야만 할 것이다. 왜냐하면 지구 안의 신비도 제대로 알지 못하면서 먼저 지구 밖을 넘보는 것은 앞뒤가 맞지 않기 때문이다.

1.세계각지에 전해오는 이상향(理想鄕)에 관한 전설들

지구상에는 동서고금을 통해 이른바 숨겨진 그 어딘가에 존재한다는 신비의 이상향에 대한 여러 신화나 전설들이 전해져오고 있다. 예컨대 서양에는 "샹그릴라(Shangri-la)"나 "파라다이스(Paradise)", "유토피아(Utopia)"와 같은 가공의 낙원세계에 대한 전설과 상상이 있다. 그리고 동양에는 티베트의 "샴발라" 내지는 "아갈타 왕국"에 대한 전설, 또 중국의 "무릉도원(武陵桃源)"[1], 또 신선계(神仙界)와 같은 신비의 세계에 관한 이야기들이 이에 해당된다.

---

[1] 중국의 동진(東晉) 때의 시인이었던 도연명(陶淵明)의 《도화원기(桃花源記)》에 나오는 이야기이다. 어느 날 한 어부가 고기를 잡기 위해 강을 거슬러 올라갔다. 한참을 가다 보니 물 위로 복숭아 꽃잎이 떠내려 오는데 향기롭기 그지없었다. 향기에 취해 꽃잎을 따라가다 보니 문득 앞에 커다란 산이 가로막고 있는데, 양쪽으로 복숭아꽃이 만발하였다. 수백 보에 걸치는 거리를 복숭아꽃이 춤추며 나는 가운데 자세히 보니 계곡 밑으로 작은 동굴이 뚫려 있었다. 그 동굴은 어부 한 명이 겨우 들어갈 정도의 크기였는데, 안으로 들어갈수록 조금씩 넓어지더니, 별안간 확 트인 밝은 세상이 나타났다.
그곳에는 끝없이 너른 땅과 기름진 논밭, 풍요로운 마을과 뽕나무, 대나무밭 등 이 세상 어느 곳에서도 볼 수 없는 아름다운 풍경이 펼쳐져 있었다. 두리번거리고 있는 어부에게 그곳 사람들이 다가왔다. 그들은 이 세상 사람들과는 다른 옷을 입고 있었으며, 얼굴에 모두 미소를 띠고 있었다. 어부가 그들에게 궁금한 것을 묻자, 그들은 이렇게 대답했다.
"우리는 조상들이 진(秦)나라 때 난리를 피해 식구와 함께 이곳으로 온 이후로 한 번도 이곳을 떠난 적이 없습니다. 지금이 어떤 세상입니까?" 어부는 그들의 궁금증을 풀어 주고 융숭한 대접을 받으며 며칠간 머물렀다. 어부가 그곳을 떠나려 할 때 그들은 당부의 말을 하였다. "우리 마을 이야기는 다른 사람에게 하지 말아 주십시오."
그러나 어부는 너무 신기한 나머지 길목마다 표시를 하고 돌아와서는 즉시 고을 태수에게 사실을 고하였다. 태수는 기이하게 여기고, 사람을 시켜 그 곳을 찾으려 했으나 표시해 놓은 것이 없어져 찾을 수 없었다. 그 후 유자기라는 고사(高士)가 이 말을 듣고 그곳을 찾으려 갖은 애를 썼으나 찾지 못하고 병들어 죽었다. 이후로 사람들은 그곳을 찾으려 하지 않고, 도원경은 이야기로만 전해진다. (백과사전 인용)

그런데 인간이 끊임없이 동경하고 상상해온 동, 서양에 전해오는 이런 이상향의 모습에 대한 몇 가지 공통적인 요소가 있는데, 그것은 대략 다음과 같다.

1) 그 곳에는 인간세상과 같은 증오나 시기, 전쟁과 범죄, 사악함, 굶주림, 먹고 살기 위한 노동이 전혀 없으며, 지진이나 홍수, 가뭄과 같은 천재지변이나 자연재해도 없다. 그 세계의 주민들은 언제나 평화와 사랑이 넘치는 풍요로움 속에서 삶을 즐기며 살고 있고 영원한 기쁨과 행복을 향유하고 있다.
2) 그 낙원의 사람들은 인간처럼 늙거나 병들어 죽는 일이 없다. 또한 그들은 항상 온화한 천혜의 자연 환경 속에서 영원한 청춘(靑春)과 신선같은 삶을 누리는 존재들로서 영적으로도 깨달은 종족들이다.
3) 그 세계의 모든 건물들은 금과 비취, 수정과 같은 온갖 보석들로 지어져 있으며, 거기에는 기기묘묘한 식물들과 화초, 과일들이 자라난다. 또한 아름다운 자연의 비경(祕境)과 호수가 널려 있는데, 그곳으로 들어가는 비밀의 입구에는 천신과 지신들이 지키고 있어 초대받지 않은 자는 결코 들어갈 수가 없다.

영국의 작가 제임스 힐튼(James Hilton)은 1933년에 출판된 자신의 대중소설인 〈잃어버린 지평선〉에서 처음으로 "샹그리라"라는 말을 소재화하여 다루었다. 그 내용은 비행 도중 기기(機器) 이상으로 히말라야 티베트 지역에 불시착한 소설 속의 주인공이 우연히 불로불사의 이상향인 샹그리라에 들어가게 되고, 거기서 문명사회로 돌아가기를 포기한 채 영생을 구한다는 스토리이다. 결과적으로 이 소설은 많은 서구인들에게 이상향으로서의 낙원세계에 대한 향수를 본격적으로 불러 일으켰다. 그런데 사실 제임스 힐튼은 원래 그 소설의 모티브를 티베트의 샴발라에 관한 전설에서 영감을 받아 따온 것으로 보인다.

발음상 "샴바라"라고 하기도 하고 "샴발라"라고도 하는 이 말은 본래 산스크리트어(梵語)로서 "평화와 고요, 행복의 장소."라는 의미가 있다고 한다. 티베트의 일반 주민들에게는 샴발라나 아갈타 왕국에 대한 여러 민간 전승이나 신화들이 전해오고 있는데, 불교도인 그들에게는 그곳이 히말라야 설산 너머나 또는 지구상의 미지의 어딘가에 감춰져 있는 신비의 낙원 내지는 불국정토(佛國淨土) 정도로 인식되고 있다. 그리고 그곳에 가거나 태어나기 위해서는 수많은 수행과 공덕을 쌓아야만 가능하다고 그들은 믿고 있다. 이처럼 그들에게 있어 샴발라는 구도자(求道者)가 최종적으로 도달해야 할 "열반(涅槃)의 세계"와 동일시되고 있는듯하다. 결국 티베트인들의 이런 샴발라에 대한 신앙이나 민간전승은 사실상 티베트 불교의 영향 때문이라고 볼 수밖에 없는데, 왜냐하면 티베트의 불경에는 붓다가 가르친 칼라차크라 탄트라(Kalachakra Tantra)의 원리에 의해 통치된다는 아갈타 샴발라 왕국에 대해 기록들이 존재하기 때문이다. 그런데 이에 반해 태국, 버마, 스리랑카, 중국, 한국과 같이 과거 불교가 성행했거나 현재 성행하고 있는 다른 국가들에는 사실 샴발라에 관한 기록이나 민간전승은 별로 없다.

추정하건대 티베트 일반 민중의 샴발라에 관계된 막연하고도 단순한 신앙 및 전설과 더불어 소수의 티베트 고위 라마승들은 샴발라의 비밀에 대해 정통하고 있음이 분명하다. 그것은 티베트인들에게 이런 샴발라에 관한 기록이 존재하고 그 전설이 일반화된 데에는 무엇인가 티베트라는 국가가 그쪽(지저문명)과 모종의 연결고리를 갖고 있기 때문이라는 추측이 가능한 까닭이다. 그러나 샴발라는 전설의 내용대로 보통의 인간이 가고 싶다고 해서 아무나 갈 수 있는 세계는 아니며 지상과는 다른 차원의 세계에 속한다고 보는 것이 옳을 것이다.

티베트의 현 14대 달라이 라마(Dalai-Lama) 역시도 1985년에 보디가야(Bodhgaya)에서 샴발라에 관해 다음과 같이 언급한 바가 있다.

"비록 특별한 입문과 더불어 사람들이 자신의 카르마적인 인연을 통해 그곳에 갈 수 있게 되었다고 하더라도 그곳은 우리가 실제로 발견할 수 있는 하나의 물리적 장소가 아닙니다. 우리는 다만 그곳이 정토(淨土)임을, 즉 인간 세상 속에 있는 '청정한 지역'이라는 것을 말할 수 있습니다. 그리고 인간은 그럴만한 공덕과 실질적인 카르마적인 인연이 없는 한은 그곳에 도달할 수가 없습니다."

달라이 라마의 이같은 발언은 샴발라가 우리 보통 사람들이 생각하고 있는 것처럼 이 지상세계와 같은 3차원적 세계가 아님을 암시하고 있는 것이다. 인도의 힌두교에서는 지저세계를 "아리야바르타(Aryavartha)"라고 칭하며 베다(Veda) 경전이 그곳에서 유래된 것으로 믿는다고 한다. 아울러 인도의 고대문서인 〈라마야마〉에서는 위대한 아바타(Avatar)인 라마(Rama)에 관한 이야기가 나오는데, 그는 지저 아갈타 왕국으로부터 비행정을 타고 온 "특사"로 묘사되어 있다.

어찌되었든 동서고금을 통해 전해오고 있는 이와 같은 이상향에 관한 모든 전설이나 신화들은 이 지구 안 어딘가에 존재하고 있는 지상문명과는 전혀 다른 차원의 세계로부터 연유하고 있음이 확실하다. 그리고 그 세계는 두말할 나위 없이 보통 〈샴발라〉 또 〈아갈타〉 왕국으로 지칭돼온 "지저문명", 좀 더 정확히 표현하자면 "지구 속 문명"이라고 할 수 있을 것이다.

2. 지저 문명 세계를 직접 다녀온 사람들

지구 속 문명의 실재 문제가 반드시 오래 전의 막연한 신화나 전설, 종교적 전승 속에서만 언급되고 있는 것은 아니다. 〈지구 공동설(空洞說)〉은 오래전부터 학자들이나 작가들에게도 관심사항이었으며, 역시 이들 가운데서도 지저세계의 실재에 대해 주장하거나 언급한 사람들이 많다.

이런 대열의 가장 앞에 서 있었던 사람은 중세시대의 철학자 J. 부르노(Bruno)이다. 인류문명의 암흑기였던 중세에 이미 천동설을 주장하다 화형(火刑) 당했던 선구자인 그는 외계생명체의 존재와 더불어 지구 속이 비어있다고 생각했던 최초의 사람이었다. 그 이후 17세기 영국의 천문학자 에드먼드 핼리(Edmund Halley) 역시도 지구 내부 중심이 비어 있고 그 안에 생명체가 살고 있다고 주장했다. 더불어 그는 빛을 내는 대기에 의해 그 안이 밝게 비추어 진다는 생각을 했는데, 북극지방의 오로라 현상이 북극을 통해 이런 빛이 새어나온 결과라고 하였다.

지구가 공동이고 거기에 다른 세계가 존재한다는 생각은 그 후 1864년에 〈지구 중심으로의 여행〉이라는 책을 쓴 19세기 프랑스의 작가 줄 베른(Jules Verne)과 19세기 미국의 추리 소설가 애드가 앨런 포우, 그리고 에드가 라이스 버로우즈(Edgar Rice Burroughs)로 계속 이어졌다. 버로우즈는 "속이 빈 지구(The Hollow Earth)"라는 소설을 집필한 바가 있다.

20세기에 들어와서는 상상과 추측 수준에서 벗어나 지구공동설에 대한 본격적인 연구가들이 나타나기 시작했는데, 그 대표적인 인물이 1906년에 "양극의 환상(The Phantom of The Poles)"이라는 책을 저술한 윌리엄 리드(William Reed)와 "지구 내부로의 여행(Journey to The Earth Interior(1913)"을 낸 마샬 B. 가드너(Marshall B. Gardner)이다.

그리고 지구 영단(Hierarchy)의 대사들의 후원 하에 1879년에 H. P. 블라바츠키와 H. 올코트에 의해 미국 뉴욕에서 창립된 〈신지학회(神智學會)〉를 통해 새로운 전기가 마련되었다. 즉 신지학회를 중심으로 신지학적 운동과 흐름이 시작됨에 따라 등장한 수많은 신지학자들의 뛰어난 저술을 통해 비로소 앞서 언급된 샴발라의 기원이 밝혀지기 시작했던 것이다.

게다가 20세기 들어서는 학설 수준을 벗어나 극소수이긴 하지만 실제로 지구 내부 세계나 샴발라를 직접 다녀왔다고 주장하는 사람들이 나타났는데, 이제부터 그 몇 가지 사례들을 살펴보기로 하겠다.

[1]지저세계에 가서 살다 온 노르웨이의 올랍 얀센(Olaf Jansen) 부자(父子)

지상의 보통 인간으로서는 최초로 지구 속의 문명세계를 다녀온 사람으로 여겨지는 이 노르웨이 사람의 이야기는 1908년에 최초로 출판된 윌리스

조지 에머슨(Willis George Emerson)의 〈연기의 신(Smoky God)〉이라는 책에 상세히 소개되어 있다.

1811년생인 올랍 얀센은 19살 때인 1829년 4월 3일, 고기잡이 선원이었던 아버지 옌스 얀센(Jens Jansen)과 단 둘이 범선을 타고 스톡홀름을 떠나 장기간의 고기잡이 항해에 나섰다. 고기를 잡으며 스칸디나비아 해안을 따라 북상하던 이들은 미지의 해류에 휘말려 북극 언저리에서 표류하게 되었고, 우연히 지구 속의 신비세계로 통하는 북극의 입구로 발을 들여놓게 된다.

지구 내부로 흘러들어간 이들은 점차 배 주변의 환경이 지상과는 낯설다는 느낌을 받게 되는데, 해안지대에 솟구친 수백m 높이의 엄청난 거목들을 목격하고는 자신들이 지상과는 다른 어딘가 먼 곳에 와 있음을 직감한다. 그들은 이윽고 놀랄만한 키를 가진 거인종족들이 탑승한 거대한 배와 조우하게 되고, 그들의 호의적 인도로 거기에 승선하게 되었다.

이들은 나중에 그곳 세계의 통치자인 높은 대사제 앞에 불려갔다고 하

는데, 그의 키는 그곳 주민들의 평균 신장을 훨씬 상회하여 무려 4~5m에 달했다고 보고하고 있다. 친절하고도 자비로운 그 통치자는 그들에게 2시간 넘게 여러 질문을 한 후 원하는 대로 머물다 다시 지상으로 돌아가라고 허락해주었다고 한다.

이로써 얀센 부자(父子)는 지저인들의 호의와 선처에 의해 약 2년의 기간 동안 지구 내부 세계에 머물다 다시 지상으로 나오게 되었던 것이다. 그런데 2년 후 지상으로 돌아오는 항해과정에서 안타깝게도 아버지

옌스 얀센은 배가 빙하에 갇혀 파도에 휩쓸리는 바람에 사망하고 말았다. 다행히 올랍 얀센만은 조난의 위기에서 스코트랜드 포경선에 의해 구사일생으로 구조되어 스톡홀름으로 가까스로 돌아왔다.

그리고 일정 기간이 지난 후 그는 지구 속 문명세계로 다시 돌아가고 싶은 욕심에 자신의 친척과 정부 관리에게 자신이 지구 내부세계를 다녀왔다는 사실을 발설했다고 한다. 그러나 오히려 그것만으로 그는 정신병자로 취급되어 무려 28년 동안을 병원에 갇혀 보내게 되었다. 결국 이런 어처구니없는 일을 겪은 후에 그는 부득이하게 평생 동안 혼자 이에 관한 것을 함구한 채 살 수밖에 없었던 것이다.

이 불행하고도 비극적인 운명의 사나이가 경험한 신비로운 이야기는 그가 1901년에 미국으로 이주한 후 100세 가까운 나이에 운명하기 직전에야 〈연기의 신(Smoky God)〉의 저자인 윌리스 조지 에머슨(Willis George Emerson)에게 자필 원고를 전해줌으로써 세상에 공개되었다. 그리고 이 책은 윌리스에 의해 1908년에 최초로 출판되었다. 책 내용 중에서 올랍 얀센이 언급했던 지구 내부 세계에 관한 내용 중에 특기할만한 사항만 다음과 같이 몇 가지 간추려 본다.

(1)지저세계 남성의 평균 신장은 약 3.6m, 여성은 3~3.3m에 달한다. 이들은 나이 20세가 돼야만 학교에 입학하며 학교교육은 30년간 계속된다. 또한 75~100세가 되기 전에는 결혼하지 않는데, 수명은 600~800세이고 일부는 더 오래 살기도 한다.
(2)그들은 엄청난 거구에도 불구하고 모두가 대단히 온화하고 아름다운 얼굴을 지녔으며, 친절한 호의와 예의, 배려심을 가지고 있다.

(3)금(金)은 그곳에서 가장 흔한 금속 중의 하나이고 장식용으로 널리 활용된다. 식탁의 겉판이나 각종 문틀도 모두 금으로 되어 있으며 공공건물의 둥근 돔(Dome)들도 모두 금이다.

(4)지구 내부세계에는 지상에서 보는 태양과는 다른 연기에 휩싸인 듯한 희부연 붉은 태양이 빛을 비치는데, 이것은 지구 속의 거대한 공간 중심에 위치해 있는 것처럼 보였다. 그리고 이것은 지상의 태양과 마찬가지로 동쪽에서 떠올라 서쪽으로 진다. 해가 지면 12시간의 밤이 찾아온다. (※이 지구 속의 희부연 중심태양을 바로 '연기의 신(神)'이라고 부른다.)

(5)지구 속은 ¾이 육지이고 ¼이 바다이다. 지구 속과 바깥의 지각(地殼) 두께는 추정하기에 약 480km 정도라고 생각된다. 따라서 지구 내부세계의 육지 면적은 지상의 육지면적 못지않게 광대하다. 또한 육지에는 수많은 거대한 강들이 있는데, 북쪽이나 남쪽으로 흐른다.

(6)지저인들은 전기보다 위대한 힘의 원천을 소유하고 있으며, 대기에서 이끌어 낸 전자기의 힘으로 우주선을 조종한다. 또한 그들은 정신력을 완전히 활성화시킬 수 있는 뛰어난 재능을 보유하고 있다.

(7)수송기관은 단선으로 된 철로 위를 고속으로 달리며, 이것은 아무런 소음도 흔들림도 없다. 이 수송기기의 상부에는 높은 속도로 회전하는 바퀴같은 것들이 장착돼 있는데, 이 바퀴가 중력을 제거하거나 콘트롤한다.

(8)숲속의 나무들은 보통 높이가 240~ 300m, 지름이 30~36m에 달하며, 수백 마일의 면적에 울창하게 펼쳐져 있다. 그곳에서 열리는 모든 종류의 과일들은 그 크기가 엄청난데, 예컨대 포도알은 오렌지만하며, 사과는 사람 머리보다도 더 크다. 숲속의 동물들 역시 거대하다. 코끼리의 원조인 맘모쓰는 키가 23~26m이고. 거북이의 길이는 7.6~9.14m, 폭은 4~6m, 새들의 양날개 길이는 9m에 달한다.

코끼리의 원조 맘모쓰

[2] 지저 샴발라의 초인(超人) 대사들과 접촉했던
M. 도릴 박사

M. 도릴 박사

M. 도릴(Doreal)은 오컬트(신비주의 비전과학) 분야의 대가로 알려진 분으로 1901년에 미국의 오클라호마에서 태어났다. 이 사람은 태어날 때부터 전생(前生)의 기억을 갖고 있었던 이른바 생이지지(生而知之)한 특이한 사람이었고, 놀랍게도 아기였을 때부터 각성된 의식(意識)을 지니고 있었다고 한다. 따라서 그에게는 학교교육이 별로 필요 없었다고 하는데, 오히려 학교를 다니는 것이 그에게는 고역이었다고 전해져 온다.

그런데 전생의 기억에 의거하여 독자적으로 내면적인 명상수행 과정을 지속하던 그는 23세 때의 어느날 입정(入定) 상태에서 티베트로 오라는 초인계의 텔레파시적인 호출을 받게 되었다. 그는 즉시 짐을 꾸려 인도로 떠났고, 히말라야의 오지에서 안내인을 만나 그곳의 암벽 비밀통로를 통해 지저세계로 들어가게 되었다고 한다. 그리고 그때부터 그는 약 8년간을 그곳의 스승으로부터 여러 가지 지도와 비전적 가르침을 교육 받았다고 알려져 있다.

그리고 공부를 마쳤을 즈음에 그는 샴발라의 대사들로부터 한 가지 임무를 부여받았는데, 그것은 고대 아틀란티스의 사제이자 현인(賢人)이었던 토트(Toth)가 36,000년 전에 기록한 에메랄드 서판(Tablet)을 찾으라는 것이었다. 이 서판(書板)은 본래 이집트의 대피라미드 안에 보관돼 있던 것이라고 하며, B.C. 1,300년경 이집트가 전쟁의 혼란 속에 빠져 있었을 때 피라미드를 지키던 일부 사제들이 이 서판을 남미로 가져갔다고 한다. 거기서 그들이 정착한 곳은 마야종족의 지역이었고, 나중에 이 마야족이 A.D 10세기에 중앙 아메리카의 유카탄 반도로 이주하면서 이 서판을 태양신을 모신 그곳 신전의 한 제단 밑에 감추어 두었다고 한다. M. 도릴은 1925년 단신으로 정글 속을 헤집고 들어가 이 서판을 찾아내었고, 대사들의 지시대로 본래의 보관 장소였던 이집트의 피라미드 안으로 가져가 되돌려 놓았다.

그 후 그는 1930년에 다시 대사들의 지시에 따라 〈백색 사원 형제단(Brotherhood of The White Temple)〉이라는 주(州) 공인 신비주의 교단과 세계 최초의 5년제 오컬트 통신대학을 설립한 바가 있다. 그리고 이 단체와 대학의 목적은 장차 있게 될 인류의 교사로서의 아바타(Avatar)의 출현과 샴발라 대사들의 지상 귀환을 대비하기 위해서라고 한다. 도릴 박사는 또한 생존 당시에 본 책자에 소개된 샤스타산 지하의 텔로스도 방문했던 것으로 보인다.

그의 샴발라 방문 경험은 자신의 저서인 "제자에 대한 대사의 교육(Instruction of a Master to His Chela)" 등의 자료에 소개되어 있는데, 그가 밝힌 지저세계에 관한 요지를 추려 정리하자면 다음과 같다.

*지구는 속이 꽉 차 있는 단단한 구체(球體)가 아니라 그 내부에는 광대한 공간과 동굴, 통로가 있다. 지각(地殼)은 가장 깊은 곳도 320Km 이상이 되지 않으며 지표로부터 480Km 아래로 내려가면 용융상태의 용암지대가 나타난다. 그러나 이 중간의 용암지대 240Km 아래에는 대통로가 있으며 이 이 통로는 지구 전체를 완전히 일주할 정도이다. 또 거기서 갈라져 나온 수많은 지로(支路)들이 있고 이들 통로 아래에는 대공동(大空洞)이 여러 개 있으며, 더 내려가면 광막한 지구 중심의 공간이 펼쳐져 있다.

*예수와 석가와 같은 영적인 대각(大覺)을 성취한 성자(聖者), 또는 대사(大師)들은 오늘날에도 현존해서 활동하고 있으며, 그러한 마스터들에 의해 조직된 〈대백색지부(The Great White Lodge)〉이라는 성스러운 단체가 존재한다. 그 대사들의 숫자는 총 144명으로서 그 밑으로 각 10명씩의 고급제자를 거느리고 있고, 다시 그 고급제자가 하부에 더 낮은 수준의 제자를 거느리는 식으로 피라미드 형태로 뻗어내려 가는데, 이와 같은 모든 제자들을 포함하여 그 총 숫자가

144,000명이다.(제자들은 물질계에 태어나서 활동한다고 함)

　이러한 144명의 대사들이 머무르고 있는 신성한 신비의 지저 도시가 바로 〈샴발라〉이다. 위치상으로 이곳은 티베트와 고비사막. 아프리카, 중앙아메리카, 샤스타 산 등의 총 7곳에 존재한다. 그러나 그 실질적인 본부는 히말라야 산맥의 중심부, 보다 구체적으로 말하면 티베트의 수도 라사의 바로 아래 땅속 127Km 지점에 있는 지저(地底) 대공간이다. 그 입구는 라사에 있는 어느 대사원의 깊은 내부 지하에 있으며, 이러한 샴발라의 비밀통로가 있다는 사실은 몇몇 최고위 라마승 외에는 알지 못한다. 그리고 라마승 복장을 한 대백색형제단의 제자 두 명만이 그 입구를 여는 법을 알고 있다.

　*입구에서 샴발라까지는 엘리베이터 통로와 같이 수직갱도가 나 있으며, 중력제어 승강 장치에 의해 왕래된다. 샴발라가 있는 곳은 3차원 공간이 휘어져 4차원 공간이 열려져 있는데, 이 공간은 지상과는 다른 진동의 세계로서 주변의 산맥과 지각이 붕괴되어 무너져 내리거나 핵폭탄이 터져도 절대 안전하다. 샴발라에는 대사들로부터 제자로서 일정한 자격을 얻어 허락을 받은 사람만이 육체상태로 들어갈 수가 있다. 때로는 육체가 아닌 유체이탈 상태로 들어오는 것이 허락될 때도 있다.

　*샴발라의 중앙에는 대사원(大寺院)이 있으며 사방으로 수백만 마일에 달하는 대공간이 펼쳐져 있다. 사원의 상공에는 지상의 태양처럼 빛을 방사하는 거대한 광구(光球)가 있어 내부공간을 밝게 비춘다. 이 빛에서 나오는 유익한 방사능은 샴발라의 토지를 풍요롭게 하며 전 지역이 열대지방과도 같은데, 그곳에는 지상에는 없는 기묘한 향기와 색채, 열매를 맺는 불가사의한 초목들이 자란다. 이런 식물이나 꽃, 과일 등은 몇 년이고 조금도 변화하지 않고 보전되고 있으나 대사들은 태양에너지와 같은 원천에서 에너지를 얻기 때문에 이 과일을 먹지는 않는다.

　*여기 저기 산재해 있는 백색의 건물 안에는 지상의 인간들이 상상조차 할 수 없는 기계장치들이 격납고 내에 적재돼 있다. 샴발라의 건물 가운데 어떤 건축물은 세운지 무려 800만년이 경과한 것도 있지만 이온화 법칙에 의해 전혀

변화되지 않았다. 지저의 위대한 존재들은 우주과학과 법칙에 통달해 있는 까닭에 물질의 부식을 막아 원상태를 유지할 수가 있다. 대사원의 내부에는 지구상에서 일찍이 번영을 구가했던 초고대 인류에 관한 각종 기록들을 저장한 금속판이나 신기한 3차원의 입체영상이 나타나는 장치들이 보관돼 있다.

*중앙의 대사원 건물은 순백의 대리석으로 되어있고 외부는 파괴불능의 특수 합금으로 이루어져 있는데, 이 소재는 다른 천체(天體)로부터 가져온 것이다. 이 순백의 궁전은 지은 지 몇 백만 년이 된 것이며 수많은 거대한 밀실 안에는 무진장의 자료가 비치되어 있다. 이 사원의 천장은 투명하며 수많은 방들이 있다. 사원 가운데에는 큰 홀(Hall)이 존재하고, 여기에는 커다란 테이블을 중심으로 144개의 대사들의 좌석이 배치되어 있다. 이곳에서 때때로 대사들이 모여 지구적 현안을 가지고 대회의가 열리곤 한다.

*대사원 안의 한 홀 안에는 지구상의 각 영혼들의 영적 진화 상태를 나타내주는 반딧불 같은 무수한 광점들이 존재하는데, 이 빛들은 개개의 인간들이 지상의 삶을 통해 얼마나 정신적으로 진보했는가를 그대로 반영해 준다. 따라서 때때로 그 사람의 상태에 따라 어느 빛들은 좀 더 밝아지기도 하고 또 어두워지기도 한다. 어떤 개인의 빛이 휘황찬란한 단계에 이르렀을 때는 그가 입문할 준비가 다 되었다는 것을 의미하며, 이때 지상에서 활동하고 있는 대사가 그를 찾아가 접촉하게 된다. 이 때 그 제자가 지구상의 그 어디에 있든 간에 전혀 문제가 되지 않는다. 제자가 준비되면 반드시 저절로 스승이 나타나기 마련인 것이다. 이처럼 샴발라에서는 지구상의 모든 인간들의 상태를 훤히 꿰뚫어 보고 있다.

[3] 북극탐사 비행 도중 우연히 지구 내부 세계로 비행해 들어갔던 리차드 E. 버드 제독

지구 속의 문명을 목격하고 체험했던 명백한 증인으로서 거론하지 않을 수 없는 또 다른 인물이 바로 미국의 해군제독이자 탐험가였던 리차드 E.

말년(末年)의 R. E. 버드 제독의 모습

버드(Richard E. Byrd. 1888~1957)이다. 이 사람은 20세기 들어와 미개척 지역인 남, 북극 탐사 작업에 큰 공을 세운 상당히 저명한 군인인데, 우연한 계기에 그는 전혀 예상치 못한 상상을 초월한 경험과 맞닥뜨리게 되었던 것이다.

버드 제독은 1888년에 미국의 버지니아 주(州) 윈체스터에서 출생했고, 1912년에 해군사관학교를 졸업했다. 그 후 그는 해군항공대에서 조종교육을 받았으며 나중에 이 비행기 조종기술을 이용하여 1928년부터 1956년에 이르기까지 항공기를 이용한 남,북극 원정 탐사에 모두 7차례나 참가했다. 이러한 미국의 극지 탐사는 주로 지형조사와 지도제작을 위한 것이었다고 하며, 아울러 2차 대전 이후에는 나치의 도피와 관련된 모종의 수색계획이 포함되었을 가능성도 있다. 1946~1947년 및 1955년에 행해진 남, 북극 탐사원정은 5척의 함정과 10여대의 항공기, 1,000명의 넘는 인원이 동원한 대규모의 탐사대로 구성되었다. 버드 제독은 당시 "하이점프(High Jump) 작전(1946~47년 북극탐사)" 및 "딥 프리즈(Deep Freeze) 작전(57년 남극탐사)"이라고 명명된 이 탐사 작업을 총괄적으로 지휘하는 탐사대장을 맡았었다.

특히 버드 제독은 1947년 2월 9일에는 본인 자신이 직접 비행기를 몰고 탐사작업에 나섰으며, 바로 이 과정에서 그는 우연히 지저 문명세계로 통하는 북극의 비밀통로로 비행해 들어가게 되었던 것이다. 그러나 엄밀히 말하자면 이는 우연이라기보다는 나중에 소개될 그의 비밀 일기의 기록 속에서도 엿볼 수 있듯이 지저인들이 일부러 그가 자기들의 세계로 들어올 수 있도록 허용했다고 보아야 할 것이다. 물론 그 목적은 지구 속이 공동(空洞)이고 그 속에 자기들의 문명이 실재한다는 사실을 지상의 인간들에게 알리기 위한 의도였을 것이다.

그런데 공교롭게도 이 버드 제독의 지구 속 문명세계 목격 사건은 미 뉴멕시코 주(州)의 로즈웰(Roswell)에 UFO가 추락했던 1947년 7월의 〈로즈웰 UFO 추락사건〉과 같은 해에 발생했다. 그리고 미국 정부는 인류역사상 상당한 충격과 변혁을 몰고 왔을 이 두 가지 중대한 사건을 모두 철저히 비밀에 부쳐 지금까지도 은폐해오고 있는 것이다.

버드 제독은 국가관이 투철한 군인으로서 북극탐사 원정이 끝난 후 자신이 북극 너머 지구 속으로 1700 마일이나 비행해 들어가 보고 경험한 바를 국방성 수뇌부들에게 충실히 보고 했다. 또한 여기서 작성된 보고서는 당시 대통령이었던 트루먼(Truman)에게도 보고가 올라갔다고 한다. 그러나 미국 정부는 이에 대한 면밀한 조사 후에 국가안보상의 위협 및 국가기밀유지라는 명목으로 그가 목격하고 경험한 일체의 내용에 대해 절대 발설하지 말라는 지시를 내렸다.

그럼에도 불구하고 버드 제독은 자신이 목격한 지저문명의 환상적 경험을 억누른 채 그것을 고스란히 무덤 속으로 가져갈 수만은 없었던 모양이다. 즉 그는 죽기 전에 자신이 겪은 하루 동안의 놀라운 경험을 간략히 시간대 별로 기록한 비밀 일지를 남겨 놓았던 것이다.

이 비밀일기를 통해 우리는 그가 체험한 신비로운 경험이 어떤 것이었는지를 소상히 알 수가 있는데, 얄팍한 소책자인 이 비밀일기는 1970년대에 최초로 그 사본이 입수되어

탐사용 항공기 앞의 버드 제독

공개되었다. 그 후 오랫동안 이 문서는 지저세계에 관심을 가진 소수 사람들의 손에서 손으로 복사되어 돌아다니다가 1990년에 이르러서야 미국에서 정식으로 출판되었다.

이 책자의 원 제목은 "버드 제독의 잃어버린 비밀 일기(The Missing Dairy of Admiral Richard E. Byrd)"이다. 일부 회의주의자들은 몇 가지 적절치 않은 이유를 들어 이 문서가 위조된 허위문서라고 주장하기도 한다. 하지만 객관적으로 분석해 볼 때, 이는 영원히 침묵하라는 정부의 명령에 무언의 항거를 할 수 밖에 없었던 버드 제독 자신의 양심고백서이자 진실의 외침으로 남겨놓은 귀중한 기록이다.

이 비행일지는 그가 탐사 비행과정에서 겪은 당시 상황을 시간대별로 나누어 현장에서 메모형식으로 기록한 것으로 그 외(外)의 착륙 이후의 체험들은 나중에 기억을 더듬어 작성한 것이다. 따라서 이것은 1947년 2월 19일 당일과 그 후 탐사원정을 마치고 미국으로 귀환하여 국방성에서 보고한 이후인 그 다음달 3월에 걸쳐 기록된 것이다.

버드제독의 일지 표지

독자들의 이해를 돕기 위해 이 책자의 주요 내용들을 발췌하여 소개하고자 한다. 그는 자신의 일기 첫머리를 아래와 같은 솔직한 심경토로와 함께 시작하고 있다.

- 북극 너머로의 탐사비행 -
(지구 내부세계에 관한 나의 비밀 일기)

"나는 이 일기를 비밀리에 익명(匿名)으로 써야만 한다. 이것은 1947년 2월 19일에 있었던 나의 북극비행에 관한 것이다. 인간의 합리성이 무의미해지고 인간이 회피할 수 없는 진실의 운명을 수용해야만 하는 시기가 온다.

나에게는 지금 내가 집필하고 있는 이 기록을 공개하여 발표할 자유가 없다 …

아마도 이것은 결코 대중들이 볼 수 있게끔 빛을 보지는 못하리라. 하지만 나는 나의 의무를 다 해야 하고, 언젠가 이것을 읽을 모든 이들을 위해 기록해야만 한다. 부정할 수 없는 인류의 탐욕과 착취의 세상 속에서 더 이상은 진실을 억누를 수는 없는 것이다"

그리고 비행일지는 이렇게 시작된다.

*6:00시 - 북쪽으로의 우리 비행준비는 모두 완료되었다. 그리고 우리는 비행기 연료탱크에 기름을 가득 채운 채로 이륙했다.

무선기사 1명과 더불어 항공기에 동승한 버드 제독은 오전 9시 10분경이 되기까지는 별다른 이상 징후 없이 베이스 캠프와 교신하며 순항했다. 그리고 그들은 비행중에 아래로 내려다보이는 것은 끝없이 펼쳐진 광활한 눈과 얼음의 광경뿐이라고 보고하고 있다. 그러다가 이 비행일지는 9시 10분 경에 일어난 돌발적인 상황을 갑자기 이렇게 기록하고 있다.

*9:10분 - 자기(磁氣) 나침반과 자이로 나침반 두 개가 다 빙빙 돌면서 요동치기 시작했다. 계기(計器)에 의해 우리의 기수 방향을 파악하는 것은 불가능하다. 조종장치들의 반응이 느리고 둔한듯하지만 그것이 얼어붙었다는 징후는 없다.
   이 시점부터가 지저세계로의 입구를 통과하여 진입한 것으로 추정되는데, 왜냐하면 곧이어 5분 후에 멀리 산들이 나타났다고 보고하고 있기 때문이다. 그리고 그 후 약 45분을 비행한 후에는 눈과 얼음만이 있어야 할 북극지방에 난데없이 다음과 같이 푸른 산맥이 보이기 시작했다고 적고 있다.

*10:00 - 우리는 작은 산맥을 넘어가고 있으며 가능한 한 지형을 확인하기 위해 아직도 북쪽 방향으로 나가고 있다. 산맥 너머로 가운데에 작은 강 또는 개울이 통과해 흐르는 계곡 같은 것이 보인다.
아래에 푸른 계곡이 있어서는 안 돼는 것임! 이는 무엇인가 분명히 잘못된 것이며,

이곳은 이상한 곳이다! 우리는 정상적으로는 얼음과 눈 위를 날고 있어야 한다! 비행사 좌측에는 산 경사면에 거대한 숲이 우거져 있다. 우리 비행 계기들은 아직도 빙빙 회전하고 있으며, 자이로스코프(Gyroscope)는 앞 뒤로 흔들리고 있다.

*10:05 - 아래의 계곡을 좀더 잘 관찰하기 위해 고도를 1400피트로 낮춰 변경하고 재빨리 좌측으로 선회했다. 이곳은 햇빛이 다르게 보임. 태양은 더 이상 볼 수가 없다. 우리는 왼쪽으로 한 번 더 기수의 방향을 바꾸었고, 그때 우리 아래에서 모종의 거대한 동물로 보이는 것을 발견했다. *그것은 일종의 코끼리인 듯하다! 아니! 설마 이럴수가!*
 이 동물은 맘모쓰(Mammoth)처럼 보인다! 이것은 믿을 수 없는 일이다! 그럼에도 그것은 바로 저기에 있다. 비행기 고도를 1,000피트로 낮추었고, 그 동물을 좀 더 상세히 조사하기 위해 쌍안경을 집어 들었다. 그것은 분명히 맘모쓰같은 동물임이 확인되었다. 이 사실을 베이스 캠프에 보고하였음.

  버드 제독 일행은 계속 앞으로 비행했고, 10:30분 경에 베이스 캠프와 교신을 시도했으나 무선통신은 두절되었다. 이윽고 11:30분 경에는 자연 삼림지대를 벗어나 지저세계의 한 도시 근처 상공으로 진입하게 된다.

*11:30 - 아래에 보이는 지방의 모습은 좀 더 평평하고 자연스러워 보임. *앞쪽에서 도시처럼 보이는 것을 발견함!! 이것은 있을 수 없는 일이다! 비행기가 갑자기 가벼워지고 부력(浮力)에 의해 저절로 공중에 떠있는 듯하다. 조종 장치가 작동되지 않는다!! 맙소사!!*
 우리 항공기의 좌측과 우측 날개에서 좀 떨어진 위치에 어느새 이상한 형태의 비행체가 접근해 있다. 그들은 급속히 우리 옆으로 다가오고 있음! 그것의 모습은 원반 형태이고, 빛을 방사하는 특성이 있다. 그것은 이제 거기에 그려진 마크(Mark)를 식별할 수 있을 만큼 접근했다. 그 표시는 내가 설명하지 못할 기묘한 상징임. 지금 꿈을 꾸는 것처럼 환상적임! 우리가 지금 어디에

젊은 시절의 버드 제독

와 있다는 말인가? 무슨 일이 일어난 것일까? 다시 조종 장치를 작동시켜 보려고 잡아당겨봄. 전혀 반응하지 않는다. 우리는 보이지 않는 어떤 형태의 통제력에 사로잡혀 있음!

*11:35 – 우리의 무선 통신기가 갑자기 지지직거렸고, 거기서 약간의 북유럽계나 독일식 억양을 가진 듯한 영어로 음성이 흘러나옴!
"제독! 우리의 영역에 들어오신 것을 환영합니다. 우리는 정확히 7분 후에 당신들을 착륙시킬 것입니다. 긴장하지 마십시오. 제독! 당신들은 안전한 조치 하에 놓여 있습니다."
나는 우리 비행기의 엔진 작동이 어떤 미지의 통제력에 의해 멈춘 것을 알아차렸다. 비행기가 저절로 움직여 선회하고 있다. 조종 장치들은 무용지물임.

이렇게 버드 제독 일행은 강제 착륙되었고, 비행일지 말미에 그는 이렇게 기록하고 있다.

*11:45 – 나는 비행일지에다 다급하게 마지막 사항을 기입하고 있는 중이다. 몇 사람의 남성이 우리 비행기 쪽으로 걸어오고 있다. 그들은 금발머리에다 장신(長身)들이다. 멀리 무지개 색채로 진동하며 어렴풋이 빛을 발하는 거대한 도시가 보인다.
이제부터 무슨 일이 일어나려하는지 나는 모른다. 하지만 나는 내게 접근하는 그들에게서 아무런 무기 같은 것을 볼 수가 없다. 이제 나는 내 이름을 부르며 비행기 문을 열라고 지시하는 음성을 듣는다. 나는 그 지시에 따랐다.

– 비행일지 끝 –

이렇게 비행일지는 끝을 맺으나 버드 제독은 그 이후에 벌어진 일에 대해서도 자신의 기억을 되살려 비교적 소상하게 기록하고 있다. 무선기사와 함께 비행기에서 내려선 제독은 자신들의 우려와는 달리 그들로부터 매우 따뜻하고도 극진한 환대를 받았다고 회상했다. 그리고 곧 이들은 바퀴가 없는 수송 장치에 탑승되었고 그것은 빛나는 도시를 향해 급속도로 이동했다. 도시 가까이로 접근하게 되자 그 도시는 일종의 수정(水晶) 물질로 만들어진 것처럼 보였다고 버드는 묘사하고 있다.

이윽고 그는 결코 지상에서는 본적도 없는 엄청난 건물에 도착했고, 그들의 안내에 따라 그 세계의 지도자인 한 대사 앞으로 인도되었다.

그리하여 형언할 수 없는 아름다움을 지닌 어느 실내로 들어선 그는 긴 테이블 앞에 앉아 있는 한 인물을 대면하게 된다. 인생역정이 드리워진 얼굴에 온화한 미소를 띤 그 존재는 진심에서 우러난 친절한 인사말을 버드 제독에게 건네며 의자에 앉으라고 권했다고 한다. 그리고 그 지저세계의 지도자는 리차드 E. 버드를 이미 알고 있었다는 듯이 이렇게 입을 열었다.

버드 제독이 북극 탐사시에 사용한 항공기 기종

"당신이 우리 세계에 오신 것을 환영합니다. 제독! 우리가 당신을 이곳에 오도록 인도한 것은 당신이 지구 표면세계에서 잘 알려진 고매한 인격을 갖춘 사람이기 때문입니다."

지구의 표면세계라니! 나는 놀라서 반쯤 숨이 막혔다.

이때까지도 버드 제독은 자신이 지구 내부세계로 들어와 있음은 상상조차 할 수 없었던 것이다. 이제부터 그가 버드 제독에게 들려주는 의미심장한 이야기를 한번 들어보도록 하자.

"그렇습니다."
대사는 미소를 띤 채 응답했다.
"당신은 지구의 내부세계인 아리안니(Arianni)의 영역 내에 들어와 있습니다. 우리는 당신의 탐사 업무를 오래 지연시키지는 않을 것입니다. 그리고 당신은 지상과 그 너머의 먼 곳까지 안전하게 호위되어 되돌려 보내지게 될 것입니다.

제독, 하지만 이제부터 나는 왜 당신이 이곳에 데려와 졌는지를 말하도록 하겠습니다. 우리의 지상세계에 대한 관심은 당신네 종족이 (1945년에) 일본의 히로시마와 나가사키에 원자폭탄을 투하하여 폭발시켰을 때 곧바로 시작되었습니다.

우리가 당신네 지상의 종족이 자행한 일을 조사하기 위해 우리의 비행기기인 〈풀루젤라드(Flugelrad)〉들을 지표면으로 내보낸 것이 바로 그 우려스러운 시기였습니다.

친애하는 제독이여! 물론 이것은 지금으로서는 지나간 과거의 일이긴 합니다만 나는 계속해서 관련된 문제들을 언급해야 합니다. 알다시피 우리는 결코 당신네 종족의 전쟁이나 잔학행위, 등에 간섭한 적이 없었습니다. 하지만 이제부터는 그렇게 하지 않으면 안 됩니다. 왜냐하면 당신네 지상의 인간들이 손대서는 안 될 어떤 힘, 이른바 원자 에너지를 다루는 법을 손에 넣었기 때문입니다.

우리가 파견한 밀사들이 이미 당신들 세계의 권력자들에게 메시지를 전달한 바가 있습니다. 그런데도 그들은 거기에 전혀 유의하지 않았습니다. 이제 당신은 우리의 세계가 이곳에 실제로 존재한다는 것을 목격시키기 위한 인물로 선택되었습니다. 제독! 당신이 보다시피 우리의 문화와 과학은 당신들 종족의 것보다 몇천 년 이상 앞서 있습니다.

… (중략) …

당신네 종족은 지금 돌아올 수 없는 지점까지 나아가 있습니다. 인간들 가운데는 자기들의 권력을 단념하기보다는 차라리 여러분 세상을 파괴해버릴 자들이 있기 때문입니다. 1945년과 그 뒤에도 우리는 지상의 종족과 접촉하려고 시도해 보았지만 우리의 이런 노력은 인간의 적개심과 맞닥뜨렸고, 우리의 〈풀루젤라드(원반비행체)〉는 공격을 받았습니다.

그렇습니다. 뿐만 아니라 적의와 증오심을 가진 여러분의 전투기에 의해 추격을 당하기까지 했습니다. 친애하는 이여, 따라서 나는 당신에게 말하건대, 여러분의 세상에는 거대한 폭풍이 몰려오고 있으며 그 어둠의 맹렬함은 오랫동안 소멸되지 않을 것입니다. 당신들의 군대에는 해답이 없을 것이며, 당신들의 과학에는 안전판이 없을 것입니다.

… (중략) … 당신들에게 그 어둠의 시기는 지구를 마치 장막처럼 덮어버릴 것입니다. 하지만 나는 당신들 지상 인간종족의 얼마간은 그 어둠의 폭풍을 헤치고 생존할 것으로 믿습니다. 그 이상은 말할 수가 없습니다.

우리는 이 먼 곳에서 그 파멸의 잔해 속에서 새로운 세상이 꿈틀대며 움터 나와 잃어버린 것들과 전설의 보물들을 찾아내려는 것을 봅니다. 친애하는 이여! 그것들은 우리의 안전한 보호 하에 이곳에 있게 될 것입니다. 그때가 오면 우리는 당신들의 문화와 종족이 다시 소생하는 것을 돕기 위해 나서게 될 것입니다.

 아마도 그때까지 당신들은 전쟁과 반목의 무익함을 배우게 될 것입니다 … 그리고 그런 시기 이후에야 인간의 어떤 문화와 과학이 새로 형성되기 시작할 것입니다. 친애하는 이여, 이제 당신은 이러한 메시지를 가지고 지상세계로 다시 돌아가게 됩니다."

 이렇게 버드 제독과 지저세계의 한 지도자와의 접견은 끝이 났다. 그는 꿈속에 있는 듯이 멍하니 있다가 자기도 모르게 어떤 존경심이 우러나와 그 대사에게 가볍게 고개를 숙여 예를 표했다고 한다.

 마지막 작별인사와 더불어 버드 제독은 어느새 곁에 다가와 있던 처음의 안내자 2명에게 인도되어 그 방을 나왔고 엘리베이터에 탑승되었다. 지체하지 말고 인간종족에게 전하는 그 지도자의 메시지를 가지고 지상으로 돌아가야 한다는 안내자 중의 한 사람의 말에 따라 타고 온 비행기가 강제 착륙되었던 처음의 장소로 돌아온 버드 제독은 거기서 대기하고 있던 무선기사와 함께 그들이 본래 타고 왔던 항공기에 탑승되었다. 그러고 나서 비행기 문이 닫히자, 놀랍게도 그것은 어떤 미지의 힘에 의해 고도 2,700피트까지 공중으로 즉각 끌어올려졌다고 일기에서 언급하고 있다. 2대의 비행원반이 양쪽에서 호위하는 가운데 그들이 탄 항공기는 매우 빠른 속도로 북극의 입구주변으로 이동되었다.

 이윽고 지구 속의 세계에서 빠져 나온 오후 2:15분경부터 버드 제독의 비행일지는 다시 이렇게 기록하고 있다.

*2:15 - 무선 통신기를 통해 메시지가 수신되어 흘러 나왔다. "제독! 우리는 이제 당신들을 떠나보냅니다. 지금부터는 자유롭게 비행기를 조종할 수 있습니다. 안녕히 가십시오."

 우리는 〈풀루젤라드〉가 옅게 푸른 하늘로 사라지는 모습을 잠시 바라보았다. 갑자기 비행기가 일시적으로 마치 하강기류에 사로잡힌 듯이 느껴졌다. 우리는 곧 비행기를 다시 통제할 수 있게 회복되었다. 우리는 얼마 동안 아무런 말도 나누지 않았고, 각자 생각에 잠겼다.

*2:20 - 우리는 다시 얼음과 눈이 덮인 광대한 지역 위를 날고 있었고, 베이스 캠프에서 대략 27분 거리에 위치해 있었다. 우리는 그들과 무선으로 교신을 시도했고 그들은 응답했다. 우리는 모든 상황이 정상적이라고 보고했다. 베이스 캠프에서는 우리와 다시 접촉하여 구조해 주겠다고 한다.

이렇게 해서 오후 3:00시 경에 그들은 놀라운 탐사여행을 겪기 이전에 원래 항공기가 처음 이륙했던 베이스 캠프로 귀환했던 것이다. 그리고 버드 제독이 1956년 12월에 기록한 비밀일기의 마지막 부분의 내용에는 침묵하라는 정부의 명령에 따라 진실을 말할 수 없었던 그의 괴로운 심정이 다음과 같이 잘 나타나 있다.

"1947년 이후 최근까지의 세월은 편치 않은 기간이었다. 나는 지금 이 색다른 일기에다 마지막 기록을 하고 있다. 기록을 마치면서 나는 지난 세월 동안 지시받은 대로 충실하게 이 사건에 대한 비밀을 지켜왔음을 밝혀야만 한다. 진실을 은폐하고 침묵으로 일관한 그러한 행위는 도덕적으로 옳은 행동을 해야 한다는 나의 가치관에 완전히 역행하는 것이었다. … (중략) …

지금 기나긴 밤의 어둠이 다가오기 시작했지만, 그 어둠의 끝이 있을 것이다. 북극의 긴 밤도 그 끝이 있듯이 진실의 빛나는 태양은 다시 떠오를 것이고 어둠의 자(者)들은 그 빛 속에서 소멸될 것이다 … 왜냐하면 나는 북극 너머의 그 나라와 그 위대한 미지의 세계의 중심을 보았기 때문이다.

- 미 해군제독 R. E. 버드 -
1956. 12. 24

생존 당시 진실을 공개하지 못하고 침묵할 수밖에 없었던 그는 이렇게 비밀일지의 말미에 자기의 심정을 솔직히 고백해 기록하고는 그 다음 해인 1957년에 세상을 떠났다.

[4] 아갈타 지저세계로부터 초대받았던 티베트 라마승 – 롭상 람파

서구의 동양을 향한 정신 운동을 촉발시킨 실질적인 선구자이자 개척자라고 할 수도 있는 이 사람은 티베트가 가진 신비로운 영적 세계를 서양에 알린 대단히 중요한 공로자이다. 이미 역자는 본인의 다른 번역서인 〈미 국방성의 우주인〉의 역자 해제 부분에서 그의 흥미로운 금성 여행 체험기를 일부 소개한 바가 있다. 하지만 티베트의 고승 롭상 람파는 지구 너머의 금성뿐만이 아니라 이 책에서 다루고 있는 아갈타 지저 문명 세계 또한 다녀온 이채로운 경력을 가지고 있다.

그런데 이 롭상 람파의 체험은 앞서 소개했던 욜랍 얀센이나 리차드 E. 버드 제독과는 좀 다른 각도에서 볼 필요가 있다. 왜냐하면 얀센과 버드 제독은 단순한 어부였고, 또 군인 신분이었지만 롭상 람파는 높은 정신 레벨을 가진 라마승 출신의 영적 수행자였기 때문이다. 따라서 그의 체험 내용은 얀센과 버드 제독의 단순 보고와는 좀 차이를 보이고 있다.

그가 지저세계를 방문했던 경험을 언제 했는지를 우리가 정확히 알 수는 없는데, 그것은 그의 책에서 그 시기를 명확하게 언급하고 있지 않은 까닭이다. 다만 그는 그 시기가 금성을 여행하고 돌아오고 나서 어느 정도 시간이 흐른 이후였다고만 밝히고 있다. 그럼 지금부터 롭상 람파의 아갈타 방문 경험을 그의 저서인 "아갈타 방문기 (My Visit to Agarta)"에서 인용하여 소개한다.

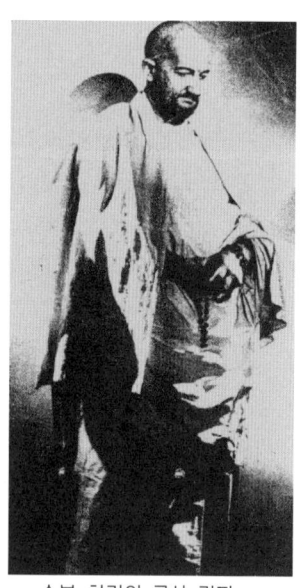

승복 차림의 롭상 람파

그의 지저 아갈타 세계로의 여행은 앞서

의 금성 여행과 마찬가지로 그의 스승이었던 밍야 돈둡 라마의 인도에 의해 이루어졌다. 그리고 이 여행은 스승과의 오랜만의 영적 재회(再會)에서부터 시작되었다. 그가 금성에 다녀온 지 몇 년 정도가 흐른 후의 어느 날 잠자리에 들었을 때였다. 몸과 의식이 이완되면서 그가 아스트랄체(幽體) 상태로 자신의 육신에서 벗어났을 때 오랫동안 못 뵌 노(老) 스승이 홀연히 그의 앞에 나타났던 것이다.

스승 밍야 돈둡 라마는 제자인 롭상에게 아직도 미지의 상태로 남아 있는 또 다른 경이로운 세계를 보기 위해 자기와 같이 여행해야 할 때라고 말하며 일주일 후에 떠날 준비를 하라고 지시했다. 그리고 스승은 일주일 후에 집 앞에 나와 있으면 누군가가 데리러 올 것이라고 일러주고는 나타날 때와 마찬가지로 곧 사라졌다.

그런데 롭상이 일주일 후 여행을 떠나기 위해 집 앞에 나와 대기하고 있자 그를 데리러 온 것은 사람이 아니라 뜻밖에도 살아 있는 생물과도 같은 UFO였다. 그는 길가에 서서 우연히 밤하늘에서 기묘하게 반짝이며 움직이는 별 하나를 주시하게 되었는데, 그것은 점점 더 빛을 발하며 커지더니 낙엽 모양으로 떨어지며 그를 향해 낙하하기 시작했다. 그러고 나서 그 물체는 전방 약 20m 지점에 착륙하였다. 그 내용 부분을 인용하도록 하겠다.

이제는 밝게 채색된 비눗방울처럼 보이는 가운데 그 비행체는 20m 이내의 거리에 내려앉았으며, 지면 바로 위에 약간 떠 있었다. 내부에서 방사되는 것으로 보이는 오팔색으로 빛나던 빛은 사라졌고 이제 그 우주선이 원반 형태임을 볼 수 있었는데, 그 모양이 꼭 티베트인들이 사용하는 사발 두 개를 맞붙여 덮어 놓은 것과 같았다. 그 표면은 흐릿한 회색이었고 어느 정도 백랍(주석을 주성분으로 한 합금)처럼 보였다.

우주선에서 발산되는 감각은 한 여름의 뜨거운 열파(熱波)와 같았는데, 나는 그 물체가 의식(意識)이 있고 심지어는 지성(知性)조차 가지고 있다는 확실한 느낌을 받았다. 그 우주선은 살아 있을 뿐만 아니라 마음까지 가지고 있었다. 나는 그 원반이 그것의 의식과 함께하고 있는 나의 진정한 실체를 시험이라도 하듯이 나에게 빛을 비추고 있음을 느낄 수 있었다.

이윽고 우주선의 문이 열렸고, 롭상은 모종의 에너지 장(場)이 펼쳐진 그 안으로 들어갔다. 하지만 그 안에는 그의 예상과는 달리 아무런 생명체도 보이지가 않았고 하얀 빛만이 실내를 비추고 있었다. 그리고 의아한 상태로 서 있는 롭상 람파에게 당신을 만나서 영광이라는 환영하는 말소리가 어디선가 들려 왔다. 그러자 모습을 나타내 달라는 롭상의 요청에 그 음성은 자신의 모습은 주변에 보이는 모든 것이라며 자기가 롭상을 초대한 주인이고 수송할 존재라고 대답한다. 그리고 롭상은 당시의 그 느낌과 견해를 이렇게 밝히고 있다.

그 말들은 완벽하게 이치에 맞았다. 내가 그 원반의 밖에서 받았던 느낌, 즉 살아 있는 존재의 현존 안에 내가 있었다는 느낌은 매우 정확했던 것이다. 이것은 단순히 외계의 금속이나 플라스틱으로 만들어진 멋진 기기나 어떤 종류의 기계장치가 아니라 내가 일찍이 상상했던 방식을 초월한 기상천외한 생물(生物)인 것이다.
롭상 람파가 그 UFO에게 묻기를, 당신은 로봇과 같은 인공지능체(人工知能體)냐고 질문하자 우주선은 흥미롭게도 다음과 같이 답변한다.

"당신이 잘 아는 바와 같이" 그 음성이 대답했다.
"우리 우주와 무한한 수의 다른 우주들의 가장 중요한 본질은 의식(意識)입니다. 우리 현실은 의식(意識)이 없이는 존재할 수가 없습니다. 이 살아 있는 본질은 현실들로 알려진 전체에 걸쳐 편재(遍在)해 있습니다. 그 원천은 물질세계와 아스트랄계 밖에 있는 미지의 세계입니다. 당신과 당신의 동료인간들, 내 자신, 그리고 모든 우주의 도처에 존재하는 셀 수 없는 다른 생명체들은 이러한 의식의 일부인 것입니다. 그것은 무한하며, 우리는 그것과 더불어 모두가 하나입니다.

이러한 답변은 마치 진리를 깨우친 존재의 설법(說法) 내용과도 같은데, 우주선이 살아 있는 생명체로서 이런 대답을 해준다는 것은 너무나 기이하면서도 놀랍기만 하다. 이 UFO는 계속해서 자신과 같은 생명체들은 시간과 공간에 속박돼 있지 않은 〈순수에너지의 존재들〉이라고 설명하면서 창조계 전역의 그 어디든 쉽게 이동할 수 있기 때문에 종종 다른 종족들의 수송수단으로 이용된다고 말해주었다.

이처럼 살아 있는 생명체라는 우주선과 대화하는 가운데 우주선은 어느덧 그에게 목적지에 이미 도착했음을 알려준다. 그리고 UFO가 그를 내려 준 곳은 중앙아시아 천산(天山) 산맥의 험준한 산 중턱이었다. 이윽고 롭상은 곧이어 그곳의 한 자연 동굴 안에서 모닥불을 피운 채 그를 기다리고 있던 스승과 재회했다. 동굴 안에서 휴식을 취하며 잠시 눈을 붙이고 난 뒤 그는 드디어 스승의 인도에 따라 동굴 벽의 어느 지점을 통해 지저세계로 연결되는 터널로 들어가게 되었다.

동굴 안의 그 벽은 나머지 다른 부분과 별반 다르게 보이지는 않았다. 하지만 스승께서 거기에 손을 뻗었을 때 이미 그는 그 부분이 특별하다는 사실을 미리 알고 계셨고, 그곳 바위 부분을 힘껏 벽 쪽으로 밀어제쳤다. 분명히 누군가에 의해 계획적으로 설치되어 적절하게 균형이 잡혀있던 그 표석(表石)은 별로 큰 힘을 들이지 않고도 서서히 옆으로 돌아 움직였으며, 감추어져 있던 입구가 나타났다.

따라오라는 몸짓을 하면서 나의 인도자는 그 바위 입구로 먼저 발을 들여 놓았고, 비밀의 통로 속으로 들어갔다. 우리가 들어선 후에 그 바위는 미끄러지듯이 뒤로 움직이며 닫혀 버렸다. 그리고 우리는 컴컴한 어둠 속에 빠져들었다.

"스승님!" 나는 당황하여 소리쳤다.

"조용!" 어둠 속에서 단호한 음성이 들려왔다.

"성급히 굴지 말게!"

칠흑 같은 어둠 속에서 잠시 후 스승은 "보아라! 저기 빛이 있다."라고 외쳤고, 롭상은 눈에 힘을 주고 부릅떠 보았으나 컴컴한 어둠은 그대로였다. 하지만 그는 어렴풋이 점차 이상한 빛에 의해 물체가 식별되기 시작했다는 것을 깨달았다. 그 빛은 신비로운 색채의 아름다운 빛이었는데, 넋을 잃을 수도 있는 한 여름날의 너무나 파란 하늘을 연상시켰다고 한다. 그는 빛이 어디서 나오는지를 찾아보았지만 이 멋진 빛의 직접적인 출처는 어디에도 없었으며, 그것은 마치 공기 그 자체가 빛을 발하는 것 같았다고 표현하고 있다.

아무런 빛조차 스며들 수 없는 터널 안의 어둠 속에서 나타난 이상한 빛에 관해 스승은 롭상에게 이것은 인류 이전의 지구에 있었던 존재들의 기술에 의해 만들어진 것이라고 설명했다. 그곳의 통로는 거친 둥근 형태였고 10명의 사람이 나란히 걸어도 불편하지 않을 만큼 넓었다. 바닥과 벽, 그리고 천장은 기묘하게도 유리처럼 매끄러운 감촉을 가진 단단한 암석이었다. 그러나 바닥은 유리와는 다르게 미끄럽지가 않았고 발로 걷기에는 편했다고 한다. 명백히 이것은 자연 동굴이 아니었고 급속히 용해시킨 상태에서 굳어져 그 형태가 만들어졌다고 추정할 수밖에 없는데, 롭상람파는 책에서 레이저 빔과 유사한 고에너지 장치를 이용해 터널을 뚫어 냈을 것이라고 추측하고 있다. 그가 터널에 대해 묻자 스승 밍야 돈둡 라마는 현생인류가 처음으로 아프리카에서 걸어 다닐 때 이미 이곳에 존재하고 있었던 것이라고 말해 주었다.

"이 통로는 어디로 이르게 되지요?" 내가 물었다.

"이 터널은 우리가 이 지구세계의 중심부로 이르게 되는 긴 여로의 초입부분에 해당된다네." 스승님이 대답했다.

"우리는 이 행성의 중심에 있는 숨겨진 비밀의 땅을 볼 수 있도록 특별한 허락을 받았다. 우리는 신성한 〈아갈타(Agarta)〉로 가게 될 것이다."

아갈타! 바로 이 명칭은 내 귓전을 때리며 깜짝 놀랄 정도의 충격으로 다가왔다. 이곳은 지구 세계의 왕이 통치하는 곳이고, 일찍이 살아 있는 인간 그 누구도 가본 적이 없는 지구의 중심에 있는 지저왕국(地底王國)인 것이다. 나는 이 이름을 무수하게 들은 바가 있지만 그와 같은 장소가 실제로 존재한다는 사실은 거의 믿지 않았다.

그들은 그 터널을 따라 장시간 아래로 내려갔고 지구의 중심부를 향해 계속 나아간다. 중간에 그들은 터널 안에 오래전부터 숨어들어와 살고 있던 흉측한 모습의 야수인간들과 접촉하게 되고 거기에 피랍돼 있던 지상의 여자를 구출해주는 과정이 등장하는데, 이런 부분은 생략한다. 그 때 롭상의 스승은 신성한 아갈타로부터 방문해달라는 부름을 받았다고 제자에게 설명하면서 이타적 행위의 필연성과 아갈타로 들어가기 이전의 준비에 대해 롭상에게 다음과 같은 중요한 말을 해 준다.

"이러한 행위는 우리의 영혼을 정화하고 우리의 몸이 신성한 아갈타가 존재하는 영역의 다른 진동의 장소에 적응되도록 하기 위해서는 필연적인 것이다. 장차 이 지구행성에서 깨달은 영혼들을 가려내게 되는 일이 있다. 머지않아 지구상에서 거대한 변화가 일어나는 시기가 오게 될 것이다. 이런 변화들은 모든 인류의 대변형이 시작되는 발단이 될 것이다. 우리가 그 여성을 구조한 것과 마찬가지로 인류는 자신의 이기적인 속성을 버리고 이타적인 삶의 방식을 배워야만 한다. 인류는 곧 다른 별들로부터 온 형제들과 하나로 합류하게 될 것이다. 그들은 우리를 오랫동안 관찰해 왔고, 우리 인류가 영적진화의 중대한 전환점에 도달하는 것을 기다리고 있다. 적절한 시기가 왔을 때 우리는 그들과 합류하도록 초대받게 될 것이고 창조주께서 우리들을 위해 이 우주 안에 마련해 놓으신 경이로움을 보게 될 것이다."

… (중략) …

그가 계속 말했다. "우리는 지금의 육체 상태로 아갈타의 세계로 들어갈 수 있는 입구 지점으로 데려가질 것이다. 그렇기 때문에 우리는 이제 신속히 몸과 마음의 상

말년의 롭상 람파의 모습이다. 자신의 집실필에서

태를 바꿔야만 한다. 또한 나는 네가 남아 있는 시간 동안에 마음속의 불쾌하고 불순한 상념들을 청정하게 정화하며 보내기를 바란다. 장차 아갈타의 높은 진동의 영역에서 너의 사념들은 그대로 현실이 될 것이고, 그 (정화되지 않은 상태에서) 풀어진 마음들은 위험한 것이 될 수가 있다."

이런 밍야 돈둡 라마의 이야기는 우리가 앞서 텔로스의 아다마 대사에게 들었던 메시지 내용과 매우 비슷하다는 것을 알 수가 있다. 이윽고 그들은 아갈타 세계에서 보내준 터널 전용 비행선을 타고 신성한 아갈타로 들어가는 에테르적인 입구에 도착한다. 주변의 환경은 완전히 바뀌어져 있었고, 엄청나게 넓은 지하 공간에 나있는 황금의 길을 따라 앞으로 나가고 있는 많은 사람들이 보였다.

"롭상! 이곳이 신성한 아갈타로 들어가는 에테르적인 입구이다." 스승님이 내게 말했다.

"여기가 바로 지구 내부세계와 우리를 연결시키는 시공(時空)의 통로인 것이다. 우리 행성의 구체(球體) 중심은 텅 빈 공동(空洞)으로서 대단히 많은 지저의 공간으로 이루어져 있다. 이런 공간들은 실질적으로 물질적 차원을 초월해 있고, 동시에 수많은 다른 차원과 현실들로 존재한다. 일단 차원의 보텍스(Vortex)로 진입하게 되면, 우리의 에너지 진동장(振動場)은 아갈타의 높은 진동 수준에 연결되어 증폭될 것이다. 오직 이 방법을 통해서만이 우리와 같은 육체적 존재들이 아갈타로 들어갈 수가 있는 것이다."

롭상이 그곳에 와있던 다른 사람들에 대해 질문하자 스승은 그들은 모두가 중요한 과업 때문에 아갈타로 초대받은 영혼들이라고 설명해주었다. 그리고 그들은 모두 영적으로 개화된 깨달은 존재들이었고, 반드시 인류만이 아니라 수많은 외계 종족들을 대표하는 영혼들이었다. 즉 그들 중에 어떤 이들은 지상에서 온 인간들이었지만 어떤 이는 인간이 아니었던 것이다.

그 입구가 이제는 우리 앞에 다가와 있었다. 그 입구의 에너지가 아갈타 세계로부터 우리의 세계를 분리시켜 놓았던 것 같았는데, 왜냐하면 그 소용돌이치는 보텍스가 우리를 집단적으로 그 안으로 끌어당겼기 때문이다.

이렇게 해서 그들은 에너지 보텍스로 빨려들어 갔고 순식간에 시공(時空)을 초월하여 다른 차원으로의 이동을 경험하게 되었다. 즉 5차원 진동의 지구 속 아갈타 세계로 옮겨진 것이었다. 그들은 더 이상 거대한 동굴 속에 있지 않았고 어느새 웅장한 산(山)의 허리에 와 있었다.

그 성스러운 땅을 가득 메운 신성한 빛으로 번쩍이는 깨달은 존재들이 그 산의 봉우리에서부터 거대한 강물이 흐르듯이 아래로 움직이고 있었는데, 산의 아래에 있는 광대한 평원에는 이미 롭상과 같은 엄청난 수의 여행자들로 가득 채워져 있었다. 그리고 그들과 합류하기 위해 계속되는 인파의 흐름이 산 아래로 끝없이 이어지고 있었다고 한다.

롭상은 자신이 최초로 목격한 지구 속 아갈타의 모습과 그 세계에 관해 이렇게 묘사하고 있다.

지상과는 달리 지평선 대신에 그곳의 땅은 위쪽으로 휘어져 있었고 모든 방향에서 우리로부터 멀리 멀어지더니 마침내 그것은 터키옥의 색 같은 높은 푸른 하늘 속으로 사라졌다. 하늘의 한 가운데는 장엄하게 아름다운 태양이 걸려 있었다. 그것은 우리가 지상에서 보는 태양보다는 어느 정도 작았고 빛도 덜 밝았지만 여전히 은은한 화려함과 황금빛을 발산하며 신성한 분위기로 그곳의 전체 지형을 밝게 비추었다.

대지(大地)는 아름다움과 생명이 넘쳐 났다. 아열대성 기후의 환경 속에서 온갖 종류의 형태의 꽃들이 도처에 만발하고 있었다. 산들바람에 휘날리는 그 꽃들의 향기가 내가 감미로운 젊은 날에 기억했던 그 자극처럼 나의 후각을 어린애처럼 즐겁게 해주었다. 그리고 수정처럼 맑은 물들이 강과 시내를 이루어 숲들과 초원지대를 가로질러 흘렀다. 또한 그곳의 공기는 새들의 지저귐과 곤충 소리가 만물의 우주적 운율과 어우러진 노래 소리가 되어 생동하고 있었다.

저 멀리에 중력을 무시한 듯이 보이는 건물들로 이루어진 웅장하고도 아름다운 도시가 보였다. 그 건물들의 구조와 모양은 멋지고 투명한 수정(水晶)과 보석의 원

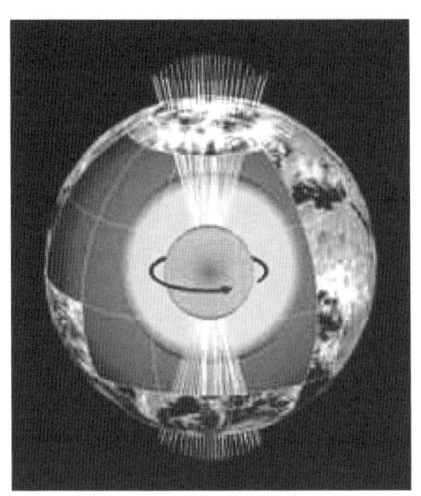

지구 내부의 중심태양 개념도

석으로 만들어져 있었고 우주적인 장관(壯觀)으로 발산되는 믿을 수 없을 정도의 빛으로 번쩍였다.

나는 스승님이 큰 소리로 입을 열 때까지 내 곁에 서서 나처럼 우리 앞에 벌어진 광경에 대한 경외감 속에 빠져있던 그의 존재를 거의 잊고 있었다.

"보아라!" 그가 당당하게 말했다. "저 성스러운 아갈타를!"

…(중략)…

이 지구 내부의 땅에는 다양한 문화와 전통을 가진 다수의 종족들이 살고 있다. 그들은 지상 인간의 삶과 비교할 때 대단히 진화되어 있으며, 보다 발전된 차원에 도달해 있다. 아울러 행성 지구 및 그 자체의 현실과 완벽한 상호협력 관계를 이루고 있는 상태이다.

지구 출신의 인간 종족들 외(外)의 다른 종족들은 아갈타의 차원간의 영역에 거주한다. 이곳에는 우리 우주의 수많은 다양한 장소들로부터 온 외계 주민들의 거대한 거류지가 존재한다. 이런 집단들은 또한 다른 차원의 무리들과 서로 관계를 맺고 있다.

아갈타 세계의 수도(首都)는 '샴발라(Shamballa)'라는 에테르 도시이다. 이 도시는 이 지구 내부문명의 가장 높은 표현이자 정수이고 아스트랄 주파수로 진동한다. 거기서 지구의 진화에 관한 창의적 아이디어와 아스트랄 차원의 프로그램이 고안되고 마련된다. 샴발라 안에는 우주의 가장 높은 주파수로 진동하는 비범한 존재들이 살고 있다. 그들은 영적으로 자유로운 존재들인데, 삶과 운명에 통달한 달인들이다.

… (중략) …

그들은 아름답게 예술로 장식된 화려하고도 빛나는 의복을 입고 있는데, 그것은 금과 다채로운 아라비아풍의 무늬로 자수가 놓아져 있다. 이 존재들은 보통 인간들보다 키가 더 크고 폴리네시아 사람에 비견될 수 있는 강하고 아주 활기찬 용모를 하고 있다.

불행하게도 우리는 샴발라를 방문할 수 있을 만큼 순수하지가 못했다. 비록 우리

가 지상세계의 현 진동상태를 초월할 수 있었고 또 아갈타 지저세계로 들어올 수 있었다고 하더라도 여전히 샴발라에 거주하는 그 순수한 영혼들에게는 훨씬 뒤떨어져 있었던 것이다. 하지만 우리가 이곳에 온 목적은 관광이 아니었다. 우리는 다른 목적을 가지고 있었는데, 그것은 곧 모두에게 밝혀질 것이었다.

샴발라 도시를 형상화한 이미지

그들은 차원의 출입구 아래에 펼쳐진 대평원에 집결해 있던 수많은 깨달은 존재들과 합류했고 하늘의 상공에는 거대한 구형의 우주선이 떠 있었다. 스승 밍야 돈둡 라마는 롭상에게 그 비행선이 순수한 상념에 의해 건조된 영혼의 우주선이고 이 우주의 어느 곳이나 여행할 수가 있다고 말해 주었다. 그곳에 있던 모든 이들은 이 모임이 현 우주의 역사에 있어서 중대한 행사라는 것을 알고 있었고, 롭상도 자신이 그 모임의 일원이 된 것에 대해 영예로움을 느끼면서도 겸허해졌다.

이윽고 이 많은 존재들이 이곳에 부름을 받아 오게 된 이유가 곧 밝혀지게 되는데, 그것은 다름이 아니라 창조주 의식(意識)이 이곳 아갈타 중심 세계에 모인 모든 깨달은 영혼들에게 메시지를 전하기 위한 것이었다. 그리고 창조주 의식은 지구 속 중심태양을 빌려 잠시 태양으로 화현(化現)한다.

이윽고 창조주 의식이 그들에게 장엄한 메시지를 전하기 시작하는데, 그것은 전체에게 전하는 것이었지만 동시에 듣는 자에게는 그 개인에게 사적으로 말하는 것처럼 들리는 기묘한 것이었다. 다시 말해 수억, 수십억의 영혼들 각자에 맞춰 동시에 적절한 메시지를 발하는 놀라운 방식이었던 것이다.

메시지의 내용은 먼저 우주의 생성에서부터 인류종족의 탄생과 진화, 그리고 인류문명의 위기와 그로 인한 자멸의 위험성을 경고하는 내용을 담고 있다. 이어서 20세기 후반에 나타날 인류의 핵 재앙에 대한 공포와 함께 번지게 될 종교적 광신과 독선, 배타적 증오라는 주술에의 몰입, 종교 근본주의로의 치달음을 예측하는 내용이 나온다. 아울러 종교 성직자들이 자기들의 이기적 욕망충족을 위해 신의 뜻을 내세우고 신(神)의 이름을 팔 것이라고 예측하며 이를 신랄히 질타하고 있다.

계속해서 메시지의 내용은 구(舊) 소련(蘇聯)이 압제적이고 영적으로 빈곤한 정치노선을 포기하게 되리라는 것과 소련의 사회주의 체제하에서 가혹한 통치를 겪은 주변의 많은 나라들이 독립할 것을 예언하는 내용으로 이어진다. 그리고 이러한 소련과 동구권의 변혁에 따른 세계적 변화들에도 불구하고 롭상의 조국 티베트는 여전히 중국에 복속된 상태에서 핍박받으며 롭상이 살아 있는 동안에는 중국의 지배에서 해방되지 못할 것이라고 예언한다.[2] 그리고 마지막 부분에서는 장차 있게 될 인류와 외계문명과의 접촉을 예언하는 내용이 나오는데, 이 부분만 일부 인용하도록 하겠다.

"지구는 또한 장차 인간세계에 속하지 않는 외계 생명체들과 접촉하는 재탄생의 경험을 할 것이다. 인류를 굽어보는 관찰자들인 이 종족들은 올바른 진화도상에서 인류를 인도하는 도움을 주기위해 비밀리에 일하고 있다. 하지만 다른 세계들로부터 출현한 또 다른 존재들은 지구와는 다른 시간과 공간, 그리고 여러 차원들에서 올 것이다. 이 존재들은 자신들의 영적인 측면을 깨닫지 못한 지성체들에 속한다. 그들은 불꽃을 향해 달려드는 나방처럼 인류에게 끌어당겨진 것이다. 그들은 너희들의

---

[2] 롭상 람파는 1981년에 이 세상을 하직했는데, 결과적으로 이 티베트에 대한 예언은 소련과 동구권의 변혁에 대한 예언과 더불어 정확히 들어맞았다.

신성한 본성을 감지하고 자기들의 이익을 위해 그것을 이해하고 활용하고자 추구한다. 그들은 올 것이고, 너희들을 수면상태에서 데려감으로써 감정적, 물리적 상처가 남지 않도록 조치를 할 것이다.3)

… (중략) …

지금 소위 "UFO"라고 불리는 미스터리는 지구에 이끌린 존재들의 비밀스러운 특성 때문에 결코 풀리지 않을 것이다. 그럼에도 불구하고 인류가 이들 초자연적인 존재들과 관계를 지속하는 것은 인류의 운명이다. 장차 자신의 내면에서 잠자고 있는 영혼을 깨우기 위해 영적으로 진화된 인간들에게 의지하게 될 것은 바로 이들과 같은 종족들이기 때문이다.

인류는 장차 현재는 지적으로 인간보다 월등히 우월할지는 모르지만 영적으로는 열등한 이 종족들을 내려다보는 관찰자가 될 것이다.

롭상! 이 메시지를 네가 살고 있는 시대의 사람들에게 가져가 전하는 것은 너의 의무이다. 하지만 너는 나의 메시지가 발표되도록 지정된 시간까지 기다려야만 한다. 오직 적절한 시기에만 이런 나의 말들이 인류에게 전달되게끔 공개될 것이다. 인류가 나의 메시지를 마음에 새기고 진정한 영적 존재로 성장하기 위해서는 인간의 시간으로 많은 세월이 필요할 것이다.

만약 한 종족으로서 너희가 다가오는 험난한 날들을 헤쳐 나가 성공할 수 있다면 너희의 미래는 너희 자신에게 뿐만이 아니라 시공(時空) 전역에 존재하는 수천의 종족들에게도 놀랄만한 일이 될 것이다. 그리고 빛의 존재로서 인간은 그들의 영적 진화를 이끌 것이다. 그리하여 마침내 이곳에 와 있는 너희의 주민들과 다른 깨달은 존재들은 새로운 우주를 창조하는 일을 도울 것이다. 그 선택은 너희의 몫이다."

마지막 말씀이 종료됨과 더불어 우리를 에워쌌던 황금빛이 거두어졌고, 그 창조적인 의식의 힘은 이 세계를 궁극적인 현실로부터 분리시켰던 입구를 통해 물러났다. 눈부시게 아름다운 신성한 빛의 마지막 폭발과 함께 그 태양은 자체적인 회전을 멈추고 정상적인 상태로 돌아갔다.

이렇게 해서 창조주의 의식이 전하는 말씀이 끝났고, 이제 하늘에는 외견상 어디서인지 모르게 나타난 엄청난 양의 영혼의 우주선들로 가득 떠

---

3) 1960년대부터 1990년대 초까지 대규모로 자행되었던 제타 레티쿨리 외계인들의 인간납치 DNA 실험 및 이종교배 공작을 지칭하는 것으로 보인다.

있었다. 그 번쩍이는 비행체들은 그곳에 모였던 존재들을 각자가 온 곳으로 태우고 가게 될 승용물들이었다. 이윽고 그곳에 모였던 모든 존재들이 차례차례 UFO에 탑승했고, 이어서 롭상과 그의 스승도 거기에 올라탔다. 그러자 그것은 수천 대의 다른 비행선들과 함께 순식간에 공중으로 떠올랐다. 그리고 그들은 높은 고도에서 사발처럼 생긴 아갈타의 지형을 좀 더 자세히 볼 수가 있었다. 빛 에너지로 건조된 우주선은 산과 숲, 강과 바다를 넘어 급속도로 여행했고 지구 속 구체(球體)의 반대쪽으로 좀 더 가까이 다가갔다. 그리고 롭상은 그 후의 상황들을 이렇게 묘사하고 있다.

멀리 광대한 도시가 나타났다. 우리가 빠른 속도로 그곳에 접근하자 공중으로 솟구친 수정(水晶)으로 된 거대한 건조물을 볼 수가 있었다. 이 기막힐 정도로 정교한 외형은 아이들의 요정설화나 낭만적인 꿈에나 어울릴 법하였다. 그 도시 전체는 무지개빛으로 반짝였고 내부 깊은 곳으로부터 빛이 작열했다. 다양한 색채의 엄청난 탐조등들이 하늘을 찌르듯 공중으로 뻗쳐 있는 가운데 그것은 마치 거대한 지구 내부 태양의 영구적인 빛보다 밝게 빛나는 엄청난 돌기둥처럼 보였다.
나는 전에 이 경이로운 도시에 관해서 들은 적이 있었다. 수정으로 된 고층건물들과 피라미드들, 그리고 무지개빛으로 이루어진 도시라고 말이다. 이것은 무지개 도시였고 그곳의 도서관에는 수백만에 달하는 다른 세계들과 시대들에 관한 지식들이 보관된 고대문화의 중심지였다.

그들이 탄 우주선은 그 도시의 외곽에 착륙했고, 거기서 롭상은 스승과의 작별을 나눠야만 했다. 왜냐하면 그의 스승은 아갈타의 그 도시에 남아 그곳에 있는 위대한 대사들과 함께 좀 더 공부를 해야 할 일정이 있기 때문이었다. 밍야 돈둡 대사는 또 다른 우주의 신비를 함께 탐사하기 위해 머지않아 또 만나게 될 것이라고 롭상에게 약속하며 각자 헤어져 부여받은 임무를 수행해야 한다고 이별을 아쉬워하는 젊은 제자를 다독인다. 스승과의 작별과 더불어 영혼의 우주선은 다시 한 번 미끄러지듯 위로 날아올랐고 아갈타의 모습은 멀어지며 희미해졌다고 롭상은 마지막 부분에서 기록하고 있다. 그리고 맑았던 푸른 하늘은 어느새 지구 위 하늘을 가득채운 반짝이는 별들이 흩뿌려진 벨벳 같은 암흑으로 바뀌어져 있었다며 그의 여행 기록은 막을 내리고 있다.

3. 검토할 필요가 있는 몇 가지 주요 사항들

여기서 지금까지 살펴본 올랍 얀센에서부터 롭상 람파의 체험 내용까지 모두 4명의 경험담에 관해 몇 가지 짚고 넘어갈 필요가 있는 부분이 있다. 그것은 이들의 체험기 속에서 우리는 공통점들과 더불어 또 일부 차이점들을 발견할 수가 있다는 것이다. 그런데 공통점은 제쳐놓고라도 이러한 약간의 차이점들이 의미하는 바는 무엇일까? 추측컨대 아마도 이것은 그들이 다녀온 장소들이 각각 다른 데에 기인한다고 생각된다. 즉 이들 4명이 모두 지저세계를 다녀 온 것은 분명하지만 그들이 각자 갔다 온 그곳이 반드시 동일한 장소라고 볼 수는 없다는 것이다.

알려진 대로 지구 속 문명은 광대한 공간과 대륙 및 바다, 도시들로 이루어져 있다. 게다가 이와는 별도로 위치상 지구 속 한 가운데가 아닌 지각(地殼) 아래 즉, 비교적 지표에 가까운 많은 지저 도시들이 또한 존재한다. 예를 들어 텔로스 같은 도시는 사실상 지구 속의 대륙에 있는 도시가 아니라 캘리포니아 샤스타 산 아래 지저에 존재하고 있는 도시인 것이다.

기록된 내용들을 토대로 추정해 보자면, 우선 올랍 얀센 부자(父子)는 북극 입구를 통해 들어가 지구 속의 대륙에 있는 한 지역을 방문했던 것으로 보인다. 그는 자기가 만난 지저인들의 평균신장이 약 3.6m라고 언급했는데, 텔로스같은 비교적 지상에 가까운 지저 도시의 사람들일수록 이 보다는 작은 2.1~2.5m인 점을 감안한다면 이것은 확실하다고 생각된다. 버드 제독의 경우도 물론 항공기를 타고 북극의 입구를 통해 역시 지구 속에 있는 한 도시 지역을 갔다가 왔다고 추정할 수 있다. 그러나 롭상 람파의 경우 역시 지구 속의 아갈타 세계를 다녀 온 것이 확실시 되지만, 다만 천산산맥의 비밀 입구와 지하 터널을 통해 그곳으로 진입했다는 점에 차이점이 있다.

또 한 가지 중요한 차이점은 올랍 얀센과 버드 제독의 경우 지저세계로부터 정식으로 초대받은 케이스가 아니라 우연한 계기에 그곳으로 진입해 들어갔지만 그 세계에 적응하는데 별 문제가 없었다는 점이다. 이는 앞서 아다마 대사와 롭상 람파의 언급과는 달리 그들이 그곳의 진동에 적응하는 것이 별로 어렵지 않았다는 사실을 의미한다. 따라서 추측컨대 이 두 사람이 갔다 온 곳은 비교적 진동이 낮고 지상과 거의 유사한 북극의 입구 내부 언저리나 지구 중심이 아닌 지표에 가까운 외곽지역을 방문했던 것이 아닌가 생각된다. 그러므로 지구 내부세계의 여러 종족이나 국가들 간에도 그 차원이나 진동이 어느 정도 각기 다르고 다양할 수 있다고 보아야 할 것이다. 예를 들어 올랍 얀센이 다녀온 지역의 경우, 그곳 주민들의 평균 수명이 600~800세 정도라는 것은 이들이 텔로스에 사는 불사(不死)의 레무리아인들과 같은 5차원의 종족은 아니라는 사실을 명백히 알려주는 것이다. 이로 미루어 볼 때 지저인들의 문명이 지상의 인간들보다 월등히 진보해 있는 것은 사실이지만, 그 수준이 모두 일률적으로 동일하지는 않다는 추정이 가능하다. 그리고 아마도 지저세계 가운데 가장 높은 진동의 영역은 영단의 대사들이 거주하는 수도 샴발라일 것이다.

도릴 박사의 사례는 롭상과 유사하게 히말라야의 입구를 통해 지저세계를 방문한 경우인데, 단지 그가 지구 속의 대륙에까지 다녀왔는지의 여부는 확실치가 않다. 그리고 이와 아울러 도릴 박사가 다녀왔다는 샴발라와 롭상 람파가 언급한 샴발라가 과연 동일한 장소인지에 대해서도 약간의 의문이 들 수가 있다. 왜냐하면 그곳이 지저세계의 수도라는 두 사람의 표현은 일치하지만, 도릴 박사는 샴발라의 실질적 본부가 티베트 수도 라사 지저 127km 지점에 있다고 언급하고 있는데 비해 롭상 람파와 여타의 정보들은 어감(語感)상 그곳이 지구 속 한 가운데 있는 듯이 말하고 있기 때문이다. 역자가 이 책의 저자인 오릴리아에게 문의한 결과, 그녀 역시도 샴발라는 거의 지구의 내부 중심 부분에 위치해 있는 빛의 도시라고 답변한 바가 있다. 하지만 이 부분은 대규모 주민들이 거주하는 하나의 도시로서의 샴발라와 본부로서의 샴발라가 별도로 존재할 수 있다는 가능성을 열어 두어야 할 것 같다. 만약 그게 아니라면 그곳에 다녀온 사람들에게 일부 혼동이 있을 수도 있다고 보아야 할 것이다. 우리가 현재로서는 이에 관해 정확한 내용을 알 수는 없으나 여하튼 이는 앞으로 점차 지저세계와 샴발라의 정확한 실체가 드러날 것이기 때문에 그다지 우려할 문제는 아니라고 본다.

이와 같은 방문 장소의 다양성과 더불어 우리는 용어상 현재 혼용되고 있는 〈지구 속 문명〉이란 용어와 비교적 지표에 가까운 지하 도시들로 이루어진 〈지저문명〉을 좀 구분해서 판단해야할 필요성이 있다고 생각한다. 왜냐하면 위치상 이 둘은 명백히 다르기 때문이다. (※물론 이 두 문명의 모든 도시들이 이 책에서 아다마 대사가 언급한대로 하나의 네트워크에 속하며, 터널을 통해 운행되는 전자 지하철로 거미줄처럼 서로 연결돼 있는 것이다.)

4. 종교와 오컬트적(秘敎的)인 관점에서 본 샴발라

신지학(神智學)과 하이어라키(Hierarchy)

19세기 말 서구에서 시작된 신지학적(神智學的) 활동과 흐름은 지구의 하이어라키(영단) 소속 대사들의 지원하에 시작되었는데, 20세기 중반과 후반에 그 피크에 이르렀으며 21세기인 오늘날까지 면면히 그 맥을 이어오고 있다.

비단 H. P. 블라바츠키와 H. 올코트에 의해 창설된 신지학회 뿐만이 아니라 대사들이 선택한 여러 메신저들이 그 후에도 이 계통의 여러 단체들을 설립했고, 아울러 수많은 오컬트 서적들의 출판을 통해 비전적 지식과 지혜들을 대중들에게 전달해 왔다.[4] 신성과학(神性科學)의 대체계인 이런 귀중한 지식과 정보들은 사실상 과거시대에는 오직 극소수의 인연 있는 제자들과 비교학도들에게만 비밀리에 전수되던 것들이었다. 그러나 행성 지구의 시대적 흐름이 일반 대중들에게도 이런 비전적 지식들이 전파돼야 할 시점에 진입하게 됨에 따라 점차 영단에서는 배후에서 신지학회 창설을 인도하고 후원함으로써 이를 공개하기 시작했던 것이다.

이런 신지학적 문헌들은 공통적으로 초인 대사들의 행성 지구관리 조직체인 영적 하이어라키(Hierarchy)와 〈신들의 도시〉 샴발라에 대해서 언급하고 있으며 그 중요성을 여러 차례 강조하고 있다. 그런데 오컬트 사상에 나타난 샴발라를 언급하기에 앞서서 필연적으로 오랫 동안 지구의 '행성 로고스(Planetary Logos)' 역할을 맡아온 "사나트 쿠마라(Sanat Kumara)"라는 존재에 대해 먼저 말하지 않을 수가 없다. 왜냐하면 샴발라 자체가 이 지고의 위대한 존재에 의해 설립된 도시이기 때문이다.

사나트 쿠마라(Sanat Kumara)는 과연 누구인가?

저명한 신지학자 C. W. 리드비터(Leadbeater)와 앨리스 베일리(Alice Bailey), A. E. 포웰(Powell), 등등이 집필한 여러 저서들은 적어도 약 450만 년5) 이전에 금성에서 지구로 도래한 사나트 쿠마라를 위시한 불꽃의 주님들6)의 강림 사건을 언급하고 있다. 즉 이 존재들은 사나트 쿠마라

---

4)20세기에 부흥한 이 계통의 메신저들과 단체들은 다음과 같다. 1920년 러시아인 니콜라스 로우리치(Nicholas Roerich)와 그의 부인 헬레나(Helena)에 의해 설립된 〈아그니 요가〉, 1923년 신지학회 출신의 앨리스 베일리에 의해 독립적으로 세워진 〈아케인 스쿨(Akane School)〉, 1930년 미국의 가이 발라드(Guy W. Ballard)에 의해 시작된 〈아이 엠 운동(I am Activity)〉, 1951년의 제랄딘 이노센트(Geraldine Innocente)에 의한 〈브리지 투 프리덤〉, 1958년의 마크 프로펫과 엘리자베드 C. 프로펫에 의해 설립되어 오늘날까지 건재한 〈서밋 라이트 하우스〉, 1995년의 〈템플 오브 더 프레즌스〉 와 같은 단체들이 대표적이다.
이런 단체들의 여러 메신저들이 전한 오컬트 사상의 토대는 주로 동양의 힌두교와 불교, 베다 철학, 카발라에 바탕을 둔 비전적 지식과 대사들의 가르침이다. 그리고 이들 오컬트 메신저들을 통해 비전적 지식을 전달하고 뒤에서 후원한 주요 존재들은 하이어라키 소속의 엘 모리야, 쿠트후미, 듀알 컬, 생 저메인 같은 마스터들이었다.
5)이 시기에 대해서는 신지학자들에 따라서 차이가 있으며 1,800만년 전에서부터 1650만년, 650만년, 450만 년 전까지 등등의 몇 가지 견해가 존재한다.
6)여기서 주님들(Lords)이란 표현은 기독교식의 표현인데, 불교적 용어로 표현한다면 이 빛

신지학자 C.W. 리드비터

의 지휘하에 당시의 영적으로 타락한 인류를 돕기 위해 높은 에테르 차원의 금성(金星)에서 낮은 진동의 어둠의 행성(지구)으로 내려온 빛의 존재들이었다고 한다.

상당한 수준의 영적 투시능력자이기도 했던 리드비터는 자신의 저서에서 사나트 쿠마라에 관해 이렇게 표현했다.

"우리의 세계는 금성에서 온 불꽃의 주님들 가운데 한 분인 영적인 왕(王)에 의해 통치되고 있다. 그는 힌두교도들에 의해 불리는 호칭으로 현재 남아 있는 마지막 이름으로는 〈사나트 쿠마라〉라고 하는데, 이 이름은 왕자, 통치자라는 뜻이다. …(중략)… 그는 최고의 지배자이다. 즉 그의 보호와 그의 실제의 오라(後光) 안에 지구 전체가 놓여 있는 것이다. 이 지구계에 관한 한 그는 지구의 로고스를 상징한다. 그리고 그는 인간뿐만이 아니라 지구에 존재하는 데바들(Devas), 자연령들, 기타 모든 생명체들의 진화 전체를 지도한다. 물론 그는 지구를 자신의 육체로 사용하는 지구의 영(Spirit)이라고 불리는 거대한 실재(즉 가이아 여신(女神))와는 전혀 별개의 존재이다."

(리드비터 著, 〈The Masters and The Path〉 Chapter XV에서)

이처럼 사나트 쿠마라는 금성에서 온 대초인(大超人)이며 장구한 세월 동안 인류의 영적진화를 감독하고 관장해온 지구 영적 정부의 수장(首長), 즉 영왕(靈王)이었다. 또한 그는 오랜 고대에 마스터(大師)들로 구성된 신성한 조직인 지구의 영적 하이어라키(Hierarchy)를 창설한 장본인이기도 하다. 사나트 쿠마라가 지구로 내려올 당시 인류는 동굴에서 혈거(穴居) 생활을 할 정도로 미개한 진화 상태로 추락해 있었고 야만의 상태를 벗어나지 못했다고 한다. 그가 이러한 인류 영혼들의 진화를 촉진시키고 구원하기 위해 저차원의 물질계로 강림한 것은 자기희생에 토대를 둔 것으로

의 존재들은 바로 붓다, 보살, 아라한들이다.

서 신지학자들의 지적대로 성경과 불경을 비롯한 모든 지구상의 종교적 경전에서 언급하는 구세주의 원형은 바로 사나트 쿠마라에서 비롯되었다고 할 수 있다.

　모든 아바타들(Avatars) 중에서도 가장 위대한 존재인 사나트 쿠마라는 이 지구라는 행성 자체와 그 안의 모든 생명들을 자신의 오라(Aura) 안에 품은 채 나뭇잎 하나, 벌레 하나의 움직임조차 모두 감지할 수 있을 정도의 어마어마하게 확장된 인식력을 가진 존재이다. 요컨대 "행성 로고스(Planetary Logos)"란 영적인 지위는 비단 인간만이 아니라 그곳의 동,식물과 광물의 세계까지 포함하여 한 행성의 전체적인 영적 진화를 책임지고 있는 막중하고도 지고한 직책인 것이다. 이를 한 국가에다 비유해서 말하자면, 그 나라의 국민에 대한 모든 책임과 권력, 운명을 한 손에 맡아 쥐고 있는 대통령이나 왕(王)과 같은 최고 존재인 것이다. 이런 능력과 역할을 맡은 존재가 바로 행성 지구의 로고스(神)인 것이며, 따라서 그는 모든 마스터들의 대스승격인 존재라 보아도 무방하다. 심지어 앨리스 베일리를 통해 메시지를 전했던 영단의 듀알 컬(Djwhal Khul) 대사는 사나트 쿠마라의 위상에 대해 그녀가 기록한 책에서 이렇게 언급하고 있다.

"그는 진화하는 인간 자녀들을 위해서 높은 영광의 자리에서 내려와 스스로 물질의 형체를 취하시고 인간과 같아지신 위대한 희생자이다. … (중략) … 사나트 쿠마라의 경우 그의 진화 수준을 언급하자면, 아데프트(Adept)가 동물인간보다 진보해 있는 정도만큼이나 아데프트보다 앞서 있을 정도로 엄청난 차이가 있음을 인식해야 할 것이다."

〈〈Initiation, Human and Solar〉 4장에서)

　여기서 말하는 "아데프트(Adept)"라는 지위는 신지학에서 분류하는 5비전 입문자(入門者)로서 소승불교의 최고봉인 아라한(阿羅漢)[7] 성자보다

한 등급 위의 깨달음 단계이다. 그런데 이러한 아데프트 단계보다도 그 정도로 엄청나게 앞선 존재라면 이는 우리 인간의 상상을 불허하는 차원임을 짐작케 한다.

여기서 우리가 이 웅대한 진화를 이룩한 존재를 통해 짐작할 수 있는 것은 우리 영혼의 영적진화 여정은 소위 견성득도(見性得道)로서 끝나는 것이 아니라 그 이후에도 그야말로 무한히 전개되며, 또 계속 밟고 올라가야 할 사다리가 무궁무진하게 남아 있다는 사실이다. 따라서 영적수행 과정에서 한 소식

연등불의 수기(授記) 이야기에 관한 불교 삽화

했다거나 어떤 작은 깨달음의 성취가 있다고 하더라도 결코 자만하거나 교만해질 수 없다는 좋은 교훈을 얻을 수 있는 것이다.

사나트 쿠마라는 앞서 본문에서 언급되었듯이 현재는 금성으로 돌아간 상태라고 알려져 있다. 그러나 그는 여전히 지구에다 의식(意識)의 초점을 맞추고 있으며, 지구의 5차원으로의 상승과 금성의 6차원으로의 상승 작업을 후원하고 있다고 한다.

그런데 "사나트 쿠마라(Sanat Kumara)"라는 이름 자체가 본래 인도의 산스크리트어(Sanskrit)이고, 이는 "영원한 청춘"이라는 의미가 있다고 한다. 그리고 사나트 쿠마라는 오늘날의 지구상의 여러 종교들에도 그에 관한 언급과 흔적이 남아 있는데, 우선 힌두교에서는 그를 창조신인 브라흐마(Brahma)의 4 아들 중의 한 명으로 보거나 시바(Shiva) 신의 아들인 "사카난다(Sakananda)"로 간주하고 있다. 또 조로아스터교(拜火敎)에서는

---

7) 중생들의 삼독(三毒)인 탐욕과 분노와 어리석음의 번뇌를 모두 초월한 단계의 존재로 이미 윤회를 벗어난 존재이다.

최고의 신(神)인 "아후라 마즈다(Ahura mazda)"가 바로 사나트 쿠마라를 지칭하는 것이라고 한다. 게다가 기독교 구약 성경에도 그에 관한 언급이 나오는데, [다니엘 서] 7:9,13,22절에 나오는 "태곳적부터 계신 이"라는 표현 역시 사나트 쿠마라를 가리키는 것이라고 언급되고 있다.[8]

그리고 불교적 관점에서 보자면 이 사나트 쿠마라(Sanat Kumara)라는 지고의 존재는 태고시대에 우주에서 지구로 내려온 '원초불(原初佛)' 내지는 '고불(古佛)'이라고 할 수 있는데, 다름 아닌 과거세에 석가모니 부처님에게 수기(授記)를 내려주었다는 〈연등불(燃燈佛)〉[9]이 바로 그인 것이다. 따라서 사나트 쿠마라는 사실상 석가모니 붓다(佛)와 마이트레야(彌勒)의 직접적인 스승이었던 존재인 것이다.

불교에서 "등(燈)"이란 곧 "불법(佛法)"인 동시에 내면의 깨달음이자 빛인 "불성(佛性)"을 상징한다. 고대 레무리아 시대에 타락하여 내면의 빛이 어두워진 지구 영혼들의 불성에다 다시 불을 붙임으로써 그들을 건져 올린 위대한 붓다가 이 〈연등불〉이시다. 그러므로 인간 내면의 어둠이 다시 밝아지도록 다른 천체(天體)에서 인류를 도우러 온 이 부처님을 〈디팜카라 붓다(Dipamkara Buddha)〉, 즉 〈연등불(燃燈佛)〉로 지칭하는 것은 너무나 자연스러운 것이다.

---

[8] "내가 바라보니 옥좌가 놓이고 태곳적부터 계신 이가 그 위에 앉으셨는데, 옷은 눈같이 희고 머리털은 양털같이 윤이 났다. 옥좌에서는 불꽃이 일었고 그 바퀴에서는 불길이 치솟았으며 … " [다니엘서 7:9]

[9] 불교에서 언급하는 과거불(過去佛)로 석가모니가 전생에 수도할 때 그의 미래에 관한 수기(授記)를 준 부처님이다. 산스크리트어로는 이 부처를 <Dipamkara>라 하는데, 이 말은 "불붙이는 사람, 점화자" 또는 "빛을 발하는 이, 빛나는 존재"라는 뜻이다. 그러므로 이를 의역하여 정광(定光) 여래 · 등광(燈光) 여래 · 보광(寶光) 여래 · 정광(錠光) 여래 · 연등 여래라고 하며, 음역(音譯)하여 제화갈라 · 제원갈이라고도 한다. 〈연등불〉에 관한 언급은 부처님 전생 이야기를 담은 "본생경(本生經)"이나 "대지도론(大智度論)" "법화경 <서품>" 등에 나오는데, 석가는 과거세에 유동보살로서 보살계를 닦고 있을 때 스스로 부처가 되겠다는 서원(誓願)을 세웠다고 한다. 그러던 중 어느날 <연등불(燃燈佛)>이 오신다는 소식을 듣고는 길가에서 기다리다가 7송이의 연꽃을 부처에게 공양하였다. 그 때 연등불은 미소로써 이를 받으시고는 '너는 미래세에 석가모니불이라는 부처가 될 것이다'라는 수기를 주셨다고 한다. 혹은 연등불이 오신다는 말을 듣고는 공양물을 준비하지 못해 스스로 진흙길에 엎드려 몸을 밟고 지나가시게 하여 수기를 받았다고도 한다. 이를 연등불수기(燃燈佛授記)라 하며, 불교에서 보살의 개념이 생긴 연유이다.

이와 아울러 〈법화경(法華經)〉에서 우리는 사나트 쿠마라와 샴발라 대사들의 흔적을 찾아볼 수가 있다. 즉 〈법화경〉 제15장 "종지용출품(從地涌出品)"편에 보면 석가여래가 영축산에서 제자들에게 설법할 때 홀연히 땅이 갈라지며 땅속에서 '다보여래(多寶如來)'와 무수한 보살(菩薩)들이 솟아나와 출현했다는 기록이 나온다. 그리고 다보여래와 석가여래가 자리를 나란히 한 가운데 모든 제자들과 보살들이 이 두 세존(世尊)을 우러러 보고 예배하였다고 하였는데, 여기서 '다보여래(多寶如來)'라는 부처는 다름 아닌 사나트 쿠마라를 지칭하는 또다른 불교 경전상의 이름이다. 법화경은 지저에서 나타났다는 무수한 보살들의 몸이 다 황금빛이요, 삼십이상(三十二相)과 한량없는 광명을 갖추었다고 기록하고 있으며, 이들은 바로 지저 세계의 수도 샴발라에서 온 대사(大師)들이자 빛의 존재들인 것이다.

'다보여래(多寶如來)'는 석가모니 부처 이전의 과거불(過去佛)로서 법화경에서 석가여래의 설법을 칭찬하고 있는 모습으로 나타나 있다. 그리고 불교에서 흔히 〈청정한 극락세계〉라는 이상향(理想鄕)의 의미로서 언급하는 "서방정토(西方淨土)"나 "불국토(佛國土)"라는 개념을 생각해 볼 때, 이런 높은 단계의 초인(超人) 집단들이 거주하고 있는 지저세계는 이미 지구 안의 극락정토인 것이다.

샴발라의 기원

그런데 태고적에 본래 금성에서 집단적으로 도래한 사나트 쿠마라를 위시한 이 높은 빛의 존재들은 당시 중앙 아시아의 내해(內海)인 고비 바다 위에 있던 흰 섬(白島)에다 본부를 건설했다고 한다.10) 그리고 그 당시 이 본부 이름이 바로 "샴발라"였다고 한다. 또 한 가지 주목할 점은 금성에서 본래 샴발라의 의미는 "신성화(神聖化) 함"을 뜻하고 그 명칭은 원래 금성의 심장부에 있는 〈태양의 도시〉를 지칭하는 것이라고 한다. 따라서 지구의 샴발라는 금성의 빛의 존재들이 지구에 와서 금성에 있는 영원

---

10) 오랜 고대에는 지금의 내몽고 고비사막 전체가 거대한 바다였다고 한다.

한 〈빛의 도시〉를 그대로 모방하여 건설한 것이며, 또 그 이름을 그대로 사용하고 있는 것이다. 여기서 우리는 까마득한 오랜 고대에 시작된 금성 문명과 지구 인류와의 밀접한 연관성을 충분히 짐작할 수가 있다. 금성은 언제나 한참 뒤처진 지구라는 어둠의 행성을 형제애로서 이끌어주고 빛을 전해준 별인 것이다. 그렇다면 샴발라는 지구에서 어떤 역할을 하는 곳일까?

행성 지구의 영적 사령부 - 샴발라

오컬트 사상에 나타난 샴발라에 대한 몇 가지 개념에 대해 살펴보자면, 다음과 같다.

"샴발라는 하나의 통로가 아니라 중요한 센터이고, 〈세계의 주님〉의 지도하에 활동하는 위대한 위원회가 수렴된 의견에 따라 창조적 목적들을 위해 활용할 비교적 정적(靜的)인 에너지를 모아 수용하는 곳이다. 샴발라는 지구의 중요한 힘의 균형 지점이다. 그 균형점으로부터 행성 로고스의 생명패턴과 그의 의지가 진화의 과정을 통해 구체화되어 나타나고 마침내 무르익는다.

샴발라는 여러 태양계들과 태양계 너머의 실재들로부터 오는 에너지, 그리고 금성과 영적인 중심태양으로부터 오는 강력한 생명력을 받아들인다. 또한 현재 우리 태양이 통과하는 성좌와 큰곰자리, 기타 다른 우주적 중심들로부터 오는 에너지를 수용한다."

(Discipleship in The New Age Vol Ⅱ에서, 앨리스 베일리 著)

"신(神)의 의지의 장소라고 알려진 행성의 중심, 샴발라에서 전 세계로 방사되는 대단히 강력한 힘이 존재한다.

(The Externalization of Hierarchy에서, 앨리스 베일리 著)

이 내용과 유사하게 앞서 소개했던 롭상 람파 역시 자신의 저서에서 아갈타에 관해 설명하는 가운데 이렇게 말하고 있다.

"이곳에는 지구의 우주적 힘이 존재한다. 물질과 에너지, 그리고 시간과 공간 차원의 모든 힘들이 이곳에 살아 있는 존재들에 의해 성취되어 있고, 그것은 우주적 원천으로부터 발원한다."

(My Visit to Agarta에서)

"〈샴발라〉라는 말은 행성로고스가 지구를 섭리하고 관장하는 임무를 펼쳐나감에 있어서 자신의 계획을 적절히 실현하기 위해 집결시킨 거대한 에너지의 초점, 중심이라는 의미이다.

(Discipleship in The New Age Vol Ⅱ에서, 앨리스 베일리 著)

"샴발라 또는 상그릴라는 신(神)의 의지가 집중된 장소이고 그곳에서 그의 신성한 목적들이 지휘된다. 즉 그곳으로부터 지구상의 거대한 정치적 움직임이라든가 각 인종과 국가들의 운명, 그리고 그들의 추이가 결정된다. 종교적 운동과 마찬가지로 문화의 발전과 영적인 아이디어들이 이 사랑과 빛의 하이어라키적인 센터로부터 나온다."

(The Externalization of Hierarchy에서, 앨리스 베일리 著)

이와 같이 샴발라는 우선 이 지구라는 우리 행성에서 가장 높은 영적 존재인 지구의 로고스(神), 즉 '세계의 주님(The Lord of World)'이 거하고 계신 상징적인 장소이자 우주로부터 유입된 에너지를 수용하여 다시 지구 전역으로 방출하는 에너지 컨트롤 센터이다. 그리고 지구의 모든 생명체들의 진화를 총체적으로 지도하고 관장하는 영적인 중앙정부이자 본부인 것이다.

그런데 신지학자들은 샴발라의 위치에 관해서는 지구 속이 아닌 약간 다른 장소를 언급하고 있다. 그들은 그 위치가 아직도 고비 사막에 해당되며, 단지 에테르 차원으로 진동이 끌어올려진 상태로 고비 사막 상공에 존재한다고 기록했다.

이 점은 앞서 도릴 박사와 롭상 람파의 기록과는 차이가 있는데, 여기에 대해서 우리는 다음과 같은 상황을 가정할 수가 있다. 즉 그 첫째는 "지저 문명의 수도(首都)"로서의 샴발라가 존재하고, 또 〈지구의 신(神)〉인 행성로고스이자 "세계의 주님"이 거하고 있는 제2의 샴발라가 따로 존재할 수 있는 것이다.11) 그리고 물론 이 두 샴발라는 밀접히 연결되어 왕래하고 협력하고 있다는 것이다.

어찌되었든 샴발라는 분명히 존재하며, 그곳은 행성 지구의 총괄적인 관리자들인 하이어라키(영단)의 대사들이 모여 지구적 현안을 논의하고 또 지구계 전체의 진화 도정(道程)을 인도하고 지휘하는 중심적인 장소인 것이다.

5. 결론 - 지상문명과 지저문명과의 통합 시대를 대비하여

지금까지 우리는 여러 가지 측면에서 지저문명이 실존한다는 증거들을 살펴보았다. 그런데 이 지구 속 문명의 실재 문제는 사실 현존하는 UFO와 외계인 문제와 매우 유사한 속성을 보여준다. 즉 엄연히 실존하고 있으면서도 지구상의 권력자들과 어둠의 세력의 조직적 은폐 공작과 음모에 의해 이런 진실이 그저 허구적인 환상이나 신화, 전설 정도로 대중들에게 받아들여지고 있다는 것이다.

예컨대 보통 사람들에게 지구 땅 속 깊은 곳에 사람이 살고 있고 거기에 지상보다도 더 고도로 진보된 문명이 존재한다고 설명했을 때 그들 중 십중팔구는 이를 미친 소리라고 여기거나 믿을 수 없다는 반응을 보일 것

---

11) 텔로스에서 현재 지상으로 파견 나와 미국에 살고 있다는 샤룰라 덕스라는 여성 역시도 자신의 메시지에서 고비 사막 상공에 있는 에테르 샴발라를 〈대샴발라〉, 지구 중심에 있는 샴발라를 〈소샴발라〉라고 분명히 구분해서 언급한 바가 있다. 이를 비유해서 표현하자면 〈대샴발라〉는 "행성로고스"라는 지구의 영적인 왕, 또는 대통령이 거하는 왕궁, 대통령궁, 즉 청와대와 같은 곳이고, 〈소샴발라〉는 대통령과 국무위원들(대사들)이 모여 국정현안에 관해 논의하고 국무회의를 주재하는 "중앙청(中央廳)"과 같은 장소라고 보면 될 것이다. 그리고 현재 그 행정부의 수반인 국무총리 같은 존재가 바로 마이트레야(彌勒佛) 대사인 것이다.

은 너무나 자명하다.

그러나 현대과학 기술만으로도 인간이 얼마든지 지하에서도 쾌적하게 생활할 수 있음은 여러모로 이미 증명된 바 있다. 일본을 비롯한 세계 각국에서는 오래전부터 새로운 주거환경으로서의 지하 도시들을 구상해 왔고 일부는 이미 실현단계에 와 있기도 하다.

과학이 좀 더 진보했을 때, 지하에서의 주거문제 중 가장 중요한 햇빛의 문제는 플라즈마(Plasma)와 같은 인공광(人工光)을 만들어 이 문제를 해결할 수도 있는 것이다. 실제로 일본에서는 이를 이용해 지하에서 벼를 재배한 사례도 있다고 한다. 그리고 잘 알려져 있지 않지만, 미국과 러시아, 중국 같은 강대국들은 과거 냉전시대에 향후의 핵전쟁을 대비해 방대한 지하 대피시설들을 이미 구축해 놓은 바가 있다. 비밀리에 건설된 이런 지하시설들은 외부세계와 격리된 채 장기간 생존이 가능하게끔 모든 준비가 완비되어 있다는 사실이다. 따라서 우리가 가진 기존의 낡은 고정관념만으로 깊은 땅속에서는 사람이 살 수 없을 거라고 단정하는 것은 단순하고도 무지한 발상일 뿐이다. 이처럼 우리는 도래하고 있는 새로운 차원의 문명시대를 대비하여 인간의 현 생각을 넘어선 모든 가능성들에 대해 열린 마음을 견지함이 옳다고 믿는다.

우리가 앞서 텔로스의 아다마 메시지에서 알 수 있듯이, 임박한 향후의 차원상승 문제와 맞물려 외계문명 뿐만 아니라 지저문명과의 접촉문제가 머지않아 급속히 세계적 이슈로 떠오를 가능성은 매우 농후하다. 그리고 이미 어느 정도 드러났듯이 지구와 인류의 차원 상승 문제에 외계문명과 지저문명, 그리고 샴발라의 영단(Hierarchy), 이 3자(者)가 삼각 커넥션을 형성하여 긴밀히 협력하고 공조하고 있음을 우리가 간과해서는 안 된다.

그런데 무엇보다도 우리가 살고 있는 이 지구 안에 이미 외계문명과 동등한 차원의 상승된 문명이 실존하고 있다는 사실은 대단히 놀라운 일이 아닐 수 없다. 그러므로 지구라는 행성은 사실상 이원(二元) 구조로 이루어진 일면 독특하면서도 또한 기형적 형태의 별이라는 사실이다. 다시 말해 지상 문명은 아직 저급하고도 열등한 3차원의 물질문명에 머물러 있는 반면에 대부분의 지저문명은 이미 빛의 차원으로 승화된 5차원의 에테르 고등문명에 도달해 있는 것이다. 그리고 그들 지저인들은 분명 외계인이 아니라 본래 우리와 동일한 DNA를 가지고 있었던 똑같은 인간들인 것이다.

그렇다면 본서에 소개된 아다마 대사의 메시지대로 우리보다 앞선 형제이자 선배로서 지저의 인류로부터 우리가 배울 점은 너무나 많을 것이다. 따라서 이제 우리는 그들의 도움과 인도에 의해 전쟁과 반목, 분열로 얼룩진 현 인류문명이 한 단계 높은 차원으로 뛰어오를 수 있는 절호의 시대적 기회를 맞이하고 있음을 냉철히 주지해야만 한다. 아울러 지구 차원상승의 우주적 시간대를 맞이하여 서로 오랫동안 격리돼 있던 지상문명과 지저문명이 향후 다시 하나로 통합되는 것은 너무나 자연스럽고도 필연적인 흐름의 운명인 것이다.

그럼에도 앞서 언급한 대로 이 문제는 UFO와 외계인 문제가 가지고 있는 딜레마(Dilemma)를 그대로 지닌다는 사실이다. 즉 그들이 인류 앞에 공식적으로 나타나거나 지상에 개입하기 위해서는 필연적으로 사전에 어느 정도의 홍보를 통한 정지작업(整地作業)과 인간의 준비가 요구된다는 것이다. 그러나 알다시피 이것은 그들의 희망사항일 뿐, 그들의 의지나 생각만으로 모든 것을 좌지우지할 수 있는 문제는 아니다. 다시 말해 거기에는 그들의 시도와는 별개로 먼저 반드시 인간들의 자발적인 노력과 도움, 준비가 필요한 것이다. 그래야만 그들이 보다 용이하게 자신들이 짜놓은 단계적 순서대로 인류와의 접촉 계획을 추진해 나갈 수 있을 것이다. 그리고 본서와 같은 책들의 목적도 사실 그러한 준비 작업의 일환이라고 할 수 있다.

생각컨대 무려 450만년 동안이나 지구상에서 지속되었다는 레무리아 문명의 장대한 역사는 우리가 상상하기조차 어려울 정도의 까마득한 시간이다. 반면에 그들과 우리가 격리되어 있던 12,000년이란 시간은 450만년의 역사에 비교할 때 극히 짧은 기간에 불과하다. 그리고 지저세계에서 존속하던 그 일부 생존자들이 고대 레무리아 문명의 맥을 이어 지상의 인류를 돕기 위해 다시 우리 앞에 등장한다는 것은 너무나 흥분되는 일이 아닐 수가 없다.

우리가 이 책이 전하는 메시지의 진실의 무게를 가늠할 때, 사실상 이제 지저문명이 공개적으로 드러나는 것은 시간문제이며 그것은 매우 임박해 있다고 판단해도 큰 무리는 아닐 것이다. 또한 그것은 UFO와 외계인의 공개적 출현과 더불어 이 시대에 천상이 계획하고 있는 중대한 계획 중의 하나라고 볼 수 있다. 따라서 이제 우리는 다가오고 있는 지저 인류와의 조우(遭遇)와 양(兩) 문명의 통합 시대를 대비해 정신적, 육체적으로 스스로를 정화하고 의식을 높여 그들을 본격적으로 맞이할 준비를 해야 한다.

바야흐로 목전에 다가온 이 인류역사상 전대미문(前代未聞)의 대사건은 결코 공상과학(SF) 속의 이야기가 아니라 우리 인류가 결코 피할 수 없는 우주적, 시대적 조류이고, 중요한 지구변화 과정의 일부인 것이다.

- 編譯者 -

◇ 편역자 약력

*朴燦鎬: 嶺南大 心理學科 卒, UFO 연구가, 도서출판 은하문명 대표, 20대 초부터 종교, 철학, 심령학, 기(氣), 역학(易學), 오컬트(Occult) 등의 갖가지 정신세계 분야를 편력했고, 마지막으로 UFO와 채널링에 관련된 초종교적, 초과학적 세계에 대해 연구하고 있다. 著書로는 「UFO 한반도 프로젝트(상, 하)」, 「UFO와 정신과학(共著)」「UFO 외계문명의 메시지들」, 그리고 역서(譯書)로는 「예수 그리스도의 충격 메시지(1)(2)」「미 국방성의 우주인 」등이 있다.

실존하는 신비의 지저문명, 텔로스

초판 3쇄 발행 2020년 10월 26일

지은이 / 오릴리아 루이즈 존스
옮긴이 / 朴燦鎬
발행처 / 도서출판 은하문명
발행인 / 朴仁鎬
등록 / 2002년 12월 05일 (제2020-000063호)
주소 / 서울특별시 서초구 서운로 160, 305호
전화 / (02)737-8436 팩스 / (02)6209-7238
인터넷 홈페이지 (www.ufogalaxy.co.kr)

한국어 판권 ⓒ 도서출판 은하문명

파본은 서점에서 교환해 드립니다
가격 22,000원

ISBN 978-89-953132-8-2 (03840)